乾隆茶舍與茶器

廖宝秀◎著

故宮出版社

图书在版编目（CIP）数据

乾隆茶舍与茶器 ／廖宝秀著 .— 北京：故宫出版社，
2021.7

ISBN 978-7-5134-1390-9

Ⅰ.① 乾… Ⅱ.① 廖… Ⅲ.① 茶文化—文化研究—
中国—清代 Ⅳ.① TS971.21

中国版本图书馆 CIP 数据核字（2021）第 057414 号

乾隆茶舍与茶器

廖宝秀◎著

出 版 人：王亚民

责任编辑：朱传荣　陈　伟

装帧设计：王　梓

封面题字：孙晓云

责任印制：常晓辉　顾从辉

出版发行：故宫出版社

地址：北京市东城区景山前街4号　邮编：100009
电话：010-85007800　010-85007817
邮箱：ggcb@culturefc.cn

制版印刷：北京雅昌艺术印刷有限公司

开　　本：889毫米×1194毫米　1/16

印　　张：18

版　　次：2021年11月第1版
　　　　　2021年11月第1次印刷

印　　数：1～6000册

书　　号：ISBN 978-7-5134-1390-9

定　　价：156.00 元

情之所钟·金石为开

乾隆茶舍追寻记

清高宗乾隆皇帝是一位深情的人，对江山，他励精图治，成就了乾隆盛世；对文化，他搜集、保存、创新并进，完备了文化大业；对爱情，依制虽有三宫六院，但钟情于原配孝贤皇后，至死不渝；对修身，他自律极严，终其一生读书写字、吟诗作文、观画品题、指点工艺、品茗澄思，未曾间断，扮演了帝皇之外的文人角色，成为中国历史上前无古人、后无来者的独特君王。本书的作者廖宝秀也是一位深情的人，自1983年台北故宫博物院设"三希堂古典茶座"推广品茶以来，因缘际会开始研究历代茶文化，迄今近四十年，从未停歇，先后完成专著《宋代吃茶法与茶器之研究》（1996），论集《茶韵茗事——故宫茶话》（2010）与《历代茶器与茶事》（2017），策划两档叫好又叫座的展览并出版两本极畅销的图录《也可以清心——茶器·茶事·茶画》（2002）及《芳茗远播——亚洲茶文化》(2015，迄今仍在台湾嘉义县故宫南院展览中)；因探究清宫饮茶风尚，进入乾隆皇帝个人品茗怡情思古的隐秘世界，发掘出乾隆茶舍与茶器，因而也一一觅出包裹深藏于文物箱中的乾隆款

瓷胎画珐琅，策划《华丽彩瓷——乾隆洋彩》特展及出版图录（2008）。品茶是生活，宝秀深通其中精奥，伴随而来的是拈花惹草、品茶赏器、书斋陈设、读书撰文等等，这就是她的生活日常。种种心得集结成文，刊载于《故宫文物月刊》，汇编成《典雅富丽——故宫藏瓷》（2013）；即将出版的《乾隆茶舍与茶器》正是她对清宫茶文化深情研究的总结，因她锲而不舍的追寻，终至金石为开，乾隆皇帝建构的茶舍、品茶方式、用器与思维，一一为读者呈现。

宝秀进入乾隆茶舍研究始于千禧年，她从《清高宗御制诗文全集》着手，辅以档案、史籍、绘画、器皿、陈设等故宫博物院典藏，发现清高宗是历史上留有品茶记录最多的皇帝，更是清代最具代表性的识茶哲人。她依据清高宗留下的诗文足迹，遍寻皇帝品茶遗址及建构的茶舍，虽多已是断垣残壁，但她一次又一次探访验证，终至水落石出而不止。乾隆皇帝六次南巡，必至苏州寒山千尺雪观景与古人神交；宝秀依据乾隆诗文三访寒山，继而觅出盘山、瀛台、热河三座"千尺雪"茶舍。乾隆南巡也必携带

明代画家钱谷（1508–1578）所绘《惠山煮泉图》，他六访惠山竹炉山房，汲天下第二惠山泉瀹茶，展图验证，如亲历明代文人雅集。回京后在静明园玉泉山天下第一泉旁仿建"竹炉山房"，陈设带回之竹茶炉与御制陆羽茶仙像，亲绘《竹炉山房图》悬之于茶舍壁间；宝秀根据这些线索，觅出深藏故宫的"竹茶炉"撰专文介绍，她游历了苏州无锡惠山泉，也寻访得已毁于烽火战乱的静明园"竹炉山房"遗址，茶舍建筑虽仅留下一道白墙，但御题的"天下第一泉"及"玉泉山天下第一泉记"依然伫立于泉畔，日前在故宫出版社校对本书时，又得故宫同仁指引看到了《内务府养心殿造办处各作成做活计清档》中所载"陆羽茶仙塑像"。乾隆皇帝六上杭州龙井山，品雨前龙井茶，偶尔也品以龙井为汤底加入梅花、佛手、松实的"三清茶"，御制了"三清茶诗茶碗"；宝秀则还原调配出"三清茶"，成为台北故宫博物院"三希堂古典茶座"的畅销茶品，迄今在台北故宫博物院晶华餐厅贩售，为推广茶文化不遗余力。许许多多乾隆皇帝品茶试泉、建构茶舍、制作茶器、御制诗画等怡情悦性、思古幽情的故事，通过清高宗御制诗文、档案记录、故宫文物及遗址，转移至宝秀笔底，跃然于《乾隆茶舍与茶器》一书中。宝秀是我的同事，更是我的老友，每回探访乾隆茶舍归台，总是兴冲冲向我细说，有幸的我喝着她泡的好茶，聆听着她娓娓道来，感受到她对茶文化的热情，网路畅通后，更是通过她手机传输，如同亲临现场；研究撰成文，也率先分享于我。在她的感染与引导下，我们同往龙井山、武夷山、蒙顶山，品茶、观茶、游茶园；两次深入四川雅安，走访茶马古道，出席茶研究学术讨论会，参访藏茶厂；宝秀留学日本，通日本茶道，对茶文化东传日本有深入研究，也曾数度领我畅游东瀛茶都宇治，在京都寻访新旧茶器及荣西和尚遗迹，真是一位钟情于茶文化研究的学者专家。

清高宗乾隆皇帝的懂茶、识茶、对茶文化的独特见解与喜爱，若非有宝秀的深情研究与辛勤探寻，我们是不易洞悉的。是为序。

冯明珠

台湾宝吉祥文史研究院　院长

辛丑年　春

搜寻与探访

最早获知乾隆皇帝建构有个人品茶的茶舍始于 2000 年，当时正在为即将在台北故宫博物院展出的《也可以清心——茶器·茶事·茶画》做大量的文献梳理与研究，这是个以茶文化发展史概念策划的展览，对于唐、宋、元、明历代品茶文化，笔者已有所涉猎，唯独对清宫茶文化的实况不甚了解，又苦于无资料可寻。二十多年前不比今日，在数字化的成果下，许多文献档案弹指之间云端觅得，但在当时可是要亲自前往档案馆、图书馆查考搜寻原档案的，譬如清宫制作各类器物的档案《内务府养心殿造办处各作成做活计清档》及清宫陈设的记录《故宫博物院藏清宫陈设档案》，就必须前往北京中国第一历史档案馆及故宫博物院图书馆特别提件调阅，且只能抄录，不得影印。尚好当时台北故宫博物院已将珍藏的《钦定文渊阁四库全书》授权出版，笔者遂得逐年逐页翻阅四库全书本《清高宗御制诗文全集》，从乾隆皇帝的御制诗及注文题记中获得一些皇帝品茶、添置茶器、建构茶舍，以及通过陈设布置所表达的与茶文化相关的思想。

经过一年多的搜寻翻阅，笔者厘清了"竹炉山房""千尺雪""试泉悦性山房""味甘书屋"等所在，竟是乾隆皇帝专为个人建构的品茶茶舍，遂兴起了前往寻幽探访的念头。经过了仔细规划，2001 年 9 月初，笔者利用三个星期的休假前往北京及承德避暑山庄做乾隆茶舍考察，预备先行寻访"试泉悦性山房""春风啜茗台""竹炉精舍""焙茶坞"以及热河避暑山庄"热河千尺雪"与"味甘书屋"等六处茶舍建筑遗迹。"焙茶坞""试泉悦性山房"及"春风啜茗台"，分别位于北海西苑及香山颐和园等处，均在北京市区及近郊，探访比较方便，也顺利地实勘了"焙茶坞"实体建筑及"试泉悦性山房"遗址。由于不知准确的地址与环境，未敢搭乘计程车，都是搭乘公交车带着地图前往，增添了寻幽探访的乐趣，当到达了目的地，觅得乾隆茶舍遗址，感应到清高宗所思所想品茶之乐，心中的喜悦是无可形容的，旅途中的疲累，也顿然消失。从此乐此不疲，浸淫其中。"试泉悦性山房"是笔者第一个探访到的乾隆茶舍遗址，在此之前无相关研究。笔者根据《清高宗御制诗文全集》内《试泉悦性山房》《洗心亭》,及题名张宗苍《画山水》三首御制诗的注释，按文索地，顺利发现香山碧云寺水泉院内的"试泉悦性山房"遗址，果然有一棵数百年古柏所形成的天然门户，这与乾隆皇帝御制诗描述的场景完全相同，确认这里就是乾隆茶舍"试泉悦性山房"无疑，更增加了调研信心。回到台北故宫博物院继续查证，又发现张宗苍（1686－1756）《画山水》及唐寅（1470－1524）《品茶图》都曾经是乾隆皇帝挂饰于"试泉悦性山房"与"盘山千尺雪"茶舍内的茶画，心中的喜悦实难以言喻，自此展开长达二十年的乾隆茶舍实地考察与茶器研究，也促成笔者对清代画珐琅及洋彩瓷器做更深入的探讨。

此次实地探访乾隆茶舍，有的也并非如前述那般顺利。例如"春风啜茗台"，已知其位于颐和园昆明湖小岛上，但为管制区，未得其门而入；避暑山庄"热河千尺雪""味甘书屋"及香山"竹炉精舍"则是一片废墟，初探未有发现，此行设定的六处茶舍，只确认二处，然笔者并未因此放弃，此后每到北京，只要有时间，总会再去废墟探寻。2005年冬，终于不负有心人，在友人陪同深入探寻下，觅得"春风啜茗台"遗址及地上建筑遗物；2010年之后接续初探了盘山千尺雪、清可轩、竹炉山房以及寒山千尺雪等遗址，最初发现了盘山"千尺雪"乾隆皇帝御笔刻石，但由于草木荆棘丛生，无法

走近，只能遥望；其后又陆续四度前往，才得以发现更多乾隆皇帝的御笔遗迹，如"贞观遗踪"及多处《千尺雪》御制茶诗。每次探访总有不同的发现，致使笔者乐此不疲，不断探访追寻，一一验证，直至水落石出，才敢撰文立论分享。对笔者而言，这与参观博物馆、读书、观画、看文物一样，相同的事物在不同的时间探究，总有不一样的发现，深深体会到不能以事同而不为，不知读者以为然否？

2012年，笔者根据清高宗御制《清可轩》诗，前往颐和园探访，由于诗文记述明确，顺利觅得。"清可轩"是乾隆年间万寿山清漪园中一景，是一座"屋包山山包屋"与岩壁合为一体的茶舍，乾隆皇帝每游清漪园必至此品茗吟咏，发思古之幽情。可惜这座由乾隆皇帝一手设计兴建的行宫御苑与其他三山五园命运相同，俱毁于英法联军侵华的浩劫，迄今未修复。清高宗御制诗中明白揭示了它的所在：位于后山"赅春园"内，"味闲斋"附近，根据这条线索，笔者顺利在"赅春园"内寻得，并发现了"清可轩"题匾，以及镌刻在岩壁上乾隆皇帝咏赞《清可轩》御制诗三十首。香山静宜园"竹炉精舍""竹炉山房""味甘书屋"等处乾隆茶舍，虽在历史的长河中各有宿命，但建构它们的主人，留下了清晰的记载；追寻它们的笔者，有不气馁的精神，在再三探寻与各种因缘下，终能觅见。且

于 2005 年后，许多茶文化同好及友人参与了我的寻访乐，让原来孤独的行旅，增添了温馨。更叫我开心的事，是将乾隆皇帝嗜茶的韵事广传给更多的人。笔者以为，清高宗乾隆皇帝作为一位乾纲独断、雄踞天下、万国来朝的君主，茶舍是为他涤虑澄神不可或缺的休憩之处，在构筑茶舍时，摒弃了天家贵气奢华之风，追摹传统文人的云淡风轻与简素朴雅，同时也加入自己的领悟与境界。他从选址、造景、建筑设计、陈设布局着手，建构属于自己品茶悟道、读书赏画、赏景作诗、寻幽小憩等多种用途的茶舍，御制诗中一再提到建构茶舍但求"雅"与"洁"的美学观，即所谓："泉傍精舍似山家，只取悠闲不取奢"，以及"煮茗观图乐趣真"的意境，形成前无古人、后无来者独特的乾隆茶舍文化。

作为乾隆朝文物的研究者，笔者是幸运的，从策划《也可以清心——茶器·茶事·茶画》（2002/07/01 - 2003/09/20）到《芳茗远播——亚洲茶文化》（2015/12/28 迄今）二展，与乾隆皇帝茶事研究结了不解之缘。且因不断地查考清宫档案与核对两岸故宫博物院典藏实物，先后撰成《从档案名称内看乾隆朝瓷胎珐琅彩诸问题》（2005 年）、《是一是二——雍乾两朝成对的磁胎珐琅彩》（2006 年）、《锦上添花话洋彩——兼谈珐琅彩、粉彩》（2006 年）、《传统与创新——略论康熙宜兴胎画珐琅》（2009 年）等相关研究论文，以及策划《华丽彩瓷——乾隆洋彩》（2008 年）展览。时光荏苒，遥忆初访"试泉悦性山房"回到下榻旅馆，电视传来飞机穿越纽约世贸大楼的恐怖画面，顿时淡化了笔者寻访到乾隆茶舍愉悦的心情，不敢置信人类竟遭此浩劫。匆匆二十载过去，笔者竟在新冠病毒肆虐全球的紧张时氛，毅然来到北京校对编辑拙作。不意，在故宫出版社校稿期间，又有令人振奋意想不到的收获，笔者追踪十八年之久、乾隆皇帝谕旨置于茶舍的"陆羽茶仙像"竟然现身，更圆满了乾隆茶舍研究，除觉得自己实在太幸运外，更由衷感谢一起工作的故宫博物院同好朋友们。本书得以出版，首先要感谢故宫博物院王旭东院长、王亚民前副院长及刘辉总编辑的大力支持；感谢朱传荣、王梓、陈伟诸位先生为本书编辑校勘的辛劳；多年来的同事好友冯明珠院长，总是不厌其烦地听我讲述乾隆茶事，答应再次拨冗撰写序言，付梓前夕，感恩之心，非笔墨能言。最后，拙著的出版首尾历经世界两大浩劫，笔者的心境似乎无多大波澜，总觉得无论世界如何变化，渺小的我做渺小的研究，余愿足矣！

二十载以来我乐在"乾隆茶舍与茶器"的探访与研究中。

2020 年 12 月于北京

目 录

序　言 …………………………………………………… 003
自　序 …………………………………………………… 005

第一章　导读——乾隆茶舍与茶器 ……………………… 011
第二章　香山——试泉悦性山房茶舍 …………………… 055
第三章　盘山——千尺雪茶舍 …………………………… 079
第四章　西苑——焙茶坞茶舍 …………………………… 129
第五章　清漪园——春风啜茗台茶舍 …………………… 141
第六章　万寿山——清可轩茶舍 ………………………… 155
第七章　热河——千尺雪与味甘书屋茶舍 ……………… 173
第八章　乾隆皇帝的品茶画像与茶器 …………………… 199
第九章　乾隆皇帝与竹茶炉 ……………………………… 217
第十章　南巡后乾隆宫廷的宜兴茶器 …………………… 235
第十一章　亦足供清陪——乾隆皇帝的赏玩茶器 ……… 259
第十二章　清代宫廷饮茶与茶器 ………………………… 273

编后记 …………………………………………………… 288

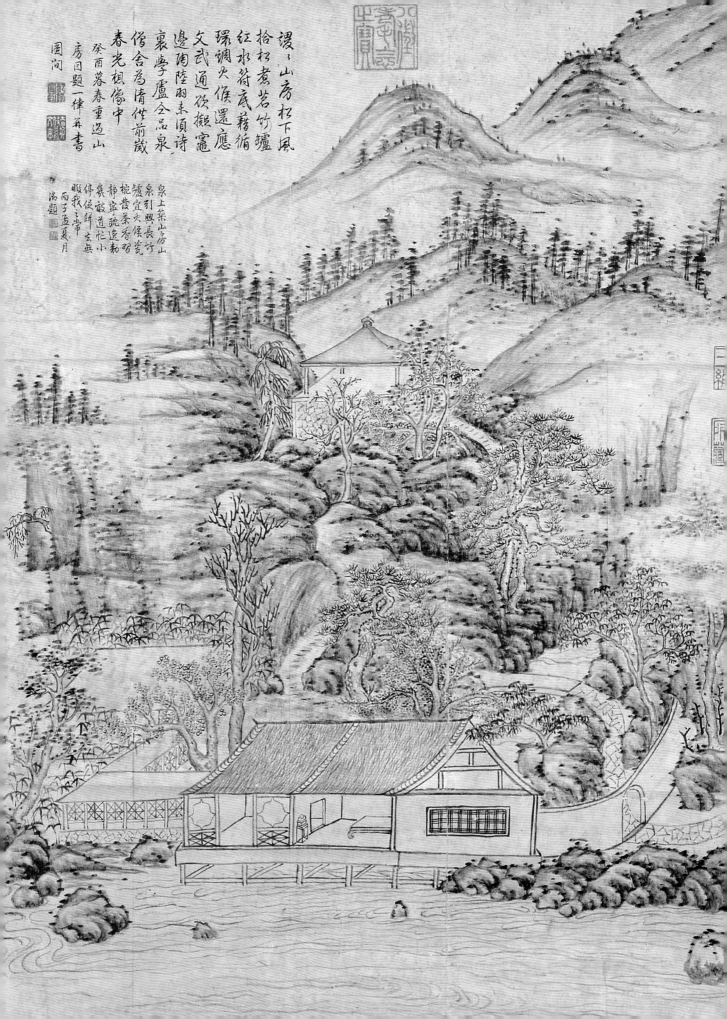

导读——乾隆茶舍与茶器

一、导言

清高宗乾隆皇帝（1711－1799）嗜茶以及对茶事物的追求，在中国茶史上无人能出其右，可谓：前无古人，后无来者。他虽无茶事专著，但对茶诗、茶画、茶具、茶室陈设的投入，可谓为历代帝王之冠。他个人专属的"茶舍"，虽仅有部分保存下来，但他留下与茶事相关的茶器、绘画、诗文、档案等不胜枚举，更是中国历史上无人可与之媲美的，也让后代研究者对这位皇帝茶人更有所深入了解。

笔者称乾隆皇帝御用品茗的宫廷苑囿建筑为"茶舍"，是直接取材自乾隆御制诗文，诗文中虽然另有"山房""精舍""书屋""茗室""茶寮""斋"等名称，但为求统一，笔者均以乾隆皇帝于"盘山千尺雪"中所称之"茶舍"[1]名之。皇帝为自己的御用茶舍命名，多取自文史典籍或源于江南名胜。本文选择茶舍讨论的标准，大致有：

一、《清高宗御制诗文全集》（以下简称《御制诗文集》）内有关各地宫室苑囿茶舍之诗文以咏茶事物为主。

二、《内务府养心殿造办处各作成做活计清档》（以下简称《活计档》）或《御制诗文集》内有关各地茶舍之活计制作，以茶器具及陆羽茶仙造像为要项。

三、诗文记载有关茶舍之功能，以茗事为主，兼及读书、看画、弹琴，或赏景，与皇帝平常休憩之房舍有所区别。

本文所述碧琳馆、玉壶冰、清可轩、玉乳泉、池上居等处所，皆位于京畿及皇城近郊的行宫御苑。一般从建筑物名称往往无法理解其功用，只有查阅清宫档案或《御制诗文集》，方可得知乾隆皇帝对这些建筑之定位及功能。例如建于热河避暑山庄的"味甘书屋"或西苑的"焙茶坞"，它们的主要用途既不是书斋，也不是焙茶房，而是专供乾隆品茗憩息之所；在乾隆朝于敏中（1714—1780）《钦定日下旧闻考》之《国朝宫室》及《国朝苑囿》中并未特别提及用途，仅载地理位置，并择录数则相关御制诗文而已。因此，若欲了解建筑物与功能是否名实相符，必须考证《御制诗文集》或其他档案资料。又如"书屋"在乾隆朝宫室苑囿中不知凡几，一般多作书斋解释，专供乾隆读书写字用，如"长春书屋""抱素书屋""贮清书屋""夕佳书屋""四知书屋""味腴书屋""四宜书屋""探真书屋""得趣书屋""解温书屋""桐荫书屋""养素书屋""涵德书屋""补桐书屋"等等皆然。以瀛台"补桐书屋"为例，乾隆皇帝曾在诗注中提道："予昔年曾于此读书，庭有双梧，一为风雨所摧，甲子岁命补植之，因称补桐书屋。"故而得知名称由来及用途。然而，同为书屋的"味甘书屋"，则必须细审乾隆诗文，否则是无法得知此书屋实作茶舍使用。

乾隆茶室研究，除笔者曾发表数篇介绍外，似尚无相关专论。笔者曾介绍过的乾隆茶舍，计有：位于香山碧云寺的"试泉悦性山房"、西苑"焙茶坞"、盘山静寄山庄"盘山千尺雪"、西苑"瀛台千尺雪"、避暑山庄"热河千尺雪"、清漪园（颐和园）"春风啜茗台"等六处（本文初稿发表于 2009 年，故后 2012 年发表的《乾隆皇帝与清可轩》不包含在内）。其中，"焙茶坞"茶舍实体建筑仍然存在，其他则多遭毁坏，有些残存，也仅是象征性的遗址，如"试泉悦性山房"的天然门户，三百年以上的曲折老桧木，

仍仁立于香山碧云寺旁茶舍遗址上。再者，笔者于茶舍专文内曾列表（附表《乾隆茶舍》）介绍的乾隆茶舍有：竹炉山房[2]、竹炉精舍、碧琳馆、玉壶冰、露香斋、清可轩及味甘书屋等处，这些茶舍遍布紫禁城、圆明园、玉泉山静明园、香山静宜园、万寿山清漪园，以及热河避暑山庄、蓟县静寄山庄等行宫御苑。

乾隆皇帝品茗吟哦的茶舍，除上述外，《御制诗文集》尚言及多处，唯其内容并不全然与茶事相关，但清宫《活计档》中记载乾隆皇帝曾为这些地方制作茶器，配置茶具陈设，而诗文中亦常与茶泉并题，因此本文将玉壶冰、碧琳馆、池上居、清可轩、玉乳泉、清晖阁、露香斋等建筑物，亦纳入乾隆茶舍。证之于《御制诗文集》《活计档》及乾隆纪实画卷等文献，得以知道这些宫室的取名与设置，大多专为品茗而建，并兼有读书、题诗、观画、赏景的作用。笔者近年来关注乾隆皇帝品茶的景观建筑，而陆续发现多处茶舍。这些茶舍的建构均有其特殊目的，并不单为解渴怡情；其茶具亦多质朴素雅，与日常清宫使用的华丽用器迥然有别，显见乾隆对茶舍品茶与一般饮茶有所区别。品茗吟诗是乾隆茶舍

生活的重点之一，写作诗文更是乾隆一生的嗜好；时人曾谓皇帝"诗尤为常课，日必数首"；"御制诗每岁成一本，高寸许"。御制诗文的内容是乾隆皇帝生活的写照，以乾隆日记式诗文探讨皇帝茶舍实为第一手直接史料。

二、乾隆茶舍综览

清宫档案显示，乾隆皇帝题咏茶舍，大致出现在他建构个人茶舍之后。查考《活计档》，乾隆十六年以前少见茶具制作或配置茶器，乾隆十六、十七年间在各地千尺雪（西苑千尺雪、热河千尺雪、盘山千尺雪）及竹炉山房等茶舍陆续造成之后，高宗每年于一定时节内，[3] 必亲临品茗鉴画，或赏景作诗。乾隆皇帝品茗不仅讲究茶品、水品、用器，还注重空间及整体环境。室外包括茶舍景观经营，室内则讲究器物陈设、营造整体空间等。茶舍是乾隆皇帝品茗中心，他于各处茶舍品茗鉴画，与古人神交，并吟诗作文描述情境，由此形成之特殊品茗艺术，在历代帝王中实属仅见。

乾隆茶舍遍布各处行宫苑囿，其中"玉乳泉""清晖阁"及"春风啜茗台"建于乾隆十五年（1750）南巡之前，其余多构筑于南巡之后（参见本文附表《乾隆茶舍》）。综观乾隆茶舍从名称至陈设布置，大多受江南文人习尚影响，其中尤以无锡惠山听松庵竹炉山房"竹炉文会"（竹茶炉文会与竹炉诗画卷）的影响最深。不仅茶舍直接取名"竹炉山房"，煮水茶炉亦模仿惠山"竹茶炉"制作，如玉泉山静明园的"竹炉山房"、香山静宜园的"竹炉精舍"，而在所有茶舍内均设置煮茶竹炉。

"玉壶冰"与"碧琳馆"为紫禁城内的茶舍，

或因位于京畿行政区，乾隆皇帝较少在此品茗赋诗，所见诗文不若其他行宫茶舍多。笔者因细读高宗御制诗文，查考得多处乾隆茶舍，详见附表《乾隆茶舍》。根据乾隆诗文，有以下九处茶舍立意清楚，且自述其命名设立缘由，将之定位为乾隆皇帝专属茶舍应无疑问。以下依建构时间及地点，略述这九处乾隆茶舍的特色。

（一）清漪园春风啜茗台

"春风啜茗台"位于清漪园（即今颐和园）昆明湖南岸（图5-7），建于乾隆十五年（1750），此处景观幽美，视野辽阔，乾隆御制诗描述曰：

湖中之山上有台，维舟屧步登崔嵬。
水风既凉台既敞，延爽望远胸襟开。
竹炉妥帖宜烹茗，收来荷露清而冷。
固非汉帝痴铸盘，颇胜唐贤徒汲绠。
绿瓯闲啜成小坐，旧句新题自倡和。
以日循名斯未能，早是春风背人过。
（图1-1）

乾隆三十四年六月二十三日，《御制诗文集》，三集卷八十三。

图1-1　清乾隆三十四年乾隆御制《题春风啜茗台》茶舍诗书影

较之其他茶舍，乾隆留下的吟咏此处的诗文并不多，但依据多首御制诗、名称以及内部陈设有陆羽茶仙陶塑像及竹茶炉，"春风啜茗台"可确定为乾隆茶舍。（专文另见页141-153）

（二）静明园竹炉山房

竹炉山房位于静明园十六景"玉泉趵突"之侧，建于乾隆十六年（1751）夏天，茶舍原型来自无锡惠山"竹炉山房·听松庵"，由江南召来工匠筑成，乾隆皇帝于《御制诗文集》内一再提及此事："玉泉竹炉煎茶数典于惠山听松庵，因爱其精雅，命吴工造此，并即以名山房。"（乾隆五十年《竹炉山房》诗注，《御制诗文集》，五集卷十三）

又据《钦定日下旧闻考》中《国朝苑囿·静明园》描述："山（玉泉山）畔有泉，为玉泉趵突，其上为龙王庙，庙之南，循石径而入，为竹炉山房。"（图1-2、图1-3）山房面临玉泉湖，是依乾隆皇帝命为"天下第一泉"的玉泉山之泉而建的，自有最佳山泉可资瀹茶，故备受喜爱。笔者曾于2012年有幸探访，其景仍与《钦定日下旧闻考》所载相同，唯"竹炉山房"茶舍建筑与其他三山五园一样，皆毁于战火乱世，仅留白墙一道，但乾隆皇帝御题"天下第一泉"（《皇朝通志》载：御书天下第一泉五字，乾隆十六年正书）及"玉

图1-2　玉泉山龙王庙前乾隆御笔
　　　　"玉泉趵突"碑。
　　　　作者摄

图1-3　近代　何镇强绘"《玉泉山组画》之四"图绘龙王庙，庙前有乾隆御笔"玉泉趵突"碑，其下有"天下第一泉"及"玉泉山天下第一泉记"碑文，庙之南循石径而入为竹炉山房，此时"竹炉山房"已遭毁坏，仅遗留白墙一道，门额上可见御笔"灿华"二字，墙内即"竹炉山房"遗址。

图 1-4　玉泉山静明园内乾隆御书"天下第一泉"及"玉泉山天下第一泉记"二碑文，后上方为龙王庙及"玉泉趵突"碑。作者摄

玉泉山天下第一泉记碑文，以汉文、满文书刻
（图 1-4 局部）

泉山天下第一泉记"（《皇朝通志》载：御书玉泉山天下第一泉记，乾隆十六年汪由敦奉敕正书）石碑（图 1-4）仍伫立于泉畔。

　　"竹炉山房"茶舍建筑虽已不复存在，然大体样貌仍可由乾隆十八年（1753）御笔亲绘《竹炉山房图》（图 1-5，竹炉山房在《乾隆御制诗文集》内均为"垆"，笔者文内均以"炉"称之）中得窥。"竹炉山房"为面开二楹式茶舍，通过乾隆皇帝御笔《竹炉山房图》及《御制诗文集》咏《竹炉山房》诗文皆可得到印证。诗云：

　　第一泉边汲乳玉，两间房下煮炉筠。

　　偶然消得片时暇，那是春风啜茗人。

乾隆二十三年《竹炉山房烹茶作》，《御制诗文集》，
三集卷二。

近泉不用水符提，篾鼎燃松火候稽。

两架闲斋如十笏，一泓碧沼即梁溪。

春泉喷绿鸭头新，瓶汲壶烹忙侍臣。

灶侧依然供陆羽，笑应不是品茶人。

乾隆三十一年《竹炉山房烹茶作》，《御制诗文集》，三集卷五十四。

舍舟碕岸步坳窊，两架山房清且嘉。

早是中涓擎碗至，南方进到雨前茶。

乾隆三十八年《竹炉山房戏题二绝句》，《御制诗文集》，四集卷十九。

山房咫尺两间开，就近烹煎试茗杯。

竹鼎松涛相应答，九龙缩地面前来。

乾隆五十二年《竹炉山房二首》，《御制诗文集》，五集卷四十五。

由乾隆《竹炉山房图》显示，"竹炉山房"的确是面泉二开间架于玉泉上的草堂水榭建筑，竹窗茅顶，简朴雅致，在接近龙王庙及"天下第

图1-5　清乾隆十八年　弘历御笔《竹炉山房图》轴及局部　故宫博物院藏

图内面泉二楹草堂水榭建筑即"竹炉山房"茶舍，竹炉山房左侧有白墙一道，并开有墙门。

图1-6 围墙一道，门额上书"灿华"，其侧有石径可至龙王庙及玉泉趵突。门额上内外御书"灿华"及"沁诗"，上刻有"乾隆御笔"钤印。作者摄

一泉""玉泉山天下第一泉记"石碑的石径边上筑有白墙一道（图1-5），现今"竹炉山房"遗址上此道墙面依旧存在，"瓶形"墙门上方的门额两面刻有乾隆御笔行书"灿华"与"沁诗"（图1-6），其上并有"乾隆御笔"钤印，此二面门额刻字亦与史实相符。虽然御制《竹炉山房图》墙门上并无细部描绘，但《皇朝通志》上有关"静明园"的记载却清楚记录了此段史料："御书灿华二字，沁诗二字，乾隆十七年，行书，竹炉山房。"（《皇朝通志》卷一百十七）此道墙面亦为乾隆皇帝挚爱的茶舍留下一丝可供后人瞻仰的回忆。

查阅《活计档》及《御制诗文集》可知"竹炉山房"内部的茶器陈设与其他茶舍相同，主要茶器有：带紫檀木座竹茶炉一份、紫檀木茶具一份（带全套茶器），以及陆羽茶仙像一尊等。与乾隆御笔《竹炉山房图》中茶舍内部陈设比对，亦见香几上置有上圆下方的竹炉一式（图1-7）。再者，乾隆四十四年《竹炉山房》诗亦云：

竹炉茗碗自如如，便汲清泉一试诸。
四壁前题历巡咏，阒吟已是两年余。
贡来芽是雨前新，亦有灶边陆羽陈。
数典不忘惠山寺，重寻清兴指明春。

《御制诗文集》，四集卷六十一。

不仅证实了室内陈设器皿与《活计档》记载相符，有竹炉、茗碗及陆羽像，也说出来春再度南巡无锡惠山竹炉山房的期盼。

乾隆皇帝不仅于十八年春亲绘《竹炉山房图》悬挂静明园"竹炉山房"壁间，更将历年题咏《竹炉山房》的茶诗揭于山房楣楹上；题满后又将之刻于山房外的山壁石上。乾隆五十二年咏《竹炉山房》诗提道：

汲泉就近竹炉烘，写兴宁论拙与工。
新旧咏吟书壁遍，选峰泐句用无穷[注]。

注：历年题句揭山房楣楹间者已遍，自今有作，当于山房外选石泐之，绰有余地矣。

《御制诗文集》，五集卷二十九。

图1-7 清乾隆 竹茶炉 故宫博物院藏

题咏《竹炉山房》诗共四十余首，显见乾隆皇帝对此山房的喜爱。不仅如此，他更将乾隆十六年南巡由苏州带回、仿自惠山"竹炉山房"的竹茶炉置于茶舍中，并将当时题咏竹炉诗句刻于炉底（图9-8）。通过《竹炉山房》诗文当能充分了解乾隆皇帝十分喜爱这所茶舍：

> 每到玉泉所必临，为他山水萃清音。
> 最佳处欲略延坐，火候茶香细酌斟。
> 乾隆三十二年，《御制诗文集》，三集卷六十五。

> 每至山房必煮茶，筠炉瓷碗称清嘉。
> 乾隆三十四年，《御制诗文集》，三集卷七十九。

> 山房咫尺玉泉边，汲水烹茶近且便。
> 涤虑沃神随处可，惠山奚必忆前年。
> 乾隆五十一年，《御制诗文集》，五集卷二十三。

御制诗中一再提及，每次到玉泉山静明园必临"竹炉山房"，汲天下第一泉，竹炉烹茶，以瓷碗品啜浙中雨前贡茶，小坐山房试清供，更可涤虑又沃神；茶舍依泉筑，雅静似山家，正是品茶的至高境界："只取幽闲不取奢"，"竹炉山房"遂成为京城御苑中乾隆驾临次数最多的茶舍。

（三）静宜园竹炉精舍

香山静宜园竹炉精舍与静明园竹炉山房，名称皆源自无锡惠山听松庵"竹炉山房"。由乾隆皇帝《竹炉精舍》诗及注释："因爱惠泉编竹炉，效为佳处置之俱（注：辛未南巡过惠山听松庵爱竹炉之雅，命吴工效制，因于此构精舍置之）"（《御制诗文集》，五集卷三十九）说明了精舍与山房的竹炉渊源。根据于敏中《钦定日下旧闻考》记述竹炉精舍位置在：

> 芙蓉坪西南为香雾窟（即静室也），东南北小坊座各一，东面大坊做一正宇七楹。后为竹炉精舍。

精舍靠近静宜园芙蓉坪，在"游目天表"与"镜烟楼"前（图1-8）。乾隆十六年六月《御制诗文集》《西山晴雪》亦载：

> 寒村烟动依林袅，古寺钟清隔院鸣。
> 新傍香山构精舍，好收积玉煮三清。
> 《御制诗文集》，二集卷二十九。

揭示"竹炉精舍"建于乾隆十六年夏，也就是南巡返京后不久所设。而精舍内所置竹茶炉与"竹炉山房"相同，皆来自江南吴工之手。即如乾隆御制诗所述：

图1-8　清乾隆　清桂、沈焕、崇贵等合绘《香山静宜园图》卷（局部）　中国第一历史档案馆藏　"竹炉精舍"靠近静宜园芙蓉坪，游目天表镜烟楼前。

图1-9 2003年复建后的"游目天表"七楹式建筑 作者摄

图1-10 2003年复建后的"镜烟楼"三间面开式建筑 作者摄

到处山房有竹炉，无过烹瀹效清娱。

质诸性海还应笑，大辂椎轮至此乎。

乾隆三十三年，《竹炉精舍戏题》，《御制诗文集》，三集卷七十三。

2000年，笔者考察乾隆茶舍曾寻访至此，当时静宜园芙蓉坪一带已湮没于荒野蔓草中，无法确认"竹炉精舍"遗址。2003年笔者再探静宜园，原址上复建了"游目天表"（图1-9）、"香雾窟"、"集虚室"、"静室"、"镜烟楼"（图1-10）

图1-11 "镜烟楼"前空处即"竹炉精舍"遗址，2003年的重建并未扩及"竹炉精舍"。作者摄

等几栋主要建筑，然并未扩及"竹炉精舍"（图1-11）。时至今日，后人也仅能通过乾隆时期清桂、沈焕、崇贵等合绘之《香山静宜园图》卷一窥样貌，图中显示"竹炉精舍"位于"镜烟楼"前，是独栋的二层三楹的建筑（图1-8）。

乾隆皇帝题咏《竹炉精舍》诗文仅十余首，数量实难与《竹炉山房》的四十余首相较，笔者以为或因香山另设有"试泉悦性山房"与"玉乳泉"二处可供乾隆品茗赏景的场所，故较少临此品茗。而皇帝日理万机，仅能在几暇之余离开圆明园前往香山盘桓，正如乾隆御制诗中云："香山精舍偶临此，即日无泉泉岂无。"（乾隆三十三年《竹炉精舍戏题》，《御制诗文集》，三集卷七十三）"竹炉精舍"的茶器陈设据《活计档》记载安有竹炉、漆茶具一份、陆羽茶仙像等，茶画则有方琮条画。

（四）碧云寺试泉悦性山房

"试泉悦性山房"位于香山碧云寺左侧，"洗心亭"之后（图1-12）。2000年秋，笔者曾循乾隆御制诗："老桧枝下垂有石承之，俨然如门

图1-12 清乾隆 清桂、沈焕、崇贵等合绘《香山静宜园图》卷（局部） 中国第一历史档案馆藏
"试泉悦性山房"位于碧云寺区内"洗心亭"之后，简体建筑名称为后加。

图1-13 笔者于2014暮春再度造访"试泉悦性山房"，拍摄"老桧枝下垂有石承之，俨然如门盖"的天然门户。作者摄

盖，数百年以上之布置也，入门为试泉悦性山房。"走访香山碧云寺，觅得"试泉悦性山房"遗址（图1-13）。山房建于乾隆十七年（1752），景色幽致，林翠、泉声、竹色，静无尘埃，是乾隆极喜爱的茶舍之一，每游香山必至此。乾隆十八年，他特命宫廷画师张宗苍（1686－1756）依山房景色绘《画山水》轴一幅（图2-4），悬饰于壁间，此后四十余年间，每至"试泉悦性山房"烹泉品茗必于画上题咏。张宗苍这幅《画山水》茶画，现藏台北故宫博物院，也为爱好品茗作诗的乾隆皇帝留下弥足珍贵的茶事见证。此处茶舍环境清幽雅致，也是笔者甚为喜爱的

一处乾隆茶舍遗址，曾数次探访，每每感叹祈望这棵弯曲倚石干枯的老桧天然门户，可以受到保护长存，以供后人思古幽情。（专文另见页55-77）

（五）西苑千尺雪

"西苑千尺雪"又称"瀛台千尺雪"，位于西苑瀛台内"淑清院"响雪廊东南室。"千尺雪"既是茶舍名，也是景观名，原为苏州寒山别墅中的一景，由明代隐士赵宧光所辟，凿山引泉，流泉沿峭壁而下，如千尺飞雪，因而得名。绝壁飞泉，境美如画，深得乾隆皇帝喜爱，为每

图1-14　清乾隆　董邦达《西苑千尺雪图》卷（局部）故宫博物院藏　长廊尽头（响雪廊）面流倚石三开间房舍即千尺雪茶舍

次南巡必访之地，并于帝京西苑、热河避暑山庄及盘山静寄山庄等三处，仿千尺雪景造园构舍，作为赏景品茗茶舍。

　　"西苑千尺雪"筑于乾隆十六年夏，因位于紫禁城西苑御园瀛台区内，自然成为乾隆在京时常造访的茶舍之一。所在为现今西华门内中南海禁区，建筑房舍应还存在，只是一般人无法入内探察。4

　　虽然无法探访"西苑千尺雪"遗址，颇为遗憾，但庆幸的是现藏于故宫博物院由词臣画家董邦达（1699–1769）所绘原藏避暑山庄的《西苑千尺雪图》卷内之"西苑千尺雪"图留下了原建筑景观面貌（图1-14、3-14）。董邦达《西苑千尺雪图》卷为乾隆皇帝钦命制作，共绘四卷，乾隆十七年完成瀛台《西苑千尺雪图》及盘山《西苑千尺雪图》卷，避暑山庄《西苑千尺雪图》卷绘制于十八年（图1-14），是乾隆皇帝置于避暑山庄"热河千尺雪"茶舍的四卷四地《千尺雪图卷》之一。图卷中段依流倚石面开三间的房舍即"千尺雪"茶舍建筑（图1-14局部）；乾隆御制诗中也一再描述：

流杯亭是胜朝迹，从未临流泛羽杯。
却拟吴中千尺雪，茶舍三间倚松开。
《御制诗文集》，二集卷四十。

三间精舍倚峻嶒，
每爱清幽辄憩凭。
假借南方千尺雪，
真如陈老一条冰。
到处方圆有竹炉，
品泉聊与试清娱。
匡床甫坐茶擎至，
陆羽多应未肯吾。
（图1-15）

《御制诗文集》，
三集卷三十一。

图1-15　清乾隆十八年（1753）乾隆御咏《千尺雪二首》茶舍诗书影

《钦定日下旧闻考》中也说：

　　素尚斋西有室，曰得静便，向南室曰赏修竹，廊曰响雪，响雪廊东南室曰千尺雪。

　　"响雪廊"长廊也可从董邦达画卷中觅得，再向东南端，只见三开间式"千尺雪"茶舍倚建于峻嶒岣嶙的山石之间（图1-14）。

笔者又根据《活计档》查得"瀛台千尺雪"茶舍内的具体陈设包括：竹炉、香几、竹茶具一分，另有陆羽茶仙像以及有足踏的树根宝座（图6-17）。这些设备与乾隆皇帝其他茶舍大同小异，其中竹炉、茶仙、茶具都为茶舍的制式陈设，唯有茶具质材不同而已。茶具则有紫檀木、斑竹、棕竹、瘿木及漆质等不同材质。

（六）盘山静寄山庄千尺雪

"盘山千尺雪"完成于乾隆十七年春，筑成后乾隆皇帝曾御书《盘山千尺雪记》以资纪念。盘山千尺雪茶舍位于静寄山庄西北隅"贞观遗踪"勒石（图3-18）前方，现"贞观遗踪""千尺雪"勒石（图3-6～3-9）依然存在，唯房舍已毁。乾隆皇帝酷爱此茶舍，不仅亲绘《盘山千尺雪图》卷四卷，并将钟爱的明人唐寅（1470-1524）《品茶图》悬挂壁间，每次至此品茗，均有题吟书于两图上，内容均与茶事相关。证之于台北故宫博物院典藏的唐寅《品茶图》（图3-1），图上尽为乾隆皇帝于千尺雪茶舍的品茗感言。

根据《钦定盘山志》附图，盘山千尺雪茶舍建构于流泉岩石之上，为曲弧形建筑（图1-16），乾隆皇帝可于此俯观流泉，以竹炉烹茶自娱，一面回味江南胜景，一面品茗读诗、观画；若意犹不足，还可展阅四卷各地《千尺雪图》卷，同时欣赏其他三处"千尺雪"景，于是四处千尺雪尽在眼前。《盘山千尺雪图》卷是乾隆皇帝御笔亲绘，图卷上题满每次至盘山千尺雪的感想诗文。乾隆三十四年后，因图卷上已题满遂移题于董邦达所绘盘山版《西苑

图1-16　清乾隆　盘山静寄山庄"千尺雪"茶舍，蒋溥等奉敕撰《钦定盘山志》台北故宫博物院藏
临流三楹水阁即千尺雪茶舍

千尺雪茶舍

千尺雪图》卷上；至五十四年后董卷复题满，又转题于钱维城的《热河千尺雪图》卷。这些御题诗文均为乾隆在千尺雪茶舍的生活写照。（专文另见页79-127）

（七）热河避暑山庄千尺雪

热河避暑山庄是清代的夏宫，也是皇帝夏天必至之地。乾隆皇帝先后于此建构二处茶舍，一为"热河千尺雪"（图1-17，又称"避暑山庄千尺雪"），一为"味甘书屋"。"热河千尺雪"建于乾隆十六年秋，位于避暑山庄"曲水荷香"左侧溪流旁，茶舍内安置有竹炉，作为汲泉烹茶品茗之用。是秋，乾隆皇帝于山庄度过中秋节，并写成《热河千尺雪歌》（《御制诗文集》二集卷三十），歌颂"千尺雪"完成。虽然"热河千尺雪"景及茶舍已毁于乱世，然据钱维城所绘多幅《热河千尺雪图》卷及乾隆四十六年版《钦定热河志》附图所示（图7-2、7-3、7-8），其景朴雅，流泉飞丈，也是一处景色极佳的品茗茶舍。（专文另见页173-197）

图 1-17　清乾隆　钱维城《热河千尺雪图》册　故宫博物院藏
上有乾隆皇帝御题《寒山千尺雪》诗

（八）西苑焙茶坞

西苑"焙茶坞"（图 1-18）建于乾隆二十三年（1758），位于西苑"镜清斋"（现为北海"静心斋"，图 4-2）内。斋内景致如诗似画，有"抱素书屋""韵琴斋""罨画轩"等建筑，也是一处可供乾隆皇帝读书、弹琴、看画、品茗自娱的好去处。

乾隆皇帝于《焙茶坞》诗中一再提及，称之为"焙茶"只是借名而已；然而，2017 年前

图 1-18　西苑"焙茶坞"茶舍，位于西苑"镜清斋"（现为北海公园"静心斋"）内，为现今唯一可见建筑的乾隆茶舍。作者摄

静心斋内的说明却将其误解为"帝后焙茶之所"（图 4-3）。查考乾隆《御制诗文集》有二十二首关于《焙茶坞》诗文，得知二十三年至五十六年间，每年新正乾隆几乎均至西苑"焙茶坞"品茶，诗中记载他在这里品啜"雨前龙井茶""顾渚茶""三清茶"等，这些都是乾隆平时常饮用的茶品。雨前龙井及顾渚茶皆为江南贡品，三清茶则是乾隆皇帝喜好的茶，以梅花、松子、佛手烹煎，偶尔加泡龙井茶，乾隆皇帝的茶舍风雅可见一斑。（专文另见页 129-139）

（九）避暑山庄味甘书屋

"味甘书屋"可能建于乾隆二十九年（1764），《御制诗文集》出现题咏《味甘书屋》诗亦始于二十九年，诗云：

书屋临清泉，可以安茶铫。
取用乃不竭，奚虑瓶罍诮。
泉甘茶自甘，那系龙团貌。
展书待尔浇，颇复从吾好。
是中亦有甘，谁能味其调。
《御制诗文集》，三集卷四十一。

三十三年又云：
寺后有隙地，可构房三间。
竹炉置其中，乃复学惠山。
石泉甘且洁，就近聊烹煎。
中人熟伺候，到即呈茶盘。
我本无闲人，亦不容我闲。
《御制诗文集》，三集卷七十五。

说明"味甘书屋"是乾隆在热河避暑山庄内

的另一处茶舍。证之于二十九年以后二十六首有关《味甘书屋》的御制诗文，均与品茗什事相关，例如诗文中提及味甘书屋内的竹炉、茗碗及陆羽茶仙造像等；《味甘书屋戏题》诗注亦提及："味甘书屋亦效江南竹炉，每至则内侍先煮茗以俟，盖若辈借以当差，不足语火候也。"（乾隆五十年，《御制诗文集》，五集卷十七）

再者，《活计档》内记载书屋内的御书横披及挂屏等，也与茶事相关，因此笔者率先提出"味甘书屋"亦为一处专供乾隆品茶的处所，也应是乾隆最后完成建构的茶舍，此后未见乾隆再建茶舍。

"味甘书屋"位于避暑山庄右前方，碧峰寺后（图1-19），房舍已遭破坏夷为平地。2000年笔者曾实地探访，虽觅得大约位置，然草木丛生，无法确认基石。不过，附近确有泉源可供烹茶，一如乾隆诗中所形容：

> 石泉甘且洁，就近聊烹煎。
> 中人熟伺候，到即呈茶盘。
> 乾隆三十三年，《御制诗文集》，三集卷七十五。

> 向汲山泉饮而甘，书屋味甘名以此^注。
> 竹炉茗碗设妥帖，试而烹斯偶一耳。
> 注：山泉甘洁，烹茶"味甘"，故而得名。
> 乾隆三十九年，《御制诗文集》，四集卷二十三。
> （专文另见页173–197）

以上九处为乾隆御制诗中明确表明为茶舍者，笔者亦一一论证如前述及专文。以下再介绍数处，文献鲜有记载，《御制诗文集》仅偶尔提及，但笔者查考清宫《活计档》有关乾隆调度茶器的记录，复对照查证御制诗文，将之归

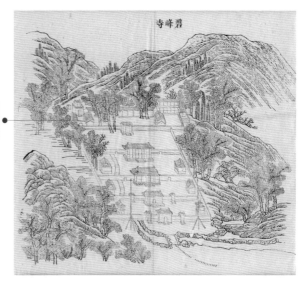

图1-19　热河避暑山庄"味甘书屋"茶舍，位于碧峰寺后、回溪亭前为三间面开式茶舍。（局部见图7-8）

类为乾隆品茗读诗的茶舍，应无疑虑，详述如下。

三、紫禁城与行宫苑囿内的茶舍

（一）玉壶冰与碧琳馆

根据前述，乾隆皇帝喜爱哦吟读书品茶，于行宫园囿几乎皆设有专用茶舍、书斋、琴室等，茶舍园居亦多建于京城郊区，或行宫景区内具备山泉景致的绝佳之地。紫禁城皇宫大内，多为宫殿建筑群，非为乾隆皇帝所中意的山明水秀茶舍建构处所，然而也有例外者，本节介绍的"碧琳馆"及"玉壶冰"即位于紫禁城建福宫内御花园区（图1-20、1-21），乾隆在此小范围区内部设置二处品茶所，可见其雅好茶道。笔者以为"碧琳馆"及"玉壶冰"系紫禁城内弥足珍贵的茶室，构建于别具特色的建福宫内，颇受乾隆皇帝喜爱，甚至成为宁寿宫花园的构建蓝本。

在乾隆皇帝《御制诗文集》中仅有少数几则诗文言及这二处馆阁，据笔者统计《碧琳馆》

图1-20　建福宫"碧琳馆"1923年敬胜斋失火，建福宫十多处建筑及文物化为灰烬，2005年重建。作者摄

图1-21　建福宫"玉壶冰"位于紫禁城建福宫内御花园"积翠亭"左侧，2005年重建。作者摄

五次，《玉壶冰》七次，内容多为对时态物景的吟咏，只有一诗偶及茶事。乾隆三十五年的《赋得玉壶冰》诗云：

> 十笏容文席，一窗含假山。
> 望如增茗邈，积矣更屏颜。
> 《御制诗文集》，三集卷八十五。

然而根据《活计档》记载，乾隆曾多次为此二处馆阁调度茶具。例如乾隆十七年十月《活计档·记事录》载：

> 十月十八日员外郎白世秀达子七品首领萨木哈传旨：将茶具在玉壶冰陈设一分；盘山[注]陈设一分；其未做得的活计，俟做得时安设。钦此。[5]
> 注：千尺雪。

同年十一月《活计档·记事录》又载：
> 初七日员外郎白世秀来说太监胡世杰传旨：将竹茶具一分安在玉壶冰；将玉壶冰换下茶具一分，再将造办处收贮树根宝座查一分，俱安碧云

寺北墙橱柜，安在南墙半元桌，安在西墙。[6]

档案中明确记载"玉壶冰"新添置了"竹茶具"，乾隆茶具一般通指茶籯、茶器柜，并且带整套品茗用器。茶具名称或源自唐代陆羽《茶经·四之器》中的"具列"有陈设及收纳茶器的功能。而"玉壶冰"原使用的茶具则移至碧云寺北墙橱柜。

于乾隆十八年二月《活计档·记事录》又记载了一次调整茶具摆设：

> 初四日员外郎白世秀来说太监胡世杰传旨：玉壶冰现设茶具一分，着安在青[注]可轩。钦此。[7]
> 注：清之误。

同年十二月《活计档·如意馆》又载：
> 于十一月初八日，太监董五经持来宣纸一张，来说太监胡世杰传旨：建福宫玉壶冰楼上茶画一张，着方琮画。钦此。[8]

值得注意的是，这里提到"茶画一张，着

方琮画"。据此，笔者认为"玉壶冰"应该是一处品茗处所，也是乾隆在紫禁城内的茶舍之一；否则，乾隆不至于费心摆设全套茶器，甚至于着挂"方琮茶画"。不过，玉壶冰在乾隆十八年改造工程由一楼搬至二楼。

同处于建福宫内的"碧琳馆"，位于敬胜斋西侧，与西南转角积翠亭斜对面的"玉壶冰"（图1-22）距离不远。"碧琳馆"作为茶舍使用不晚于乾隆十七年。是年《活计档》载：

七月十六日太监胡世杰传旨：碧林^注馆用画条画一张，着张宗苍画。钦此。[9]

注：琳之误。

二年后，十九年二月：

初八日员外郎白世秀来说：太监胡世杰传旨：瀛台千尺雪并碧琳馆现设茶具内安地壶、香几，将地壶撤去，另安长五寸屉板，将果洗^注安在上面。钦此。

注：或做泉水缸使用。

又载：

于本月初十日付催总海升将茶具、香几二件，添得屉板持赴千尺雪、碧琳馆安设讫。[10]

同年三月《活计档·画作》：

二十七日员外郎白世秀来说太监胡世杰传旨：碧林^注馆现安茶具内着做紫檀木双圆茶盘一件，商丝银里茶钟盖二件，上安玉顶。钦此。

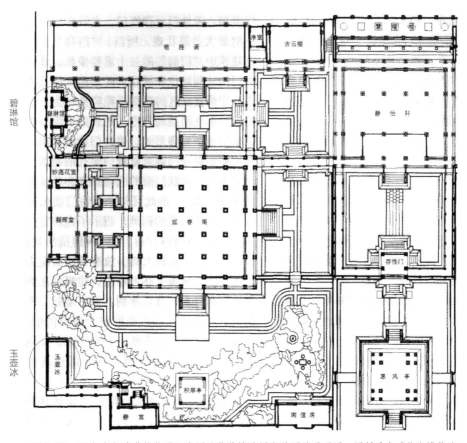

图1-22　玉壶冰与碧琳馆位置示意图（紫禁城建福宫花园总平面图，图版采自《故宫博物院院刊》2005 年 5 期）

于本月二十八日员外郎白世秀来说太监胡世杰交永乐款镶铜口青花白地诗意茶钟二件，足具有磕处。传旨：着紫檀木双圆茶盘、钟盖先做样呈览，准时拉道填金。钦此。

四月十九日员外郎西宁将永乐款镶铜口青花白地诗意茶钟二件，足具有磕处，配得紫檀木勾金双圆茶盘一件、钟盖二件，玉顶持进交首领张玉呈进讫。[11]

乾隆十九年正月《活计档·如意馆》：

初八日副领催六十一，持来员外郎郎正培、催总德魁押帖一件，内开为十八年十二月十八日太监胡世杰、太监王自云来说太监胡世杰传旨：着做陆羽茶仙一分，陈设在碧林[注]馆茶具内，衣服用绫绢做，其紫檀木桌椅，交造办处做。钦此。[12]

注：琳之误。

以上如此多项茶具、茶仙陆羽像等茶事调度，且行事又与"盘山千尺雪"、西苑"瀛台千

尺雪"等茶舍并列，一起设置茶器，再而证明"碧琳馆""玉壶冰"作为茶室的属性。档案中四月十九日的"永乐款镶铜口青花白地诗意茶钟二件"品名与现藏台北故宫博物院清宫旧名为"青诗意镶铜口茶钟二件"（图1-23）相同，且此对茶钟足具有小磕缺，故笔者以为这二件带"永乐年制"伪托篆款的青花赤壁赋茶钟应该就是原来"碧琳馆"内所使用的茶器。唯1924年清室善后委员会清点故宫物品时，这对"永乐款青花镶铜口诗意茶钟"已被移置景阳宫，[13]此宫所藏多为明代瓷器。

（二）清可轩

"清可轩"位于万寿山后山中段"赅春园"内（图1-24）。乾隆御书"清可轩"（图1-25）三字题匾及题咏诗均始于十七年；然而乾隆十六年九月《活计档·记事录》记载：

员外郎白世秀来说太监胡世杰传旨：四分茶具做得时圆明园摆[注1]一分；万寿山[注2]摆一分；

图1-23 明末清初 永乐款镶铜口青
花白地诗意
（赤壁赋）茶钟一对 原置碧琳馆
台北故宫博物院藏

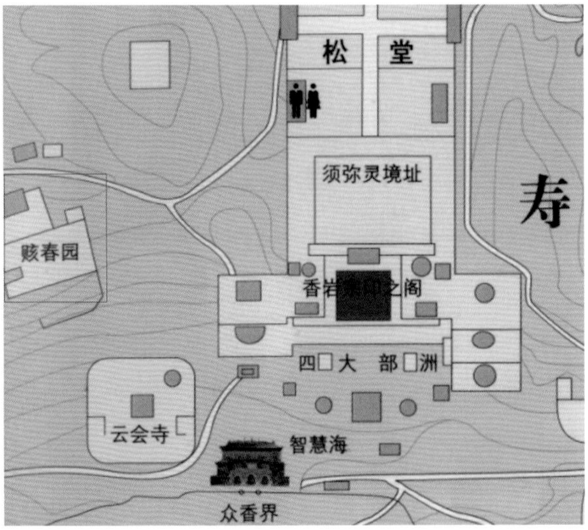

图 1-24　清可轩位于万寿山后段赅春园内（颐和园万寿山地图局部）

图 1-25　乾隆皇帝御笔“清可轩”题匾刻石　2012 年作者摄

静宜园[注3]摆一分；热河[注4]摆一分。钦此。[14]

注 1：池上居怡情书史；注 2：清可轩；
注 3：竹炉精舍；注 4：千尺雪。

说明“清可轩”茶具陈设始于乾隆十六年九月。又据笔者调查，万寿山除清可轩外别无乾隆茶舍，由此可知，“清可轩”内设置茶具早于御书题匾，茶舍设置备妥后，皇帝题匾悬挂，亦合乎程序；后述之“画禅室”或“怡情书史”即“池上居”其陈设情况亦复如此。

乾隆十八年二月《活计档·记事录》载：

初四日员外郎白世秀来说太监胡世杰传旨：玉壶冰现设茶具一分，着安在青[注]可轩。钦此。[15]

注：清之误。

又将原设于紫禁城建福宫“玉壶冰”内的茶具移至“清可轩”。乾隆十七年三月御制诗初咏《清可轩》中提道：

金山屋包山，焦山山包屋。
包屋未免俭，包山未免俗。
昆明湖映带，万寿山阴麓。
恰当建三楹，石壁在其腹。
山包屋亦包，丰啬适兼足。
颜曰清可轩，可意饶清淑。
璆琳匪所宜，鼎彝或堪蓄。
挂琴拟号陶，安铫聊仿陆。
人尽返淳风，岂非天下福。

《御制诗文集》，二集卷三十三。

全文不仅描述了“清可轩”建筑概貌，也说明了“清可轩”的陈设与用途。“清可轩”构建在万寿山岩壁内，是一处殊为别致的洞天奇景，乾隆皇帝称它：

倚壁构轩楹，壁乃在堂庑。

望山恒于外，而斯在里许。

乾隆十八年《再题清可轩》,《御制诗文集》,二集卷四十。

屋中有峰峦^注，清托高士志。

清托高士志，心中具城府。

注：是轩倚石壁构之，峰峦宛包屋内。

乾隆五十三年《戏题清可轩》,《御制诗文集》,五集卷三十六。

乾隆皇帝在"清可轩"内也有不少品茗感言：

一晌早延清，三间岂嫌窄。

茶火软通红，苔冬嫩余碧。

乾隆二十一年,《御制诗文集》,二集卷六十。

匡床簟席凉，适得片时坐。

步磴拾松枝，便试竹炉火。

乾隆二十六年,《御制诗文集》,三集卷十五。

倚峭岩轩架几楹，竹炉偶效惠山烹。

中人早捧茶盘候，岂肯片时许可清。

乾隆五十一年,《御制诗文集》,五集卷二十。

以上文献及诗文，皆证明"清可轩"是皇帝读书、澄观、品茗的休憩处。

据嘉庆十八年《清可轩陈设清册》的记载及图标（图6-16），可以看出清可轩内家具陈设布置是以茶具格为中心，因为装置茶具的紫檀高香几就设在树根宝座及楸木书桌的正前方，书桌右方则置炉鼎、香插。以位置格局而言，带茶具的紫檀木香几，绝对是位居轩内的明显位置，更证实清可轩的陈设以茶具为主。再细阅《清

可轩陈设清册》：

……靠山石下青绿诸葛鼓一件随紫檀架，紫檀高香几一件，上设紫檀茶具几一份一件，紫檀茶具格一件，竹炉一件；几下设古铜面渣斗……

更可确认"清可轩"作为乾隆在万寿山啜茗怡情的园居处所。（专文另见页155-171）

（三）玉乳泉

"玉乳泉"为香山静宜园二十八景之一（图1-26、1-27），建于乾隆十年（1745），故茶舍的设置早于乾隆皇帝十六年南巡。玉乳泉位于香山之西，乾隆皇帝以此地"有泉从山腹中出，清沚可鉴。因其高下，凿三沼蓄之。盈科而进，各满其量，不溢不竭。"（乾隆十一年,《御制诗文集》,初集卷三十），遂建构白屋三间，偶来品茗俯泉涤尘。"玉乳泉"出自唐代张又新（生卒不详）《煎茶水记》（825）的记录，张氏夸位在丹阳市东北观音山的"玉乳泉"为天下第四泉。乾隆皇帝亦曾于诗文中解释因泉水清澈故取名："灵山必有泉，有不一其所。清沚斯为最，因之名玉乳。"（乾隆三十九年,《御制诗文集》,四集卷二十一）"玉乳泉"泉水清沚，汲泉烹茶，是皇帝所好，此处成为乾隆皇帝鉴泉品茗茶舍，亦属必然。

《御制诗文集》中所录静宜园"玉乳泉"诗共有二十四首，曾多次谈及茶事，且数次提及于此处烹试顾渚茶与雨前龙井茶：

烟霞供啸咏，林泉堪赏托。

顾渚不须烹，云浆此洞酌。

《御制诗文集》,初集卷三十三。

图1-26 清乾隆 张若澄《静宜园二十八景图》（局部） 玉乳泉 位于香山之西，为静宜园二十八景之一。故宫博物院藏

山泉经雨壮，石罅喷珠花。
便拾松燃火，因揩瓯瀹茶。
《御制诗文集》，二集卷九十。

奚必筠炉重烹瀹，神参海阔与天空。
《御制诗文集》，三集卷七十三。

图1-27 2003年重建的"玉乳泉"三开间建筑 作者摄

陆家茶灶犹嫌污，王肃何当诮酪奴。
《御制诗文集》，三集卷八十一。

仆人欣息肩，而我引诗意。
一举乃两得，句成便前诣。
《御制诗文集》，五集卷三十一。

岂必竹炉陈著相，拾松枝便试煎烹。
煎烹恰称雨前茶，解渴浇吟本一家。
忆在西湖龙井上，尔时风月岂其赊。
《御制诗文集》，五集卷二十三。

山泉不冻滴淙淙，小憩三间朴舍逢。
已逸人劳可弗念，品甘况足适清供。
乾隆五十七年《玉乳泉烹茶作》，《御制诗文集》，五集卷七十六。

有茶亦可烹，有墨亦可试。

图1-28-1　清乾隆九年（1744）董邦达《弘历松荫消夏图》故宫博物院藏
　　　　图绘圆明园清晖阁，阁前围绕乔松九株

图 1-28-2 《弘历松荫消夏图》（局部），图上乾隆皇帝于清晖阁前品茗、读书、焚香、弹琴；侍者则于青铜茶炉前扇火煮茶。

图 1-29　清乾隆　白玉御制诗《玉乳泉》茶钟带嵌银紫檀木茶托
台北故宫博物院藏
玉乳泉
泉出石愈甘，石带泉益净。支颐笠亭下，書然满清听。
琤琮嵌隙间，却疑霏琼屑。六月如三秋，果识立秋节。
印心真皎洁，照眼足清凉。谷口送山风，遥闻枫柏香。
汇为偃月池，微风涟且沦。不肯轻垂钓，是中无凡鳞。
既濯亦堪食，羹与仇池通。三叹吊昔贤，吾怀太史公。
烟霞供啸咏，泉水堪赏扎。顾渚不须烹，云浆此泂酌。
（乾隆十一年，1746），《御制诗文集》，初集卷三十三

由上列诗句"林泉""瀹茶""筠炉""竹炉""品甘"看来，乾隆皇帝在"玉乳泉"似也置他所喜爱的竹茶炉，诗文又提到"奚必筠炉重烹瀹""岂必竹炉陈着相"，显然亦设有其他款式的茶炉。值得注意的是"乾隆写真画像"中亦偶有出现竹茶炉以外的铜茶炉或白泥茶炉等。（图 1-28 及局部）更何况乾隆五十七年有题名为《玉乳泉烹茶作》的诗作，再而说明"玉乳泉"是乾隆品泉啜茗的茶舍。另外乾隆皇帝赏玩的玉茶钟上也有以御制《玉乳泉》（乾隆十一年）茶诗为饰者（图 1-29）。

（四）圆明园清晖阁露香斋

据笔者查考，乾隆皇帝在圆明园内品茗茶舍至少有二处，一为"清晖阁"，乾隆三十年以后移至新建的清晖阁四景之一"露香斋"；另一为"池上居"，又名"画禅室"或"怡情书史"。"清晖阁"与"池上居"皆位于九洲清晏三大殿之西，（图 1-28-1、1-30、1-31、1-32）是乾隆皇帝驻跸圆明园日常园居的休憩处所。"清晖阁"院内苍松如盖，景致幽美，乾隆皇帝甚爱此处，亦曾令宫廷词臣画家绘《弘历松荫消夏图》等纪实画作（图 1-28-1、1-32、3-37）。

图1-30　圆明园四十景之三《九洲清晏》（局部）　清晖阁、露香斋、池上居位于九洲清晏三大殿之西，是乾隆圆明园内的起居之所。

董邦达绘《弘历松荫消夏图》（图1-28-1，御题诗作《题董邦达山静日长图》）所示，"清晖阁"作为乾隆品茶弹琴消夏之所，应不晚于乾隆九年（1744）或更早，因御制诗早在乾隆八年（1743）完成《清晖阁》，诗曰：

鼠尾麝煤梧几静，松涛蟹眼茗炉喧，

如酥脉起初耕便，消得恩膏自御园。

《御制诗文集》，初集卷十三。

而董邦达《弘历松荫消夏图》则绘于乾隆九年，图上御书跋文亦提到诗作于"清晖阁"；画面上乾隆闲坐于阁前松荫下读书品茗，侍者正在一旁扇火备茶（图1-28局部）。

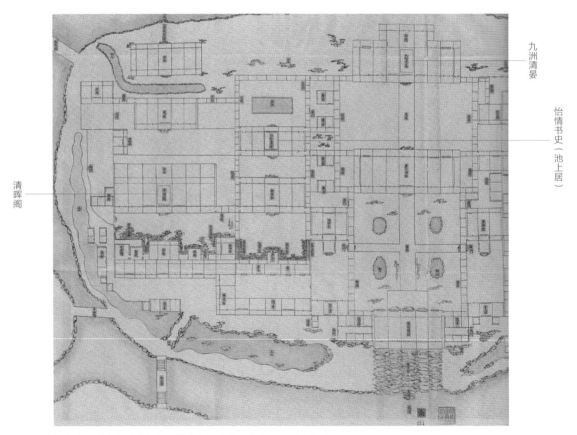

图1-31　"九洲清晏"及所属宫室地盘图　中国国家图书馆藏

松石流泉间陰未夏
六寒摇思坒盤陀飄
然形带寛能老畫其
枝势者趂峿閡絹宜
入圈畫面茶竹皮宛

御筆夏日題

图1-32　清乾隆十八年（1753）张宗苍《弘历抚琴图》　故宫博物院藏　此与前图1-28-1 大同小异皆描绘清晖阁，周围亦植有九株乔松。乾隆皇帝于此读书、写字、品茗及焚香。

张宗苍绘于乾隆十八年的《弘历抚琴图》（图1-32），内容与此雷同，景致亦大同小异。此外，同为张宗苍所绘《弘历松荫挥笔图》（图3-37、9-1），则绘高宗于石桌上写字的场景，侍者蹲坐竹炉前煮泉烹茶。这三幅纪实写景画作，应该都是圆明园四十景之三"九洲清晏"内"清晖阁"的院景。笔者做如是主张的主要原因有二：

图1-32-1　张宗苍《弘历抚琴图》（局部）

一、在董邦达《弘历松荫消夏图》上，乾隆皇帝自题书于"清晖阁"："梦中自题小像一绝。甲子（乾隆九年）夏五所记也。乙丑（乾隆十年）季夏清晖阁再书。"（图1-28-1）

二、董邦达、张宗苍的画上，描绘乾隆所在处周围有九株乔松；而乾隆御制多首《清晖阁》诗及诗注，均提到"清晖阁"前九株乔松，其中乾隆十二年（1747）初夏《清晖阁松籁》提道：

> 清晖阁前九株松，绿钗经雨何菁葱。
>
> ……
>
> 年来年去忧乐中，九株松自清晖阁。
>
> 《御制诗文集》，初集卷四十。

《清晖阁四景——松云楼》则曰：

> 阁前小院久位置[注]，补种松云楼亦齐。
>
> 注：九洲清晏之西为清晖阁，此阁盖康熙年皇考建圆明园时所造。阁前向有乔松九株。斯楼则就清晖阁前小院，于乾隆乙酉年新构筑者。
>
> 嘉庆二年四月十二日，《御制诗文集》，余集卷十二。

因此，笔者可以确定此三幅所绘地点皆为"清晖阁"前景致，而煮泉备茶亦为三幅画内的主要活动之一。足证"清晖阁"为乾隆于圆明园内主要品茶茶舍，殆无疑义。

乾隆十六年五六月间《活计档·木作》曾记载圆明园九洲清晏内设置茶器事：

> 于五月十七太监胡世杰传旨：将黑漆茶具二分并现做紫檀木茶具二分俱伺候呈览。钦此。
>
> 于本日员外郎白世秀将黑漆茶具二分，内一分随家伙全、紫檀木茶具二分，并紫檀木双圆茶盘、钟盖八分，内一件商得银丝未完、画得茶具空内纸样五张、计字画十二张、上少磁缸四件、钟盖上玉顶八件俱持进，交太监胡世杰安在九洲清晏（应为清晖阁或池上居）。呈览奉旨：将以商丝之茶盘不必交如意馆做，着外边雇商丝匠找做一分，其余七分俱拉道填金。画片交张宗苍、董邦达等分画，背后写字俱用旧宣纸，所少磁缸玉顶向刘沧洲要，赶六月内俱各要得。钦此。
>
> 于六月十五日催总五十将茶盘一件、钟盖二件持进交如意馆收讫。系太监胡世杰要交如意馆。[16]（图1-33）

以上所引《乾隆御制诗文》《活计档》及纪实写景绘画等显示，"清晖阁"应为九洲清晏内乾隆时常品茗的地点之一。乾隆二十八年清晖阁前乔松遭祝融，二年后补植新松，并新筑"清晖阁四景"——松云楼、露香斋、涵德书屋及茹古堂。此后，"露香斋"成为乾隆在清晖阁内主要品茗处所。正是：

> 过雨晴明露气瀼，收来不用结丝囊。
> 竹炉瓷碗原清秘，煮茗偏欣分外香。
>
> 乾隆三十一年六月《再题清晖阁四景——露香斋》，《御制诗文集》，三集卷五十八。

> 雨足园林露气浓，叶芬花郁滴重重。
> 南方新贡芽茶到，却可收烹助净供。
>
> 乾隆三十二年《题清晖阁四景——露香斋》，《御制诗文集》，三集卷六十五。

诗中描述乾隆于此设置竹茶炉，一边品啜南方新贡芽茶，一边欣赏御园雨景。由前述绘画、

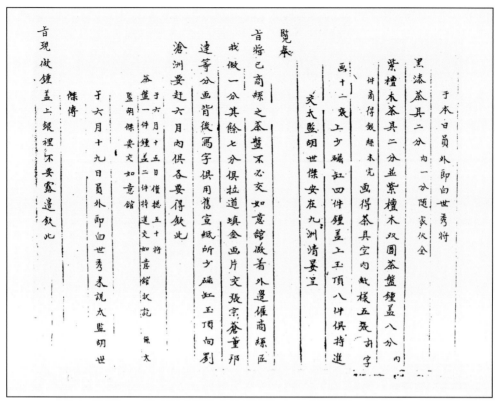

図1-33　清乾隆十六年六月《活计档·木作》记载圆明园九洲清晏内设置茶器明细　中国第一历史档案馆藏

御制诗以及茶具配置等，"清晖阁""露香斋"作为乾隆在圆明园内的茶舍，应该是无庸置疑的。

（五）怡情书史池上居

圆明园内另一处茶舍为"池上居"，又名"怡情书史"或"画禅室"（图1-30、1-31）。香山静宜园及盘山静寄山庄内亦各有同以"池上居"为名的建筑，它们都是乾隆皇帝用来鉴赏董其昌所评书画的场所。乾隆皇帝每次至此，大多携带紫禁城"画禅室"所藏书画，在此品鉴或题诗写字。圆明园"池上居"最大功能除了赏鉴书画外，就是作为品茗处所。圆明园"池上居"别称"怡情书史"，因门楣上挂有名为"画禅室"的额匾，故又称"画禅室"，此事见载于乾隆

十七年六月《活计档·木作》：

初九日太监赵玉来说首领桂元传旨：怡情书史现挂画禅室之匾，照门改做一般宽。钦此。于本月十一日员外郎白世秀将改做得画禅室匾一面持进挂讫。[17]

说明圆明园"怡情书史"就是"画禅室"；而此处作为茶舍，亦始于乾隆十六年，早于挂饰门匾。

乾隆十七年十一月《活计档·记事录》又载：

初七日员外郎白世秀来说太监胡世杰传旨：

十八日员外郎白世秀来说太监胡世杰交茶仙二分，传旨：着在瀛台千尺雪摆一分；怡情书室池上居（圆明园九洲清晏）摆一分。钦此。

于本月十九日柏唐阿舒敏将茶仙一分送赴瀛台千尺雪安讫；于十九年正月十七日员外郎白世秀将茶仙一分持进池上居（圆明园九洲清晏怡情书史）交讫。[19]

从上列几则《活计档》中的记载，可知怡情书史与池上居属同一地点；再由《活计档》有关怡情书史池上居的茶具调度看来，此处的另一主要功能确为烹茶品茗。再者，乾隆于十六年冬至前完成的《圆明园画禅室对雪有作》诗，提及：

积素山逾远，寒侵夕益绵。
节真应大雪，景恰媚名园。
鹤讶翔松顶，蝗知避麦根。
竹炉新仿得[注]，活火正温存。

注：仿惠山制竹炉收雪水烹之。
《御制诗文集》，二集卷三十。

诗句"竹炉新仿得"，证明"画禅室"（即怡情书史池上居）的竹炉制于乾隆十六年，同年此室也成为乾隆皇帝的品茶看画处。乾隆十七年由碧云寺"试泉悦性山房"转来茶具、十九年正月摆设"陆羽茶仙像"等等，都是笔者论断"怡情书史池上居"作为茶舍的重要依据。

以下再选录几首乾隆咏《画禅室》及《池上居》的诗文，加强说明"怡情书史池上居"又名"画禅室"，乾隆每次到访必携名画同来，烹茶看画，几暇怡情。乾隆在二十三年所作《沧

将竹茶具一分安在玉壶冰（建福宫）；将玉壶冰换下茶具一分，再将造办处收贮树根宝座查一分，俱安碧云寺北墙橱柜，安在南墙半元桌，安在西墙。其碧云寺（试泉悦性山房）换下茶具，一分安在怡情书史池上居（圆明园九洲清晏）；漆茶具一分安在静宜园静室（竹炉精舍）；紫檀木茶具一分送在热河千池（尺）雪安设。钦此。[18]（图1-34）

乾隆十八年十二月《活计档·记事录》再记：

浪屿》诗注中说：

雅似御园画禅室[注]，一般摛藻构吟思。

注：御园池上居又名画禅室，长夏恒憩息处，是室似之。
《御制诗文集》，二集卷八十一。

乾隆十六年咏《池上居》诗：
每遣闲中夏，爱凭波里天。
松篁披静籁，书史究真诠。
乐意参鱼计，吉光玩画禅[注]。
吟安刚五字，一晌似常年。

注：所携画禅室中真迹，每驻跸圆明园即是室贮之。
《御制诗文集》，二集卷二十八。

乾隆四十八年咏《初夏池上居》诗：
凭窗近可俯澄波，池上居佳绝胜他。

有暇便看古书画[注]，无愁以对节清和。

注：室内别颜曰画禅，宫中画禅室所弄董其昌名画大观
册及黄公望《山居图》、米友仁《潇湘图》、李唐《江
山小景》，宋元明真迹册。又予新集唐、五代、宋、
元王维、周昉等画帧，凡幸圆明园则携来以贮此室。
《御制诗文集》，四集卷九十七。

诗注中所列宋元明等真迹，曾为董其昌所藏，
而"画禅室"亦取自董其昌书斋名。乾隆皇帝每
临香山"画禅室"（池上居），亦必携曾经董其昌
收藏的四美图——顾恺之《女史箴图》、李公麟
《蜀江图》《九歌图》《潇湘卧游图》等四卷同往。

圆明园内乾隆皇帝的两处品茶建筑相距甚
近，同建构于九洲清晏内，笔者推断，此两处
茶舍与建福宫的碧琳馆及玉壶冰相同，或作轮
流交替使用。

图1-35　清乾隆　紫檀木茶具及御制诗宜兴茶壶、茶叶罐、茶碗及竹茶炉等（搭配组合）　故宫博物院藏

四、茶舍陈设与茶器

根据清宫《活计档》记载，乾隆皇帝对茶舍的茶器安置均有定规。一般必备的茶具有：竹茶炉、宜兴茶壶、茶钟、茶托、茶盘、茶叶罐等主要茶器（图1-35、3-35、4-21、5-15）；而水盆、银杓、银漏子、银靶圈、竹筷子、瓷缸等辅助茶事的备水、滤水或备火之器，亦随盛装茶器的茶具（茶籯）或茶器柜等置备齐全。由《活计档》记载得知，乾隆十六至二十四年为茶舍茶具制作调配的高峰期，所有上述乾隆茶舍及内部的陈设布置大多完成于此期间。最早见载于档案的整套茶具配备始于乾隆十六年五月，这时间就是乾隆皇帝南巡返京后不久。以下择数则介绍：

乾隆十六年五月《活计档·行文》：

二十三日二等侍卫永奉旨：着催图拉现做竹器、宜兴器急速送来。钦此。[20]

乾隆十六年六月《活计档·木作》载：

初十日员外郎白世秀、催总德魁来说太监胡世杰交：黑漆茶具二分（内一分画竹子随钵盂缸；内一分画金花随有屉缸）、夔龙式银屉水盆一件、水漏子二件、宜兴壶三把、银方圆六方茶罐三件、茶罐三件（大件多镶）、青花白地茶钟二件（随双圆盘一件）、磁缸一件（随藤盖一件、西洋盖布一件）、木靶银钩子一件、木靶铜簸箕一件、竹快子一双、铜方圆火盆二件、铁火镊子一把、快子一双、纱杓子一件。四夔龙式银屉水盆一件、宜兴壶三把、银圆方六方茶罐三件、青龙白地宣窑茶钟一对（随腰圆茶盘一件）、磁缸一件（随藤盖、布盖、银杓子一件、水漏子二件、竹快子一双）、铜方火盆一件、木靶铜簸箕一件、铜镊子一把、解锥一把，传旨：将水盆上面高处去了银里补平，茶具底下空塌挪中。钦此。[21]（图1-36）

乾隆十六年九月《活计档·记事录》：

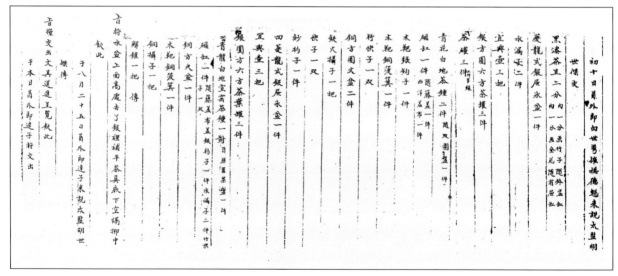

图1-36　清乾隆十六年六月《活计档·木作》记载茶舍配置茶具、茶器明细　中国第一历史档案馆藏

十一日员外郎白世秀来说太监胡世杰传旨：四分茶具做得时圆明园（清晖阁）摆一分；万寿山（清可轩）摆一分；静宜园静室（竹炉精舍）摆一分；热河（千尺雪）摆一分。钦此。[22]（图1-37）

乾隆十六年十一月《活计档·苏州织造》：

图1-37 清乾隆十六年九月《活计档·记事录》记载完成的茶具发派各个茶舍，详载地名，但未必显示茶舍名称。中国第一历史档案馆藏

十一月二十九日，员外郎白世秀来说太监胡世杰传旨：着图拉做棕竹茶具二分；班竹茶具二分，每分随香几一件、竹炉一件。钦此。

于本年十一月初五日员外郎白世秀将苏州织造进安宁送到茶具四分随香几、竹炉四件俱持进交太监胡世杰呈进讫。[23]

由以上乾隆十六年五月至十一月间，多次的活计承做及发布情形，可以概见乾隆茶舍茶具制作以及安设的情况。短短半年之间，至少完成了茶具八份，其中黑漆二份、紫檀木二份、棕竹二份及斑竹二份；并可得知乾隆所订茶具器皿等，多为苏州织造安宁所承办。

再者，承办的茶器项目颇多，有各式材质，诸如竹、漆及紫檀木等茶具，以及宜兴茶壶、茶叶罐、茶钟、木盖、茶盘、香几等等，通常茶具均与竹炉及宜兴壶等配套组合。（图1-35）这些茶器具相较于清宫所用磁胎画珐琅、洋彩、铜胎画珐琅（图1-38 ~ 1-42）玉石、玛瑙（图1-43、1-44）等质材茶器，显得雅洁朴实。乾隆皇帝在各茶舍的摆设，内容大多相同，检索

图1-38 清乾隆 磁胎画珐琅白番花红地茶钟 台北故宫博物院藏　　图1-39 清乾隆 磁胎画珐琅红地茶壶 故宫博物院藏

图 1-40　清乾隆　磁胎画珐琅锦上添花红地茶碗　台北故宫博物院藏

图 1-41　清乾隆　磁胎洋彩（粉彩）绿地开光菊石图茶壶
　　　　　故宫博物院藏

图 1-42　清乾隆　铜胎画珐琅凤凰牡丹纹带盘盖碗　故宫博物院藏

图 1-43　清乾隆　白玉御制诗茶钟　故宫博物院藏

图 1-44　清乾隆　玛瑙茶钟　台北故宫博物院藏

《活计档》的记载，绝少使用华丽珐琅彩瓷、玻璃或玉石、玛瑙等质材茶器；仅偶尔交办依宫中所藏釉色华丽的珐琅彩茶器仿制成宜兴壶。[24] 根据笔者的考察与研究，华丽昂贵质材的茶器多用于宫中庆典或其他场合，在乾隆茶舍里使用的基本上是带文人风格的素雅茶具，如竹炉、宜兴器、竹木茶具等。这些茶器虽不具宫廷富丽风格，但却强烈代表乾隆个人品味，宜兴茶壶及茶叶罐上通常是一面御制诗，一面绘画；紫檀木茶具上则贴饰有词臣于敏中等人书画小品（图5-15），这些都彰显了乾隆的文人雅兴，是有别于康熙、雍正二帝的茶器风格。

乾隆茶舍御用的宜兴茶壶与茶叶罐等茶器，皆由宫廷内务府工匠承皇帝旨意特别设计，经过乾隆皇帝认可，再发往宜兴烧造，与一般民用大为不同。如仔细核对《活计档》，可以确知茶壶、茶叶罐为一面御制诗，一面绘画，画稿为乾隆皇帝命宫廷画家丁观鹏（活动于1737-1768）、张镐所制，然样稿、木样必须呈览核准后才可制作。由《活计档》巨细靡遗的记载，可了解各茶舍，完全由乾隆皇帝主导完成。今日保存于故宫博物院的多套乾隆茶具与《活计档》所载一致，深具文人茶器的简朴特征，此与乾隆朝的其他华丽器物相比殊为特别。虽然有学者批评乾隆一面赞同苏州一带文人所使用质朴素雅宜兴壶瀹茶，但他命作的宜兴壶却装饰华丽的金银彩。[25] 其实，由档案及实物观察，这些宜兴胎金银彩御制诗如《花港观鱼》山水图茶壶（图1-45）上的诗文，所咏与茶事无关，而诗为乾隆二十七年南巡至杭州西湖十景之一"花港观鱼"所题，与乾隆十六年至二十四年之间所订制的单色贴泥御制茶诗宜兴壶差别甚大；

再由前述故宫博物院发表数套茶具所附的宜兴壶，皆以素色堆泥图画装饰，亦可做一比较（图1-46、1-47）。因此，笔者怀疑乾隆皇帝未必将这类装饰绚丽的宜兴胎加彩器置于茶舍使用，其或属一般场合用器。

乾隆皇帝莅临各茶舍的次数不一，御制茶诗的多寡也未必与造访次数成正比，然而茶舍内摆设却一项也不少。这不仅表示乾隆对所有茶舍皆以等同地位看待，亦代表茶舍在乾隆皇帝心目中有一定的象征意义。乾隆皇帝对仿自惠山竹炉山房的竹茶炉情有独钟，他喜爱竹炉的雅致（图1-7、1-35），[26] 更爱竹炉的历史意涵，以此作为实践惠山听松庵的品茗精神，故为各处茶舍之必备茶器。乾隆皇帝咏赞竹茶炉云：

竹炉肖以卅年余[注]，处处山房率置诸。
惠寺上人应自笑，笑因何事创于予。
注：自辛未命仿制，逮今三十八年矣。
《竹炉山房》，《御制诗文集》，五集卷四十七。

屋弄竹炉肖惠山，春风啜茗趁斯闲。
却予心每闲不得，忆到九龙问俗间。
《春风啜茗台二首》，《御制诗文集》，四集卷二十六。

到处竹炉仿惠山，武文火候酌斟间。
《竹炉精舍烹茶作》，《御制诗文集》，二集卷七十六。

石上泉依松下风，竹炉制与惠山同。
《焙茶坞》，《御制诗文集》，二集卷四十。

竹炉茗碗浑堪试，内苑吴山本一家。
《题瀛台千尺雪》，《御制诗文集》，二集卷八十一。

图1-45　清乾隆　宜兴窑紫砂描金银彩御制诗《花港观鱼》
　　　　山水图茶壶　故宫博物院藏

图1-46　清乾隆　宜兴窑朱泥御制诗
　　　　《雨中烹茶泛卧游书室有作》茶壶　故宫博物院藏

图1-47　清乾隆　宜兴窑紫砂御制诗
　　　　《雨中烹茶泛卧游书室有作》茶壶　故宫博物院藏

以上诗句皆提及所设茶炉仿自惠山；乾隆二十七年第三次南巡至无锡惠山听松庵"竹炉山房"品茶时，题咏《竹炉山房作》即提到诸行宫茶舍山房所置茶炉皆仿自惠山："竹炉是处有山房（注：自辛未到此爱竹炉之雅，命吴工仿制，玉泉、盘山诸处率置之），茗碗偏欣滋味长。"（《御制诗文集》，三集卷二十）乾隆皇帝独爱竹茶炉，自有其独特见地，他认为外形上圆下方的竹茶炉为宇宙象征，也是儒、道、释合一的境界，安置茶舍，最为恰当。

乾隆皇帝在茶舍御用啜茶的茶碗、茶壶或茶叶罐上，多装饰有不同时期的御制茶诗，尽管内容不同，但茶器的形制、纹饰几乎相同。例如，他在相同造型的茶碗上，分别饰以不同主题的诗文，乾隆七年《雨中烹茶泛卧游书室有作》诗、乾隆十一年《三清茶》诗、二十四年及二十九年各有不同内容的《荷露烹茶》诗，以及五十六年的《烹雨前茶有作》诗等。这是乾隆茶舍茶器中一个非常特殊的现象，终其一生，乾隆茶舍里不可缺而且造型几乎不变的茶器，就是竹

茶炉和御制诗文茶碗（图1-7、1-48）。在笔者看来，这正与乾隆皇帝执着的个性有关，他一生钟情的人、事、物历久弥坚，亘长不变，一如他对孝贤皇后的爱情，对千尺雪与竹炉山房的向往，以至于寄情于三清茶诗、茶碗、竹炉等事物，都表现出他一以贯之的钟情与挚爱。

另一项重要的茶舍装饰陈设，就是陆羽茶仙造像（图1-49），其具体形貌，依据档案记载：

内开本年三月初五日员外郎郎正培等将陆羽吃茶仙纸样一张呈览，奉旨着照样准做。脸相用泥捏做，衣服绫绢做，其桌椅用紫檀木配合成做。钦此。（乾隆十八年十月《活计档·如意馆》）[27]

每处茶舍均必安设陆羽茶仙造像，并附设紫檀木桌椅，与陆羽像搭配，足证乾隆皇帝对陆羽茶仙造像摆饰的重视。

唐代陆羽（约733-803）精于茶道，著有《茶

图1-48　清乾隆　青花《三清茶》诗盖碗
　　　　　故宫博物院藏

经》，被奉为茶圣，乾隆则尊称其为茶仙。茶舍里置茶仙像，一则表示乾隆皇帝对茶事的敬重；一则可与之对话，倾诉品茗心得。这类与古人对话情境，在御制茶诗中亦多处可见，例如乾隆五十年（1785）题"盘山千尺雪"茶舍内所悬挂的唐寅《品茶图》上，诗内即提及请茶炉一侧的陆羽别见笑，自己偶然品茶哪称得上幽人：

> 品茶自是幽人事，我岂幽人亦品茶。
> 偶一为之寓兴耳，灶边陆羽笑予差。
> 《御制诗文集》，五集卷十四。

乾隆三十一年《竹炉山房试茶作》也提道：
> 春泉喷绿鸭头新，瓶汲壶烹忙侍臣。
> 灶侧依然供陆羽，笑应不是品茶人。
> 《御制诗文集》，三集卷五十四。

乾隆三十三年《试泉悦性山房》、三十四年《焙茶坞戏题》茶舍内品茗时亦述及：

> 灶边亦坐陆鸿渐，笑我今朝属偶然。
> 《御制诗文集》，三集卷七十三。

> 应教笑煞陆鸿渐，似此安称试茗人。
> 《御制诗文集》，三集卷七十七。

乾隆五十年《竹炉精舍》再次提道：
> 灶边陆羽莞然笑，忙杀中涓有是乎。
> 《御制诗文集》，五集卷十五。

乾隆五十八年《味甘书屋试茶》诗云：
> 只论全备不论俗，陆羽旁观笑弗禁。
> 《御制诗文集》，五集卷八十二。

图 1-49　清乾隆
陆羽茶仙塑像及紫檀木桌椅
故宫博物院藏

以上所引多首咏茶舍诗，均具体提到与竹炉侧摆饰陆羽茶仙坐像事。乾隆皇帝自称陆羽每每嘲笑他，这副匆忙或即兴式的品啜方式，应非幽人、茶人应有态度；这正是乾隆皇帝惯用的自嘲自喻虚拟手法，是乾隆茶舍特有的艺术表现，也是茶史上极鲜见的现象。茶室中陈设陆羽像自古有之，乾隆皇帝当然了然于胸的，他在六十年作《竹炉山房》品茶诗中补注说明前人及陈设陆羽情况：

新到雨前贮建城^{注1}，因之活火试煎茶。
座中陆氏应含笑，似笑殷勤效古情^{注2}。

注1：建城贮茶器也。以箬为笼封茶以贮高阁。见明高濂《遵生八笺》。
注2：唐书载陆羽嗜茶，著经三篇，言茶之原、之法、之具尤备。时鬻茶者至陶其形置炀突间，祀为茶神。今山房内亦复效之，未能免俗，应为羽所窃笑也。《御制诗文集》，五集卷九十五。

他一面未能免俗的"殷勤效古情"，一面却将古人鬻供陆羽像作为守护角色，转换为茶舍内神交的对象，视为精神指导，时而警惕并期勉自己脱俗寻幽，竭尽所能做到品茶人应有的修养；借物与古人神交，以达咏怀诗情与茶情的境界。

古代文人品茶尚雅崇幽，晚明文人著作如《遵生八笺》《长物志》等时常提及幽静清雅的茶舍是文人品茗的首选。江南文人追求品茗的境界与传统，对乾隆影响甚大，江苏宜兴茶器的使用即为一例。通过《活计档》及清宫乾隆朝诸多茶器，²⁸ 乾隆茶舍所用茶器以宜兴器为主；宜兴茶壶与茶叶罐上除以乾隆御制茶诗装饰外，呈现的是胎泥本色，质朴无华（图1-46~1-47），做工繁复的宜兴胎彩漆或雕漆茶壶（图1-50~1-53），甚至不置于茶舍使用。清宫茶宴或茶库所贮茶器，伴随御窑厂官瓷发展以及时代风格流行，多为釉色华丽、彩瓷茶壶或茶钟（图1-38~1-42），这些富丽堂皇的宫廷茶器，通常不使用于乾隆茶舍，前文已一再论述，证之实物亦然，显见乾隆皇帝对在茶舍品茗与一般饮茶是有严格分别。由茶舍所在的选择，以至茶器具的布置、乾隆茶舍的器用反映了精神与文化层面的交融，形成了乾隆皇帝独自的品茗特

图1-50　清乾隆　宜兴紫砂胎黑漆描金菊花纹茶壶
　　　　故宫博物院藏

图1-51　清乾隆　宜兴紫砂胎黑漆描金吉庆有余纹茶壶
　　　　故宫博物院藏

图 1-52　清乾隆　宜兴紫砂胎绿漆地描金瓜棱壶
　　　　故宫博物院藏

图 1-53　清乾隆　宜兴紫砂胎雕漆八宝纹茶壶
　　　　台北故宫博物院藏

色，这也是乾隆皇帝诗中一再提及"泉傍精舍似
山家，只取幽闲不取奢"的"雅"与"洁"美学境
界，由此亦见乾隆皇帝不仅深谙汉族传统文人
的品茶风尚，而且堪称皇帝茶人。

五、结语

　　茶舍是乾隆皇帝几暇怡情寄意林泉、释放
翰墨诗情的最佳处所，品茗赋诗则是他茶舍生
活中的最大乐趣。茶舍是他最佳创作空间，而
陆羽仙像、竹茶炉、茶钟及茶罐等陈设皆激荡
出他创作诗文的灵感源泉。他在茶诗中不断抒
发自己的感触，吐露他的人生哲理学，也不时
观照反思。例如，他在乾隆十八年（1753）《试
泉悦性山房〉诗中提道：

　　　　德水堪方性，澄泞见本初。
　　　　每来试汲绠，便以拟浇书。
　　　　五字片时就，千峰一牖虚。
　　　　松门章奏鲜，适可悦几余。
　　　　《御制诗文集》，二集卷四十三。

乾隆十九年《竹炉山房》诗云：
　　隔岁山房此一过，试泉偶尔乐天和。
　　悦心得句恒于是，夏鼎商彝较则那。
　　《御制诗文集》，二集卷四十六。

乾隆三十四年《题春风啜茗台》：
　　竹炉妥帖宜烹茗，收来荷露清而冷。
　　绿瓯闲啜成小坐，旧句新题自倡和。
　　《御制诗文集》，三集卷八十三。

乾隆四十一年《味甘书屋》题：
　　石泉汲以烹，略试文武火。
　　既非竟陵癖，更殊赵州果。
　　擎杯吟五字，爽然有会我。
　　味泉或偶宜，味言殊未可。
　　《御制诗文集》，四集卷三十八。

乾隆四十六年，热河《千尺雪二首》提道：
　　天高塞远是源头，千尺小哉论短修。
　　南北去年吟雪意，一齐分付与东流。
　　矼磤澎汈落深潭，声色搅搅正好参。

瀑议每年来著句，忘言谁得似云岚。

《御制诗文集》，四集卷八十三。

乾隆四十七年，热河《千尺雪二绝句》又提道：

初来望雨懒吟诗，既雨斯来又一时。
落涨挟沙顿改色，薛昭绛雪略同之。
卜筑山边复水边，临流摘句亦多年。
拈须已是古稀者，耳里清音不异前。

《御制诗文集》，四集卷九十一。

乾隆五十年《清可轩》品茶题：

境唯是朴朴堪会，物以舍华华可寻。
历岁勒题将遍矣，古稀仍未戒于吟。

《御制诗文集》，五集卷十六。

乾隆五十一年（1786）《玉乳泉》诗中则强调：

岂必竹炉陈著相，拾松枝便试煎烹。
煎烹却称雨前茶，解渴浇吟本一家。
忆在西湖龙井上，尔时风月岂其赊。

《御制诗文集》，五集卷二十三。

对乾隆皇帝来说，茶舍品茗与旧句新题、浇书题诗、摘句、得句脱不了关系，所谓"每来试汲绠，便以拟浇书""五字片时就""悦心得句恒于是""每年来著句""临流摘句亦多年"等等，都是为"解渴浇吟本一家"，即赋诗写作的创作而来，其至古稀之年仍未戒于吟。乾隆皇帝常在茶舍静思澄观：

若为相假借，借以入哦吟。

揭尔归澄观，悠悠彻远心。
……
便拾松燃火，因揩瓯瀹茶。

乾隆十四年《玉乳泉》，《御制诗文集》，二集卷九。

每因山阴游，坐憩宜澄观。
所惭成句去，未兹久消闲。

乾隆四十二年《清可轩》，《御制诗文集》，四集卷四十二。

乾隆皇帝也常将在茶舍中哦吟得句的诗文镌刻于茶舍岩壁上，"盘山千尺雪""竹炉山房"以及"清可轩"虽然建筑物早已毁坏，却留下了永恒的茶舍品茗篇章：

一晌早延清，三间岂嫌窄。
茶火软通红，苔冬嫩余碧。
倘来辄凭窗，促去不暖席。
便宜是诗章，往往镌琼壁。

乾隆二十一年《清可轩》，《御制诗文集》，二集卷六十。

汲泉就近竹炉烘，写兴宁论拙与工。
新旧咏吟书壁遍，选峰沏句用无穷[注]。

注：历年题句揭山房楣楹间者已遍，自今有作当于山房外选石沏之，绰有余地矣。

乾隆五十二年《竹炉山房》，《御制诗文集》，五集卷二十九。

有茶亦可烹，有墨亦可试。
仆人欣息肩，而我引诗意。
一举乃两得，句成便前诣。

乾隆五十二年《玉乳泉得句》，《御制诗文集》，五集卷三十一。

以上所引为数甚多的御制诗，皆说明乾隆皇帝为自己定下"吃茶得句"一举两得的结论。作为一位统治者，乾隆皇帝于各种不同的场合地点，时刻警惕反省，念兹在兹系于民生，尤其雨水关乎农作百姓生活，茶舍品茶时亦不忘祈雨泽润。他在《碧琳馆》《竹炉山房》等茶舍诗中表达了雨沾霖霈的安慰与反省警惕：

节节雕琼叶叶栾，韶春真是报平安。
三冬望泽常眉皱，博得今朝慰眼看。

乾隆三十五年《碧琳馆》，《御制诗文集》，三集卷八十五。

已饥已溺圣人思，余事唯茶姑置之。
设使相如类消渴，育才时亦念乎斯。

乾隆三十七年《竹炉山房》，《御制诗文集》，四集卷五。

又《初夏池上居》云：
凭窗近可俯澄波，池上居佳绝胜他。
有暇便看古书画，无愁以对节清和。
田间过雨十日逮[注1]，壁上题诗卅首多[注2]。
益善唯希膏继霈，阴晴又问夜如何。

注1：自三月廿七日得透雨，四月初七日复得微雨，越今又几及旬矣。
注2：四壁题诗多望雨望晴之作，无非祈年之意也。

乾隆四十八年，《御制诗文集》，四集卷九十七。

《试泉悦性山房作歌》亦云：
略沾继望方寸中[注1]，安能怡豫试茗杯。
壁间题句亦屡矣，羞看昔往仍今来[注2]。

注1：出句三次之雨，田中借以沾润，踌途阅视少觉慰怀。然犹须继泽，方能深透；日前云势颇厚，而未获霈膏，来此试茗安能怡悦。

注2：每岁来此率有题咏，书悬壁间阅之，亦多望雨之句。此来犹殷望泽，拈毫只增惭恋。

乾隆五十九年，《御制诗文集》，五集卷八十九。

筠鼎瓷瓯火候便，听松何异事烹煎[注]，
江南民物安恬否，未免临风一缭然。

注：惠山寺听松庵为竹炉肇典处。

乾隆四十年《竹炉山房》，《御制诗文集》，四集卷二十七。

茶舍品茗不忘民间疾苦，犹望雨泽，五谷丰收，祈年丰收，否则安能愉悦试茗，拈笔徒增羞愧而已。茶舍试茶也是乾隆皇帝不时反思自省的场所。

最后笔者仍必须为这位爱茶皇帝说明：他虽然于御制茶诗中不断自嘲陆羽笑自己不像品茶人，但他对茶事仍极具信心，他自豪地说：

中泠第一无竹炉，惠山有炉泉第二。
玉泉天下第一泉，山房喜有竹炉置。
瓶罍汲取更近便，茗碗清风可弗试。
四壁图书阅古人，大多规写烹茶事。
忽然失笑境地殊，我于其间岂容厕。

乾隆三十年《竹炉山房戏题》，《御制诗文集》，三集卷五十。

于泉、于炉、于诗、于书，乾隆均满怀自信，他自认拥有天下第一玉泉山水，吴中名匠精心制造了竹炉，茶舍中陈设的书画以及悬于壁间的自书茶诗，均超越前人，充分表现出这位前无古人后无来者的皇帝茶人对于茶事的精通与喜爱。

（原载《茶韵茗事——故宫茶话》《乾隆茶舍再探》，2010年11月。部分修订）

1. 乾隆二十年于盘山千尺雪《再题千尺雪》诗中即提道："洒然茶舍俯流泉，茗碗筠炉映碧鲜。"乾隆二十三年（1758年）《千尺雪题句》中亦云："园门设晾甲，茶舍石墙边。"诗中均以"茶舍"称之，为求内文统一，所有笔者认为是乾隆皇帝用之品茶的雅室均以"茶舍"称之。

2. 本文中有关"竹炉山房""竹炉精舍"或"竹茶炉""竹炉"等用语，为求统一均以"竹炉"称之；文集内"竹炉山房"大多作"竹垆山房"，也有"竹炉山房"，"竹炉精舍"亦然。

3. 笔者据《御制诗文集》茶舍做约略统计，每年新正大多在西苑瀛台千尺雪品茶，故诗中所述亦多瑞雪场景；新正至仲春期间则多在焙茶坞；仲春左右则为竹炉山房以及盘山千尺雪。如至盘山千尺雪时间大多在二月底仲春至三月中旬暮春之间，因此题盘山《千尺雪》诗题跋则多书仲春或暮春（廖宝秀，《清高宗盘山千尺雪茶舍初探》附表，《辅仁历史学报》第十四期，2003年6月，页96-105）。

4. 然据徐卉风主编，《宫廷风圆明园》，《三处皇家园林中的千尺雪》中载千尺雪建筑已不存在。上海远东出版社，2014年，页70。

5.《清宫内务府造办处档案总汇》，册18，页705。香港中文大学、中国第一历史档案馆合编，2005年。

6.《清宫内务府造办处档案总汇》，册18，页709。

7.《清宫内务府造办处档案总汇》，册19，页516。

8.《清宫内务府造办处档案总汇》，册19，页575。

9.《清宫内务府造办处档案总汇》，册18，页607。

10.《清宫内务府造办处档案总汇》，册20，页444。

11.《清宫内务府造办处档案总汇》，册20，页104。

12.《清宫内务府造办处档案总汇》，册20，页91。

13. 清室善后委员会编，《故宫物品点查报告·景阳宫》，北京：线装书局，2004年，第四册，页14。

14.《清宫内务府造办处档案总汇》，册18，页396。

15.《清宫内务府造办处档案总汇》，册19，页516。

16.《清宫内务府造办处档案总汇》，册18，页268。

17.《清宫内务府造办处档案总汇》，册18，页776。

18.《清宫内务府造办处档案总汇》，册18，页709。

19.《清宫内务府造办处档案总汇》，册19，页545。

20.《清宫内务府造办处档案总汇》，册18，页422。

21.《清宫内务府造办处档案总汇》，册18，页265、266。

22.《清宫内务府造办处档案总汇》，册18，页396。

23.《清宫内务府造办处档案总汇》，册18，页416。

24. "九月初二日员外郎白世秀来说太监胡世杰交：青玉有盖壶一件、洋彩诗字磁壶一件、铜胎法琅菊瓣壶一件（法琅有磕），传旨：着图拉照样各做宜兴壶一对，再变别花样款式做样呈览，准时亦交图拉成做。钦此。""于本月十一日员外郎白世秀将变得宜兴壶木样二件持进，交太监胡世杰呈览奉旨：将木样二件俱落堂，一面贴字、一面贴画准交图拉将茶具内宜兴壶与他看，着照宜兴壶身分，照木样款式各做四件，分八样颜色俱要一般高。再将茶具内银茶叶罐亦着木样交图拉照样做宜兴茶叶罐亦要与宜兴一般高。钦此。"（乾隆十六年九月《活计档·苏州织造》）

25. Jan Stuart,*Qianlong as a Collector of Ceramics,in Splendors of China's Forbidden City : The Glorious Reign of Emperor Qianlong*,Chuimei Ho and Burnet Bronson London : Merrell Pub., 2004, 233-235.

26. 乾隆五十九年《竹炉精舍漫题》诗中提道："陆羽炉旁兀然坐，诗注：惠山听松庵竹炉不过爱其雅洁，因命仿制于此间及盘山等处，构精舍置之，每来驻跸辄命烹茗，借集清暇。而中人伺备匆忙，殊失雅人深致。"（《御制诗文集》，五集卷八十九）

27.《清宫内务府造办处档案总汇》，册19，页569。

28. 收藏于故宫博物院的茶器与茶具大多可与《活计档》文献对照得出，如竹炉、宜兴茶壶、茶叶罐或江南织造所进各式漆、斑竹、紫檀木茶具等。

附表
乾隆茶舍

茶舍名称	地点	成立时间	器物概要陈设	主要茶画陈设备注
1.玉乳泉	香山静宜园	乾隆十年（1745）	竹炉、漆茶具一分	《御制诗文集》《玉乳泉》内所咏虽非全为茶诗，然诗内亦提及设有竹茶炉及茶具。而"玉乳泉"为三间白屋房舍，山泉乳窦就在其侧，基本上此处亦属试泉茶舍之列。
2.春风啜茗台	万寿山（清漪园昆明湖南畔）	乾隆十五年（1750）	竹炉、鸡翅木茶具、青花白地茶钟四件配紫檀木盖、随商丝紫檀木双圆盘、红如意云口足青字钟。陆羽茶仙像	
3.露香斋（清晖阁四景之一）	圆明园九洲清晏内	乾隆九年（1744）之前	竹炉、瓷碗	清晖阁作为品茶弹琴之所，不晚于乾隆九年。祝融后新盖的露香斋则应为乾隆三十年。
4.池上居（亦名画禅室、怡情书史）	圆明园或香山静宜园内	乾隆十六年（1751）	竹炉、黑漆茶具一分（由试泉悦性山房转来）、陆羽茶仙像	此处为乾隆皇帝观赏名画之所，聚藏董其昌所评书画。另香山静宜园内亦有画禅室，内藏四美具图。
5.竹炉山房	玉泉山静明园	乾隆十六年（1751）	竹炉一分随紫檀木座、紫檀木茶具及茶器、陆羽茶仙像	御笔《竹炉山房图》挂轴、御书《玉泉山天下第一泉诗》卷
6.竹炉精舍	香山静宜园	乾隆十六年（1751）	竹炉、漆茶具一分、陆羽茶仙像	方琮条画
7.千尺雪（西苑）	西苑瀛台内	乾隆十六年（1751）夏后	竹炉、竹茶具一分及茶器、陆羽茶仙像、有足踏树根宝座、香几等	四卷四地《千尺雪图卷》；御笔书条、蒋溥画二张，张照字画棕竹股扇子一柄

8. 千尺雪（热河）	热河避暑山庄	乾隆十六年（1751）秋	竹炉、紫檀木茶具一分、白地红花瓷茶铫一件、盖碗一件、茶盘一件、陆羽茶仙像	御笔书法横披、挂屏；四卷四地《千尺雪图卷》附（小手卷匣）
9. 千尺雪（盘山）	盘山静寄山庄	乾隆十七年（1752）春	竹炉、紫檀木茶具一分、陆羽茶仙像	唐寅《品茶图》；四卷四地《千尺雪图卷》（大手卷匣）
10. 试泉悦性山房	香山碧云寺内	乾隆十七年（1752）初	竹炉、竹茶具一分、瓷碗、陆羽茶仙像	张宗苍《画山水》轴
11. 清可轩	万寿山清漪园	乾隆十七年（1752）	竹炉、竹茶具一分（由玉壶冰转来。现设茶具一分，着安清可轩）、陆羽茶仙像	此处与前"玉乳泉"相同，乾隆所咏虽非全为茶诗，但由清宫档案所示茶具制作及陈设，此处亦为乾隆茶舍之一。嘉庆十八年《清可轩陈设档案》载内设有紫檀木茶具格、竹炉等器的配置图。
12. 碧琳馆	紫禁城建福宫内	乾隆十七年	竹炉、紫檀木双圆茶盘、商丝镶银里茶钟二件、永乐款镶铜口青花白地诗意茶钟二件、紫檀木钟盖、果洗、香几、陆羽茶仙像	张宗苍条画
13. 玉壶冰	紫禁城建福宫内	乾隆十八年以前	竹炉、竹茶具一分	方琮茶画
14. 焙茶坞	西苑镜清斋内（现北海静心斋内）	乾隆二十三年（1758）	竹炉、鸡翅木茶具一分、陆羽茶仙像	李秉德画
15. 味甘书屋	热河避暑山庄碧峰寺后	乾隆二十九年（1764）	竹炉、茶铫、茶碗、陆羽茶仙像、铜珐琅挂屏一对	

香山——试泉悦性山房茶舍

第二章

"试泉悦性山房"为乾隆皇帝（1711–1799）在香山碧云寺的品茗茶舍，长久以来鲜为人知。本文借由乾隆皇帝御制诗文指引，并经实地探访，揭橥此一事实；更考证得出台北故宫博物院所藏张宗苍（1686–1756）《画山水》轴即为当时挂饰于茶舍内的壁上之珍。

引言

凡到过北京的游客，几乎很少不去香山一游者，香山赏枫也是北京秋天的一大乐事，而到了香山不到古刹碧云寺，恐怕也是少之又少。碧云寺"三层殿"后金刚宝座塔院曾为孙中山先生的灵柩暂厝之所，也是衣冠冢之所在，衣冠冢前方建筑现为"孙中山先生纪念堂"。就在纪念堂的左下方，有一处古木参天、环境极为幽美的遗迹，这里在2010年前并无标示遗址名称，因此造访者少，即使到过此处者，也未必清楚了解此处为何。

千禧年时导览地图上唯一的标示，大概就是整个大区域的"水泉院"，其他则无指标。

笔者因于2000年时筹划《也可以清心——茶器·茶事·茶画》特展，事前阅读了大量乾隆御制诗，2000年时乾隆皇帝的《清高宗御制诗文全集》尚未出版电子版可供查寻，完全只能查阅纸本。由乾隆皇帝诗注得知"试泉悦性山房"是乾隆皇帝位于香山的茶舍之一，因此于2001年9月实地造访。这里曾是乾隆皇帝建构来专为汲泉品茗的茶舍，乾隆皇帝将其命名为"试泉悦性山房"，并作有不少咏赞此处及山房前"洗心亭"的诗文，均收录于《清高宗御制诗文全集》（以下简称《御制诗文集》）内。"试泉悦性山房"不仅是乾隆皇帝亲自规划辟为试泉品茗的茶室，而且每次驾临香山必至此处品茶，其御制诗文自述："我游香山此必至，况复清和洽幽访。""柏垂枝下倚立石，宛转天然门洞开。"今日所见遗址仍与御制诗内所描述景观相同，诗中所形容的数百年老柏树干（乾隆早期诗文以"老桧"称之，晚期又名"柏枝"，由现存枯树干观之，应为柏科之属）所形成的天然门户依旧存在，但遗憾的是此地此景鲜为人知。

图 2-1　"试泉悦性山房"茶舍遗址。由山房后泉岩上方摄影，前景空处即山房遗址。空处周围方形础石钻有圆孔者即础柱基石遗迹　2005 年作者摄

　　香山为清代著名的三山五园之一，三山五园即香山静宜园、玉泉山静明园、万寿山清漪园以及圆明园和畅春园。这几座园林宫苑群集，可说是中国风景式园林造景的集大成，可惜这些奠基于清代早期康熙时期，陆续完成于雍正、乾隆时期的皇家苑囿，皆毁于咸丰十年（1860）英法联军的掠夺和焚毁，一代名园废为残迹，三山五园成为列强侵略中国永远的烙痕。其中仅万寿山清漪园复建，余均毁坏。清漪园被焚毁之后，一直处于废墟状态，光绪十一年（1885）诏令重修清漪园，以备临幸，改名"颐和园"，光绪二十四年（1898）慈禧太后动用海军建设经费加以重建修复。

　　香山历史悠久，金、元、明、清历代帝王在此营建离宫别苑。香山行宫静宜园为清高宗乾隆皇帝所建，位于北京西北郊，是一处具有"幽燕沉雄之气"典型北方山岳的风景名胜。乾隆十年（1745）兴建宫室楼阁，筑成静宜园二十八景，

园内不仅保留着许多历史上著名的古刹和人文景观，而且保持着大自然生态的深邃幽静和浓郁的山林野趣。

　　碧云寺为香山旧有古寺，始建于元代至顺二年（1331），明正德、天启年间，以及清乾隆十三年（1748）先后整修和扩建。本文所谈"试泉悦性山房"茶舍即构建于碧云寺左侧，面积虽然不大，但山房前亭台水榭，古松老桧，泉声云影，是一处读书品茗的园林佳境。

　　"试泉悦性山房"为乾隆皇帝驻跸静宜园必留之处，也是他极为喜爱的品茗休憩茶舍，在此他挂饰张宗苍的《画山水》轴，又十三次题诗于画上（虽然在《画山水》轴御题诗为十三首，但实际上在《御制诗文集》内却录有十四首，多一首乾隆二十一年《题张宗苍山水》诗，参见本文《附表》），而且每次来此总留下他对"试泉悦性山房"（图 2-1、2-2，图 1-12、1-13），以及"洗心亭"（图 2-3）的感想诗文（参见《附

图 2-2 清乾隆 清桂、沈焕、崇贵合绘《香山静宜园图》卷（局部）中国第一历史档案馆藏 "试泉悦性山房"及"洗心亭"图，简体名称后加。

图 2-3 "洗心亭"遗址，越过石桥，方形空处即洗心亭，周围础石钻有圆孔者即础柱基石遗迹。 2005 年作者摄

表》）。现在张宗苍《画山水》轴（图 2-4）收藏于台北故宫博物院，姑且不论此画的艺术价值，然此画与乾隆皇帝，以及香山静宜园"试泉悦性山房"的历史关系，是密切而且不容忽视的。现今"试泉悦性山房"似乎未引起园林管理者的重视，或许此处因被夷为平地之故，但愿本文的披露，或可对此处的历史重新体认，并对已枯萎的古桧柏善加保护，好让世人对乾隆皇帝风雅生活的一面有更进一步的认识。

试泉悦性山房

前已述及"试泉悦性山房"是乾隆皇帝试

泉啜茶的山房茶舍，建构完成于乾隆十七年夏天。在乾隆皇帝题《碧云寺》诗中曾载："乳窦淙淙清且渫，竹炉适可试茶槽。品泉公论应心折，此让江南第二高。烟霞导引入崇深，精舍依迟足悦心。山鸟似能传佛偈，分明道着去来今。"（《御制诗文全集》，二集卷三十四）诗中所指精舍应为"试泉悦性山房"，但此时或未正式命名，乾隆十八年始见诗题为《题试泉悦性山房》。 此例与盘山静寄山庄"千尺雪"茶舍相同，盘山"千尺雪"系于乾隆十七年春筑成，然"千尺雪"诗以及茶舍壁上所悬挂的唐寅《品茶图》上的乾隆皇帝御题诗均晚一年，最早亦见于乾隆十八年。"试泉悦性山房"在乾隆御制诗内作茶舍、茶室之意，偶以精舍称之。阅读大多数古籍文献，以及有关香山静宜园资料，似乎从未提及"试泉悦性山房"为茶舍者。乾隆年间张若澄画《静宜园二十八景》内虽绘有"竹炉精舍"，但并无绘制"试泉悦性山房"，"竹炉精舍"为乾隆皇帝在香山的另一处茶舍。尽管文献无提及此处为试泉品茗的茶舍，但乾隆皇帝每次驻跸香山静宜园，

图2-4 清乾隆 张宗苍《画山水》轴 台北故宫博物院藏

林翠、泉声、竹色，静无尘埃，乾隆皇帝喜爱此地景致，故为每游香山必至之地。进入"试泉悦性山房"之前，必先经过"洗心亭"（图2-2、2-3），洗心亭跨池而建，"试泉悦性山房"则倚岩傍泉，两处都可随时就地汲泉煮茶。这里的泉水虽不及乾隆皇帝所评定的玉泉山天下第一泉"玉泉"，但也仅次于玉泉，水质清冽，诚宜试茶，乾隆三十九年（1774）、四十七年（1782）《试泉悦性山房》诗中即提道：

> 倚壁山房架几楹，泉临阶下潆然清。
> 玉泉第一虽当逊[注]，喜是汲来就近烹。
> 泉色泉声两静凝，坐来如对玉壶冰。
> 拈毫摘句浑艰得，都为忘言性与澄。

注：碧云寺水较玉泉山之第一泉品固稍逊，然汲以烹茶味极清冽，亦玉泉之次也。

（与本文相关的《试泉悦性山房》《洗心亭》《题张宗苍山水》诗均按时序列于《附表》内供读者参考，故于本文不再加注说明出处。）

> 碧云寺侧屋三间，萧然独据泉之上。
> 第一虽不及玉泉，却喜石乳喷云嶂。
> 日色日声两绝清，宜视宜听信无量。
> 我游香山此必至，况复清和洽幽访。
> 宁须伯仲辨劳劳，得贵其近余应忘。

乾隆四十七年《试泉悦性山房》

而于敏中（1714—1780）《钦定日下旧闻考》中载"试泉悦性山房"后檐"澄华"是泉水发源处，现今"试泉悦性山房"遗址后面层岩叠嶂，石下仍见流泉微渗，形成一小池潭（图2-5），其上为龙王庙。由文献与实景对照，二百六十多年前的水源石泉依然潺潺不断，唯

几乎都会到这里品茗休憩。

为何笔者笃定认为"试泉悦性山房"是乾隆皇帝试泉品茗专用的茶舍，此乃根据《御制诗文集》内全部有关"试泉悦性山房"的记载，诗内无一不述及至此试泉烹茶。这里景色幽致，

图 2-5 "澄华"泉水发源处池潭及龙王庙遗址 2001 年作者摄

今日池潭未予清理疏通，泉水浊绿不清（2010年之后园方已经清理，现今池内蓄养金鱼），不似当年一泓清泉，可供试泉烹茶，"试泉悦性山房"建筑前后皆为活水泉池，此即乾隆皇帝在诗中一再提及的"可试泉""可试茶槽""瓷铫筠炉俱恰当"：

松门更有真佳处，悦性山房可试泉。
乾隆二十六年《洗心亭》

乳窦淙淙清且渫，竹炉适可试茶槽。
乾隆十七年《碧云寺》

山房石泉上，便可试山泉。
那待松枝拾，早呈犀液煎。
乾隆二十八年《试泉悦性山房》

洗心亭北入松门，别有山房临水源。
瓷铫筠炉俱恰当，试泉悦性且温存。
乾隆二十九年《试泉悦性山房》

"试泉悦性山房"的地理位置即如前述"洗

心亭北入松门，别有山房临水源。"另外在《钦定日下旧闻考》中载："碧云寺北为寒碧斋，后为云容水态，为洗心亭，又后为试泉悦性山房，静宜园册（臣等谨按）寒碧斋内额曰活泼天机，试泉悦性山房檐额曰境与心远，后檐曰澄华，是为泉水发源处。"文内虽然写明建筑及檐额的名称，但并无述及建筑功能。乾隆皇帝御制诗内有关"试泉悦性山房"的描述则更为清楚，记述它位于"洗心亭"之后，洗心亭与试泉悦性山房前后相邻，至"试泉悦性山房"必须先经过"洗心亭"，故而在《御制诗文全集》内乾隆皇帝所作两处诗文，通常是前后顺序排列。又因两地皆位于碧云寺内，因此又都列于《碧云寺》诗之后。（图2-6）"试泉悦性山房"茶舍由"洗

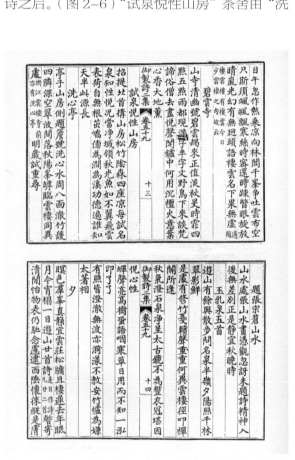
图2-6 乾隆二十年御制诗咏《碧云寺》《试泉悦性山房》《洗心亭》《题张宗苍山水》书影

图 2-7 "试泉悦性山房"茶舍天然门户遗址，由洗心亭拍摄（由外向内拍摄），即如乾隆诗中所述："古桧曲倚石，为门护幽径。""老桧枝下垂有石承之，俨然如门盖，数百年以上之布置也，入门为试泉悦性山房。"2005 年作者摄

心亭"诗注亦可清楚其所在位置，诗注曰："是亭在碧云寺左骑泉为之，其后即试泉悦性山房。"经过洗心亭后，即见试泉悦性山房门户，门户为老桧枝所成（图 2-7、2-8），乾隆皇帝形容它是"老桧枝下垂有石承之，俨然如门盖，数百年以上之布置也，入门为试泉悦性山房。"乾隆五十三年（1788）《洗心亭》诗注）"古桧曲倚石，为门护幽径。"（乾隆四十四年《试泉悦性山房戏题》）"柏垂枝下倚立石，宛转天然门洞开。（注：山房前景如是）入门山房朴且囷，试泉悦性久额斋"（乾隆五十九年《试泉悦性山房作歌》）。笔者就是根据乾隆皇帝对《洗心亭》题诗诗注的描述而发现"试泉悦性山房"茶舍遗址。遗址上房舍虽已不复存在，但老桧枝弯曲倚石所形成的天然门户（图 1-13、2-1、

图 2-8 "试泉悦性山房"茶舍天然门户遗址
（由内向外拍摄）2001 年作者摄

2-3、2-7、2-8）以及山房础石遗迹（图 2-1）依旧存在，因此毫无疑问的这里就是乾隆皇帝"试泉悦性山房"茶舍遗址。

今日至碧云寺参观，可由香山简介图上找到"碧云寺山门""孙中山先生纪念堂""水泉院"等标志，"试泉悦性山房"即位于"水泉院"内；或者依据中国地图出版社出版的《2001年北京交通游览图》上"香山公园"位置图内所标示的"洗心亭"亦可寻觅到"试泉悦性山房"。

洗心亭

洗心亭位于试泉悦性山房之前，亭名、样式，乾隆皇帝皆令仿自江南杭州西湖云栖寺的四柱洗心亭（图2–9），乾隆五十七年（1792）御题《碧云寺得句》诗中载："回峰转路顿殊境，山寺幽居凤所欢。亭过洗心心先洗，（注：试泉悦性山房前骑泉有亭曰洗心，盖取西湖云栖寺亭之名也。）"四十七年《洗心亭二首》又曰："洗心亭学云栖寺，一例临池四柱孤。"两诗文中均说明洗心亭的创作来源。另乾隆四十四年、五十年、五十二年《洗心亭》诗中也言及洗心亭数典浙中云栖寺洗心亭。云栖寺洗心亭位于西湖西北，位于"西湖

新十景"之一"云栖竹径"（图2–10）内，是一座四柱方亭，前有一池。乾隆皇帝于"洗心亭"诗中曾一再描述其位置以及建筑架构，此与今日香山"水泉院"内重建并标名为"洗心亭"的六角亭样式以及地理位置所在，大不相同。今日的洗心亭位于孙中山先生纪念堂前左下阶处左边的垒石之上，六角亭上檐额名"洗心亭"（图2–11）位于高处。近年，笔者参照由清乾隆宫廷画家清桂、沈焕、崇贵等合笔绘制《香山静宜园图》卷，认为此亭名应为"碧照亭"（图2–2），取名为"洗心亭"是错误命名。此画或初次发表于香山公园管理处所编《香山静宜园》图录，编者于建筑上加注简体名称，2008年初版。[1]然而笔者此文发表于2001年，故未能参照此书。其左下方另有一阁题名"清净心"，筑于"洗心亭"水泉左侧边上，此水阁为乾隆时期的原有设置（图2–12），但现今建筑也是后来改建的，由此行走数步，转经小石桥，即到达"试泉悦性山房"老桧木门前。笔者认为现在水阁"清净心"正前，与山房门前的四方形空地位置范围，才是当年

图2–9 现今杭州西湖云栖寺洗心亭，是一座复建的四柱长方形水亭，位于"云栖竹径"内。 2003年作者摄

图2–10 杭州西湖"云栖竹径"，亭后不远处即"洗心亭" 2003年作者摄

图2-11 现今碧云寺水泉院内的六角"洗心亭",应为"碧照亭"之误。 2001年作者摄

真正洗心亭的位置所在（图2-13），现由清桂、沈焕、崇贵等合笔绘制《香山静宜园图》卷图上亦绘有四方"洗心亭"，可以清楚了解其位置以及建筑样貌。因为乾隆皇帝在"洗心亭"御制诗中从未提到洗心亭位于高处或为六角亭台，只有形容并说明其为一座临池构筑的四柱水亭，如："亭子山房侧，题檐号洗心。水周八面澈，

竹护四邻深。"（乾隆二十年）"亭下有流水，强名曰洗心。"（乾隆四十八年）"介然四柱小池临，屡举名称曰洗心。"（乾隆五十年）"青莲宇侧畔，跨池有亭子。池水近泉源，苓香沁石髓。"（乾隆二十八年）"溪亭虚俯碧玻璃，来往鱼游符藻荇。"（乾隆三十二年）"亭在波心心彻波，去年此际觉无何。"（乾隆三十四年）"鉴水虚亭一径通，洗心将谓浙庵同。"（乾隆三十八年）"四面虚亭绕碧池，洗心两字久名兹。"（乾隆四十年）"四柱孤亭俯碧浔，既清以静窈而深。"（乾隆四十四年）"洗心亭学云栖寺，一例临池四柱孤。"（乾隆四十七年）"一脉源源自不穷，有亭如翼据当中。"（乾隆五十二年）"翠竹红花各洒然，水亭好是绝尘缘。"（乾隆二十六年）诗中一再提及洗心亭学自浙江寺庵，四面环绕碧池，亭子在波心，亭下有流水，跨池有水亭，可见洗心亭是一座建于池上、四面环泉，四柱方形的水亭，乾隆皇帝进入试泉悦性山房之前，必先通过此亭，临此洗心、静心，抛却一切杂念俗虑，转换心境，从容入室，再入山房汲泉试茶，因此洗心亭不可能建于垒石积高的石岩之上。而现今"清净心"

图2-12 "清净心"水阁 由"老桧曲倚石"所形成的天然门户望去即"清净心"水阁。 2001年作者摄

图2-13 现今"洗心亭"遗址，穿越石桥，方形空处即"洗心亭"，四面环水。 2001年作者摄

水阁与山房前方空处，还依稀可见四周池水环绕以及础石基座的方座圆孔，显然这里才是洗心亭的位置所在（图2-12、2-13）。

再由乾隆五十八年题《洗心亭》："寺左山房清可寻，方池四柱翼然临。试泉片刻图悦性（注：是亭在碧云寺左骑泉为之，其后即试泉悦性山房），熟路行来早洗心。"诗文中乾隆皇帝再次提到洗心亭为四柱方亭，临池可试泉品茶。而五十四年诗中再次明白指出其所在位置以及泉源由来，"源远落山泉，疏治历几年（注：亭在试泉悦性山房之前，泉源由碧云寺来，四十九年春泉水忽微不能流出，查系来源处所为商户采煤碍及地脉，水由旁泄。嗣罚该商户等将来源修治，并将旁流堵塞，以此泉源复畅流，较前更为旺盛。）园中百溪始，池里一亭悬。可唤虚明镜，无资大小弦。时时勤涤照，即是洗心诠。"

以上所述及的诗文，皆可证明洗心亭正确位置之所在，当年的洗心亭不是现在的位置，也不是六角亭。据《香山静宜园图》卷上所绘，此亭应名为"碧照亭"，此为今人之误引，虽然只是咫尺之隔，但建筑于叠石之上，确与史实不符，亦与乾隆皇帝洗心、静心的原意颇有落差。

悦性山房粘壁画

品茶、挂画、插花、焚香为宋代以来文人主要的生活四艺，此一传统长久以来一直伴随文人生活空间，也为枯燥的文人清斋注入一股生机。乾隆皇帝深受汉文化影响，尤其是明代江南文人的审美观以及如《遵生八笺》《留青日札》《长物志》等晚明的艺术鉴赏书籍。乾隆皇帝在品茗茶舍或山房内悬挂其所喜爱的书画，如蓟县盘山静

寄山庄内的品茶赏景处"千尺雪"茶舍内，壁上即挂饰唐寅的《品茶图》轴（图3-1）；玉泉山静明园"竹炉山房"（图1-3、1-6）则张饰他自己御笔亲绘的《竹炉山房图》轴（图1-5）。乾隆十八年（1753）乾隆皇帝题《竹炉山房》诗："南巡过惠山听松庵，爱其高雅，辄于第一泉仿置之，二泉故当兄事。惠泉仿雅制，特为构山房。调水无烦远，名泉即在旁。一时仍漫画（注：今春过山房试茗，曾手写为突题诗置壁间），五字旋成章。瓶罂何须虑，松鸣真是凉。"（《御制诗文集》，二集卷四十二）而香山碧云寺内的"试泉悦性山房"茶室内则悬饰张宗苍的《画山水》轴（图2-4）。《品茶图》与《画山水》轴皆收藏于台北故宫博物院，画幅内均书满乾隆皇帝于两处的品茗感想，且都被乾隆皇帝评鉴为最高级别的"逸品"（图3-1）与"神"品（图2-14）。唐寅《品茶图》经乾隆皇帝评为"逸品"，题写于本幅的右上角"乾隆宸翰"钤印之上，其下有庚辰乾隆二十五年题诗，此画经乾隆帝评为逸品的时间或在此一时段；而张宗苍《画

图2-14 清乾隆 张宗苍《画山水》轴（局部）台北故宫博物院藏 乾隆皇帝御题"神"字，书于"古稀天子"钤印之上。神品为最高等级的书画，乾隆晚年所订。

山水》轴上乾隆皇帝则评鉴为"神"品，书题于画幅正中的岩石留白处，并盖有"古稀天子"钤印。此印在御题"神"字之下，显见评定为神品，当在乾隆晚年，使用"古稀天子"钤印之际作品，由此可知乾隆皇帝对这些经他挑选挂饰于茶舍画作的喜爱，以及对两处茶舍的重视。乾隆皇帝自乾隆二十年（1755）以迄五十六年（1791）之间于张宗苍《画山水》轴上共题诗十三首，其中明言"试泉悦性山房"者有四则，其余虽述及山房，但其他行宫园囿亦有多处山房如竹炉山房等，若不是对"试泉悦性山房"有所了解，或真不明白所指为何处山房。

乾隆四十年（1775）《题张宗苍画》上说："悦性山房粘壁画，此图此地乃知音。笑予未至忘言耳，一度来增一度吟。"此诗文中乾隆皇帝清楚告知，张宗苍《画山水》轴张饰于"试泉悦性山房"茶舍墙壁，而且每来必吟咏诗文书于画上，列举几则乾隆品茶看画后的感想诗文：

试泉悦性此徘徊，画展宗苍心为开。
水阁幽人相对处，率忘今昔往和来。
乾隆三十九年《题张宗苍山水》

碧云寺侧试泉房，茗碗筠炉雅相当。
本欲默然置之去，未能神韵舍宗苍。
乾隆五十五年《题张宗苍画》

试泉悦性憩山房，半载春秋异景光。
水阁凭栏剧谈者，又欣一晌对宗苍。
乾隆五十六年《题张宗苍画》

三首诗内一再提及"宗苍"名字（图 2-15、2-16），并说展开宗苍画，心胸为之开朗，本欲离去又未能舍得宗苍画中神韵等诗句，实令人好奇此幅张宗苍山水画到底如何高妙，使得乾隆皇帝为之神往，并将其品评为"神"品，置之于中国传统绘画中的最高等级。

张宗苍此幅山水画以水墨构成，图绘重山叠嶂，层岩邃壑，飞瀑流泉，瀑泉之上筑舍三间，二人匡床甫坐，一僮于侧间茶寮内正忙于汲泉备茶。泉下茂林修竹，临水构屋几楹，群山之间云霭弥漫，泉声山色共处，实为山林幽境，正与笔者 2001 年所探访"试泉悦性山房"水泉院内的实景相仿佛，无怪乎乾隆皇帝称其为："山房宛在宗苍画，笔意峰姿气韵投。欲问临泉两高士，起心分别此能不。"（乾隆三十四年，《题张宗苍山水》），不仅赞赏"试泉悦性山房"的景致，也称美张宗苍此幅山水的气韵风姿，而"试泉悦性山房"亦仿佛在张宗苍的山水画中齐享清茗，人画融为一体，已分不出是实景或画境了。

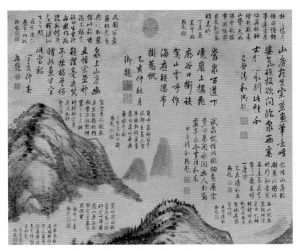

图 2-15 清乾隆 张宗苍 《画山水》轴（局部）
台北故宫博物院藏
画上多首乾隆御制诗一再提及"宗苍"名。

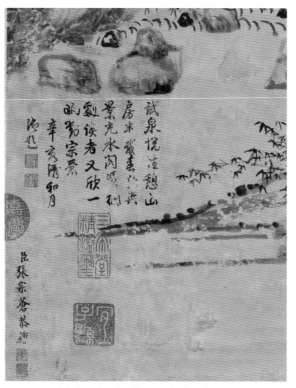

图 2-16　清乾隆　张宗苍《画山水》轴（局部）
台北故宫博物院藏
画上署名"臣张宗苍恭绘"，以及乾隆五十六年《题张宗苍画》最后一次御制题诗。

图 2-17　清乾隆　张宗苍《云岚松翠图》轴
台北故宫博物院藏

张宗苍，字墨岑，号篁邨、瘦竹，自称太湖渔人，江苏苏州黄村人。师承娄东派黄鼎（1660–1730），也是康熙朝重要词臣画家王原祁（1642–1715）的再传弟子。张宗苍善画山水，以淡墨干皴笔法著称。乾隆十六年（1751）乾隆皇帝第一次南巡江南途中，进呈《苏台十六景册》，受到乾隆皇帝赏识即命同返京城，成为供职宫廷的文人画家。同年夏天，乾隆皇帝即在《题张宗苍画》诗中提道："饱挹烟霞趣，来位山水图。学王无刻画，似米不糊涂。绿树高扶嶂，白沙远带湖。携张（注：宗苍系今年南巡，始知善画携以归）留别沈（沈德潜），诗画信归吴。"乾隆十九年（1754）张宗苍授受户部主事，二十年（1755）因病南归，这年七月立秋前，乾隆皇帝

也有《题张宗苍画》诗云："宗苍谢病南归去，着壁云烟昔偶忘。搜索应教吟句遍，笑予当面失冯唐"。

张宗苍《画山水》轴，虽无作画年款，但乾隆皇帝于二十年（1755）秋天将其悬挂于"试泉悦性山房"，此画当完成于乾隆十七年（1752）"试泉悦性山房"构成之后，或乾隆二十年张宗苍南归之前（画上乾隆皇帝最早的题诗为乾隆二十年）。近查得《活计档》资料张宗苍《画山水》轴确为乾隆十八年命做的，《活计档》载："于（十八年）三月二十六日太监董五经交来尺寸帖一件，太监胡世杰传旨：碧云寺试泉悦性山房用画条一张，着张宗苍画，钦此。"[2] 张宗苍卒于乾隆二十一年（1756），是年冬至前，乾隆皇

066

图2-18 清乾隆 张宗苍《云岚松翠图》轴（局部）
台北故宫博物院藏
画上乾隆御题诗云："宗苍南去人成古，松翠云岚此乍
逢。自有不亡者恒在，许他阅世墨华浓。"

帝在《题张宗苍云岚松翠图》诗上还对他极表怀念之意，诗云："宗苍南去人成古，松翠云岚此乍逢。自有不亡者恒在，许他阅世墨华浓。"（图2-17、2-18）（《御制诗文集》，二集卷六十五。）

张宗苍供职朝廷作画，虽只有短短四年，但遗留不少画作，台北故宫博物院现藏有五十多幅张宗苍作品，而《石渠宝笈》中所收录的画作数量颇多，且多有乾隆皇帝的题咏御制诗，由此可知乾隆皇帝颇为赏识他的绘画才华。前述乾隆皇帝于张宗苍《画山水》轴上前后共题咏十三次（但实际上《御制诗文集》内录有十四首），并给予最高评价，还夸赞其画可比美倪瓒（1301–1374）与黄公望（1269–1354），诗见乾隆四十八年（1783）《题张宗苍山水》："莫道

山房无长物，宗苍画可匹倪黄。"而张宗苍人虽已作古，然近四十年间此幅山水却长久悬挂试泉悦性山房伴随皇帝品茶对话："耳中泉韵目中流，都在高人望举头。孰为宗苍为古客，山房与画永千秋。"今日张宗苍此幅《画山水》轴还完整保存在台北故宫博物院，然"试泉悦性山房"则已毁坏不存，仅留下了入门的老桧门盖，以及础石遗迹（图2-1、2-6），"山房与画永千秋"，山房茶舍实景模样或仅可从乾隆时期清桂（生卒不详）、沈焕（生卒不详）、崇贵（1733–1789）等人合绘《香山静宜园图》卷（图1-12、2-2）中探幽，而意境或只能从此幅《画山水》（图2-4）中找寻，即如乾隆二十年御题诗所言："山水处张山水画，凭观忽讶未题诗。精神入后无差别，正是静宜秋晓时。"（此诗在《御制诗文集》内有录载，但实际画上乾隆皇帝并无御题）亦如同现今的洗心亭虽经复建，可惜位置、建筑却再也不是当年乾隆时期的样式了。

洗心与悦性

乾隆皇帝雅好文人品茶，因此在多处行宫园囿内均设有专供他个人试泉赏景的茶舍，如笔者另文提到的三处"千尺雪"茶舍（西苑、避暑山庄、静寄山庄）、玉泉山静明园"竹炉山房"、香山静宜园"竹炉精舍"、西苑"焙茶坞"、清漪园昆明湖上的"春风啜茗台"、万寿山"清可轩"、避暑山庄"味甘书屋"以及本文所谈"试泉悦性山房"等，这些专属乾隆皇帝个人品茗的茶舍皆有共同特点，即筑舍于泉溪之畔，开虚窗、俯流泉、松涛石籁，景色绝佳，与竹炉、茗碗相映成趣。

上述茶舍建筑多仿自江南胜所名迹，如"千尺雪"茶舍造景为仿构苏州寒山别墅内的"千尺雪"，不仅茶舍，甚至"千尺雪"勒石（图3-4、3-9）亦仿效之；而"竹炉山房""竹炉精舍"则源自无锡惠山听松庵"竹炉山房"。乾隆皇帝的茶舍内均设有竹茶炉（见图1-7、3-35、3-36），竹炉均以明初听松庵庵主，也是惠山寺住持性海上人的竹茶炉为本，乾隆皇帝咏茶舍茶诗内经常提及："竹炉肖以卅年余，处处山房率置诸。"（乾隆五十四年《竹炉山房》，《御制诗文集》，五集卷四十七）、"到处竹炉仿惠山，武文火候斟酌间"（乾隆二十七年《竹炉精舍烹茶作》，《御制诗文集》，三集卷二十六）乾隆皇帝于乾隆十六年第一次南巡之后，受到江南人文景观及文人典故影响至巨，回跸之后，许多江南名园、名景即再现于京畿及皇家园林之内；不仅如此，连江南文人盛行的品茗形式亦如法炮制搬入了自己的行宫园囿之内。"试泉悦性山房"茶舍以及"洗心亭"的设置即为乾隆皇帝所刻意追求的品茶意境。此自乾隆御制诗文内可以体察得出：

试泉片刻图悦性，熟路行来早洗心。
乾隆五十八年题《洗心亭》

为爱山房两度来，泉声竹色静无埃。
洗心亭上心先洗，那更消烦藉绿杯。
乾隆二十六年《洗心亭》

水亭过洗心，山房憩悦性。
心性岂二物，如镜光相映。
仰视流云行，俯观澄波泳。
洗心既祛尘，悦性斯养正。

乾隆三十八年《试泉悦性山房》

诗内已清楚说明过了水亭即洗心，憩山房则悦性，洗心与悦性同为一物，也可视为一物之表里。品茶之前已先涤心静虑，因此不必借茗碗来消烦，试泉片刻图悦性。由御制诗《试泉悦性山房》及《洗心亭》，可以看出乾隆皇帝无时无刻不表明此一心迹，"洗心亭已洗心竟，杯茗忘机坐丛峭。"（乾隆四十八年《试泉悦性山房》）"淄衣窃得羲经语（注：《易·系辞》传曰圣人以此洗心，退藏于密。释家窃此语意遂有洗心之说），亭子云栖额雅名。我亦于斯每留什，为儒为释漫分明。既已洗之那重洗，彼仍有说譬之水。然当儒者勉四勿，譬扫尘宁一扫止（注：明王守仁谓：私欲如地上尘，一日不扫又一层）。"（乾隆五十九年《洗心亭》）这些儒、释学说的实践，或许是乾隆皇帝试图于"试泉悦性山房"汲泉祛尘、洗心自省的主旨，从乾隆皇帝的茶舍品茗诗文以观，乾隆皇帝品茶确实是不同于一般。

（原载《故宫文物月刊》225 期，2001 年 12 月。部分修订）

注 释

1. 此画现藏中国国家第一历史档案馆，《香山静宜园》图录据此出版，并加上简体建筑名称说明。北京市香山公园管理处编，2008 年，页84、85，书内并无说明试泉悦性山房为乾隆茶舍。
2.《清宫内务府造办处档案总汇》，册19，乾隆十八年六月《如意馆》，页 555。

附表
乾隆皇帝御题洗心亭、试泉悦性山房、张宗苍《画山水》诗

时 间	诗 题	内 容	备 注
乾隆十八年癸酉（1753）三月底	题试泉悦性山房	松门延意入，云牖纵睎遥。 泂酌临阶取，浮香就鼎浇。 峰姿濯宿雨，林翠秀春朝。 甲乙何烦品，怡情万虑消。	《御制诗文集》二集卷四十，页二十一
乾隆十八年癸酉（1753）秋日七月十九日	试泉悦性山房	德水堪方性，澄渟见本初。 每来试汲绠，便以拟浇书。 五字片时就，千峰一牖虚。 松门章奏鲜，适可悦几余。	《御制诗文集》二集卷四十三，页六
乾隆二十年乙亥（1755）秋日七月十八日	试泉悦性山房	招提北首构山房，松竹阴森四座凉。 每试名泉知性悦，况当净域领秋光。 鱼如不翼飞云表，荷自无根茁峤傍。 为涧为溪功德遍，谁知天半此源长。	《御制诗文集》二集卷五十九，页十三
乾隆二十年乙亥（1755）七月下旬	洗心亭	亭子山房侧，题檐号洗心。 水周八面澈，竹护四邻深。 空翠波间落，秋阳峰罅临。 云栖同异处^注。明岁试重寻。 注：浙江云栖寺前亦有洗心亭	《御制诗文集》二集卷五十九，页十三
乾隆二十年乙亥（1755）仲秋	题张宗苍山水	山水处张山水画，凭观忽讶未题诗。 精神入后无差别，正是静宜秋晓时。	上为《御制诗文集》二集卷五十九，页十四。载于《试泉悦性山房》《洗心亭》诗后；下为《御制诗文集》二集卷六十，页十二。丙子年，列于《悦心殿》后，但张宗苍《画山水》轴内所题者却为下首御题，而上首御题诗，并未御题于画轴内
乾隆二十一年丙子（1756）立春新正间（画上御题却为乙亥仲秋月）	题张宗苍山水	奔泉百道下巉岩，上构飞廊谷口衔。 设驾山云呼作海，应疑瀑布挂为帆。	
乾隆二十一年丙子（1756）冬至前	试泉悦性山房	天池不冻一泓清，汲取还教活火烹。 瓷碗竹炉皆恰当，新题旧什各分明。 石泉岂改琤琮注，云嶂常看图画横。 小坐便当移跸去，三间多矣笑斯营。	《御制诗文集》二集卷六十五，页二十

乾隆二十四年 己卯（1759） 冬至前	洗心亭	灵源不冻湛华空，生翠筼筜入影丛。 借得云栖题额字，境观虽异洗心同。	《御制诗文集》二集卷 九十，页三十二
乾隆二十四年 己卯（1759） 冬至前	试泉悦性山房	泉虽输第一^注，房自纳三千。 清暇值偶尔，烹云便试㳺。 竹炉文武火，芸壁短长篇。 境诣于焉验，心希四十贤。 注：碧云虽西山名泉，然较玉泉为不及。	《御制诗文集》二集卷 九十，页二十二
乾隆二十六年 辛巳（1761）	洗心亭	翠竹红花各洒然，水亭好是绝尘缘。 松门更有真佳处，悦性山房可试泉。 纵引吟思是静思，云端半亩㵗天池。 洗心并且无心洗，妙合兹亭乃在兹。	《御制诗文集》三集卷 十三，页十四
乾隆二十六年 辛巳（1761） 四月十二之后	试泉悦性山房	试泉堪悦性，听我说其因。 淡洗六根滓，静祛十斛尘。 管弦方已俗，风月卜宜邻。 随意山花采，过春却见春。	《御制诗文集》三集卷 十三，页十四
乾隆二十六年 辛巳（1761）	洗心亭	为爱山房两度来，泉声竹色净无埃。 洗心亭上心先洗，那更消烦藉绿杯。	《御制诗文集》三集卷 十三，页十八、十九
乾隆二十七年 壬午（1762） 九月底	洗心亭口号	碧云寺左有佳处，亭子洗心两字题。 水镜澄含霜撵影，一时数典到云栖。 青春两度寻山径^注，瞥眼冬初坐水亭。 试问莲池七笔里，可能勾得此无停。 注：今春凡两度至云栖。	《御制诗文集》三集卷 二十六，页二十三
乾隆二十七年 壬午（1762） 九月底	试泉悦性山房	真水冬弗冻，名山寒亦温。 情知有茗碗，遂与过松门。 竹绿无改色，藻青托本源。 何须观玩象，成性体存存。	《御制诗文集》三集卷 二十六，页二十三
乾隆二十八年 癸未（1763） 十月初六日初冬	洗心亭	青莲宇侧畔，跨池有亭子。 池水近泉源，苓香沁石髓。 四季花尚开，千竿竹犹美。 倒影净接空，含虚澄到底。 谁云此洗心，见此心先洗。	《御制诗文集》三集卷 三十四，页二十二

乾隆二十八年 癸未（1763） 十月初六日初冬	试泉悦性山房	山房石泉上，便可试山泉。 那待松枝拾，早呈犀液煎。 笑他工伺候，知我岂神仙。 壁句从头读，依迟又一年。	《御制诗文集》三集卷 三十四，页二十三
乾隆二十九年 甲申（1764） 仲春花朝后	洗心亭	绿竹猗玗绕镜池，到来唯惜步前移。 觅心了不可得处，应是洗心已竟时。 祛却尘心悦性灵，禽言听似摩诃声。 明年再到云栖寺，待问山亭可尔能。	《御制诗文集》三集卷 三十七，页十四
乾隆二十九年 甲申（1764） 花朝后	试泉悦性山房	洗心亭北入松门，别有山房临水源。 瓷铫筠炉俱恰当，试泉悦性且温存。 低枝竹解尘踪扫，弹舌禽能佛偈翻。 小坐已欣诸虑静，一声定磬隔云垣。	《御制诗文集》三集卷 三十七，页十四、十五
乾隆三十年 乙酉（1765） 初冬十月底	洗心亭	云栖春月洗心回，又见虚亭此处开。 半晌徘徊艰着语，孰为过去孰为来。	《御制诗文集》三集卷 五十二，页二十三、 二十四
乾隆三十二年 丁亥（1767） 二月	洗心亭	溪亭虚俯碧玻璃，来往鱼游荇藻葽。 待欲洗心心那洗，已飞遐想到云栖。	《御制诗文集》三集卷 六十三，页十三
乾隆三十二年 丁亥（1767） 二月	试泉悦性山房	壁柏翠笼檐，泉苔绿映帘。 幽香得喉润，净色与心恬。 景绘报春及，吟题逐岁添。 陈言将务去，戛戛付须拈。	《御制诗文集》三集卷 六十三，页十三
乾隆三十二年 丁亥（1767） 仲春	题张宗苍画	泉上山房幽且恬，宗苍神韵扑毫尖。 笑予据榻曾何谓，此画方宜此室粘。	《御制诗文集》三集卷 六十三，页二十二
乾隆三十三年 戊子（1768） 四月	洗心亭口号	心非心自尔，洗弗洗由吾。 何必云栖寺，还资木串珠^注。 注：云栖寺洗心亭挂大木串珠,令人念佛故戏及之。	《御制诗文集》三集卷 七十三，页九

乾隆三十三年 戊子（1768） 四月	试泉悦性山房	携得新芽此试泉，清供真与性相便。 灶边亦坐陆鸿渐，笑我今朝属偶然。	《御制诗文集》三集卷 七十三，页九、十
乾隆三十四年 己丑（1769） 四月七日后	洗心亭	亭在波心心彻波，去年此际觉无何。 楣檐四面皆题句，却笑洗来心已多。	《御制诗文集》三集卷 八十一，页十一
乾隆三十四年 己丑（1769） 四月七日后	试泉悦性山房	一墙之隔间，入门觉幽致。 两树长春花，红覆半亩地。 竹秋而弗秋，泉试诚宜试。 乐此杯茗中，偶寓烟霞意。	《御制诗文集》三集卷 八十一，页十一
乾隆三十四年 己丑（1769） 三月	题张宗苍山水	山房宛在宗苍画，笔意峰姿气韵投。 欲问临泉两高士，起心分别此能不。	《御制诗文集》三集卷 八十一，页十一
乾隆三十七年 壬辰（1772） 三月中旬	试泉悦性山房 口号	春泉瀺瀺漱云涯，绠汲唯明定不差。 便试越瓯非别品，南方贡到雨前茶。	《御制诗文集》四集卷四， 页二十七
乾隆三十八年 癸巳（1773） 润三月十九日	洗心亭	鉴水虚亭一径通，洗心将谓浙庵同。 玩辞藏密分明道，乐地原多名教中。	《御制诗文集》四集卷 十二，页三十三
乾隆三十八年 癸巳（1773） 润三月十九日	试泉悦性山房	水亭过洗心，山房憩悦性。 心性岂二物，如镜光相映。 仰视流云行，俯观澄波泳。 洗心既祛尘，悦性斯养正。 赵州一杯茶，试领香而净。	《御制诗文集》四集卷 十二，页二十三
乾隆三十九年 甲午（1774） 初夏四月	洗心亭效苏轼体	亭子水之心，因而欲心洗。 万事心所为，洗岂外夫彼。 然则心洗心，实类水洗水。 譬如指触物，指艰自触指。 以我云即我，亦弗异乎此。 迷头认影者，颠倒无一是。 数典自云栖，误匪由我始。	《御制诗文集》四集卷 二十一，页二十

乾隆三十九年甲午（1774）初夏四月	试泉悦性山房	倚壁山房架几楹，泉临阶下潊然清。 玉泉第一虽当逊^注，喜是汲来就近烹。 泉色泉声两静凝，坐来如对玉壶冰。 拈毫摘句浑艰得，都为忘言性与澄。 注：碧云寺水较玉泉山之第一泉品固稍逊， 　　然汲以烹茶味极清冽，亦玉泉之次也。	《御制诗文集》四集卷二十一，页二十、二十一
乾隆三十九年甲午（1774）清和，初夏四月	题张宗苍山水	试泉悦性此徘徊，画展宗苍心为开。 水阁幽人相对处，率忘今昔往和来。	《御制诗文集》四集卷二十一，页二十一
乾隆四十年乙未（1775）初夏	洗心亭	四面虚亭绕碧池，洗心两字久名兹。 设云心在腔子里，试问如何得洗之。 万事由心理不讹，即云能洗亦非他。 心如洗矣宁须再，责实循名又作么。	《御制诗文集》四集卷二十九，页十七
乾隆四十年乙未（1775）初夏	试泉悦性山房	性因泉悦泉因试，屡举翻如自外求。 然更有言须听取，试泉无性可能不。 去岁今年纵略同，启思悦性乃无穷。 彼如我匪我如彼，颠倒言之笑郑崇。	《御制诗文集》四集卷二十九，页十七
乾隆四十年乙未（1775）清和月，初夏	题张宗苍画	悦性山房粘壁画，此图此地乃知音。 笑予未至忘言耳，一度来增一度吟。	《御制诗文集》四集卷二十九，页十七
乾隆四十四年己亥（1779）四月底	洗心亭	四柱孤亭俯碧浔，既清以静窈而深。 便教掬尽是间水，那洗忧民一片心。 佳名津逮自云栖，南北由来庄论齐。 明岁巡杭应再到，便当七字一般题。	《御制诗文集》四集卷六十，页二十六
乾隆四十四年己亥（1779）四月底	试泉悦性山房戏题	过亭不数武，则已洗心竟。 古桧曲倚石，为门护幽径。 入门即山房，石壁耸屏映。 壁下喷泉出，味甘色愈净。 竹炉妥帖陈，中人备已定。 那容拾松枝，何藉候火性。 当差彼实熟，清供我难称。 持以告陆羽，却走必弗应。	《御制诗文集》四集卷六十，页二十六

乾隆四十四年己亥（1779）清和下澣，四月底	题张宗苍山水	耳中泉韵目中流，都在高人望举头。孰为宗苍为古客，山房与画永千秋。	《御制诗文集》四集卷七十六，页二此诗录于乾隆四十五年（庚子），但乾隆皇帝题张宗苍《画山水轴》则于乾隆四十四年四月
乾隆四十七年壬寅（1782）初夏四月二十之后	洗心亭二首	洗心亭学云栖寺，一例临池四柱孤。彼尚有僧心可洗，无僧此则并心无。身是菩提心似镜，洗如拂拭去尘埃。和南六祖真传法，无物由来一语该。	《御制诗文集》四集卷八十九，页十四
乾隆四十七年壬寅（1782）	试泉悦性山房	碧云寺侧屋三间，萧然独据泉之上。第一虽不及玉泉，却喜石乳喷云嶂。曰色曰声两绝清，宜视宜听信无量。我游香山此必至，况复清和洽幽访。宁须伯仲辨劳劳，得贵其近余应忘。	《御制诗文集》四集卷八十九，页十四
乾隆四十七年壬寅（1782）清和，初夏四月二十之后	题张宗苍画	每此试泉真悦性，宗苍重与晤精神。吟成辄便肩舆去，佳境名图自作邻。	《御制诗文集》四集卷八十九，页十四
乾隆四十八年癸卯（1783）二月中旬	洗心亭	亭下有流水，强名曰洗心。藉无识水者，洗处向谁寻。	《御制诗文集》四集卷九十六，页四
乾隆四十八年癸卯（1783）二月中旬	试泉悦性山房	汲水烹茶又一时，忘尘处即性为怡。去年此日原不隔，付与山房自会之。	《御制诗文集》四集卷九十六，页四
乾隆四十八年癸卯（1783）仲春	题张宗苍	觅心不得欲言忘，契以精神望以洋。莫道山房无长物，宗苍画可匹倪黄。	《御制诗文集》四集卷九十六，页五
乾隆四十八年癸卯（1783）春三月底	试泉悦性山房	山房一来必一到，窈窕而深静而妙。有泉有石有松柏，恰称有欲观其徵。虽云有欲实无欲，一尘不生何物效。洗心亭注已洗心竟，杯茗忘机坐丛峭。注：在山房前。	《御制诗文集》四集卷九十七，页七、八

乾隆五十年 乙巳（1785） 四月	洗心亭	介然四柱小池临，屡举名称曰洗心。 亭洗心乎心自洗，个中宾主尚应斟。 数典云栖亦久年，重㕙何用屡题笺。 譬如洒扫净其室，一净宁当洒扫捐。	《御制诗文集》五集卷 十五，页二十三
乾隆五十年 乙巳（1785） 四月	试泉悦性山房	泉自外来物，性实身中有。 兹曰泉悦性，或涉倒置否。 泉已非内存，更藉烹煎手。 相资不可无，是谓因缘偶。 得主乃识宾，莫向宾中取。	《御制诗文集》五集卷 十五，页二十三
乾隆五十年 乙巳（1785） 孟夏	题张宗苍	油然气韵蔚屏端，那作寻常图画看。 宁渠泉声共山色，真称理足与神完。	《御制诗文集》五集卷 十五，页二十三、二十四
乾隆五十一年 丙午（1786） 孟夏	洗心亭	俯碧临流又一时，皤然殊昔发添丝。 迩来望雨心增闷，问尔安能洗去之。 君子洗心退藏密，羲经早已著精辞。 云栖墨者窃灵耳，莫谓吾兹效彼为。	《御制诗文集》五集卷 二十三，页十五
乾隆五十二年 丁未（1787） 四月十一日之后	洗心亭	一脉源源自不穷，有亭如翼据当中。 设云此是洗心处，何事去年此意同[注]。 谩称数典浙中为，浙者又将孰作师。 却笑吾儒忘本色，让他墨氏举羲辞。 注：去年洗心亭诗，有迩来望雨心增闷，问尔安 　　能洗去之之句，兹来又值望雨，欲洗心而心 　　不能释。殊孤此亭名也。	《御制诗文集》五集卷 三十一，页十六
乾隆五十二年 丁未（1787） 四月十三日之后 中旬	试泉悦性山房	泉韵风情静者机，松枝竹鼎火升微[注1]。 但谋口食无关性，苏[注2]陆[注3]由来两涉非。 注1：所谓文火候。注2：轼。注3：羽。	《御制诗文集》五集卷 三十一，页三十一
乾隆五十二年 丁未（1787） 孟夏中澣， 四月中旬	题张宗苍画	杜老传名语，曰唯能事迟[注1]。 宗苍得其秘，神绘对斯奇。 山耸天如接，云低树带滋。 忆前看画就，曰气韵来时[注2]。 注1：杜甫戏题王宰画山水图，歌云：能事不受 　　相促迫，王宰始肯留真迹。 注2：昔每观宗苍画，问成否曰气韵未至，少旋 　　曰气韵来则画就矣，此得画法三昧，庸史不 　　知此也。	《御制诗文集》五集卷 三十一，页三十一

乾隆五十三年 戊申（1788） 四月中旬	洗心亭	万事由来心作主，两言亭子额檐簷。 蓦然欲问两言者，心洗亭乎亭洗心。 小池亭子中心占，不到一尘洗以清。 石架桧枝屈成户^注，山房悦性试泉迎。 注：老桧枝下垂有石承之，俨然如门盖，数百年 以上之布置也，入门为试泉悦性山房。	《御制诗文集》五集卷 三十九，页二十四
乾隆五十三年 戊申（1788） 四月中旬	试泉悦性山房	性似泉相近，泉如性与盟。 偶来即惜去，弗试讵知清。 那待文武候^注，已看杯碗呈。 但期差不误，小谨俗人情。 注：谓文武火也。	《御制诗文集》五集卷 三十九，页二十四
乾隆五十三年 戊申（1788） 清和，四月中旬	题张宗苍画 迭去岁韵	又对宗苍画，相看意与迟。 配藜唯以韵，惨淡不称奇。 设曰生云活，应教作雨滋。 如何目劳瞪，复似去年时^注。 注：去岁此时对画题什，亦正值望雨心殷。	《御制诗文集》五集卷 三十九，页二十四
乾隆五十四年 己酉（1789） 清和，四月中旬	洗心亭	源远落山泉，疏治历几年^{注1}。 园中百溪始^{注2}，池里一亭悬。 可唤虚明镜，无资大小弦。 时时勤涤照，即是洗心诠。 注1：亭在试泉悦性山房之前，泉源由碧云寺来， 四十九年春泉水，忽微不能畅流，查系来 源处所商户采煤砌及地脉，水由旁泄，嗣 罚令该商户等将来源修治，并将旁源堵塞， 以此泉复畅流较前更为旺盛。 注2：凡园中正凝堂、勤政殿、致远斋等处，池 沼之水皆始于此。	《御制诗文集》五集卷 四十七，页二十二
乾隆五十四年 己酉（1789） 清和，四月中旬	试泉悦性山房	性知泉洁弗试可，泉惬性灵斯悦深。 然此悦诚非易得，甫田继渥以甘霖。	《御制诗文集》五集卷 四十七，页二十二
乾隆五十五年 庚戌（1790） 九秋	题张宗苍画	碧云寺侧试泉房，茗碗筠炉雅相当。 本欲默然置之去，未能神韵舍宗苍。	《御制诗文集》五集卷 六十，页十五
乾隆五十六年 辛亥（1791） 春四月上旬	洗心亭口号	寺侧溪亭曰洗心，洗心心洗义难寻。 三三两两原胥幻，七字徒成解闷吟。	《御制诗文集》五集卷 六十五，页十八

乾隆五十六年 辛亥（1791） 清和月	题张宗苍画	试泉悦性憩山房，半载春秋异景光[注]。 水阁凭栏剧谈者，又欣一晌对宗苍。 注：去岁九日临此。	《御制诗文集》五集卷 六十五，页十八
乾隆五十八年 癸丑（1793） 四月中	洗心亭	寺左山房清可寻，方池四柱翼然临。 试泉片刻图悦性[注]，熟路行来早洗心。 注：是亭在碧云寺左骑泉为之，其后即试泉 　　悦性山房。	《御制诗文集》五集卷 八十一，页七
乾隆五十九年 甲寅（1794） 季春月四月中	洗心亭	缁衣窃得羲经语[注1]，亭子云栖额雅名。 我亦于斯每留什[注2]，为儒为释漫分明。 既已洗之那重洗，彼仍有说譬之水[注3]。 然当儒者勉四勿，譬扫尘宁一扫止[注4]。 注1：易系辞传曰圣人以此洗心，退藏于密。 　　　释家窃此语意遂有洗心之说。 注2：此亭即仿云栖为之。 注3：水不洗水，亦禅家语。 注4：明王守仁谓私欲如地上尘， 　　　一日不扫又有一层。	《御制诗文集》五集卷 八十九，页六、七
乾隆五十九年 甲寅（1794） 四月中	试泉悦性山房 作歌	柏垂枝下倚立石，宛转天然门洞开[注1]。 入门山房朴且闳，试泉悦性久额斋。 泉固自古突，性乃随时怀。 略霑继望方寸中[注2]，安能怡豫试茗杯。 壁间题句亦屡矣，羞看昔往仍今来[注3]。 注1：山房前景如是。 注2：初旬三次之雨，田中借以沾润，跸途阅视 　　　少觉慰怀。然犹须继泽，方能深透；日前 　　　云势颇厚，而未获霈膏，来此试茗安能怡悦。 注3：每岁来此率有题咏，书悬壁间阅之，亦多 　　　望雨之句，此来犹殷望泽，拈毫只增惭恧。	《御制诗文集》五集卷 八十九，页八
乾隆六十年 乙卯（1795） 闰仲季春	洗心亭	一例流泉俯，色声清以沉。 自知洗不尽，切切爱民心。	《御制诗文集》五集卷 九十六，页十一

盘山——千尺雪茶舍

第二章

"千尺雪"原是苏州寒山别墅的一景，乾隆皇帝于辛未年（乾隆十六年，1751）第一次南巡以后，即爱上此一胜景，北返后即于京城西苑、热河避暑山庄、盘山静寄山庄等三处兴建"千尺雪"景观及建筑，并辟为茶舍。除御笔亲绘《盘山千尺雪图》外，且责成董邦达、钱维城、张宗苍各绘《西苑千尺雪图》《热河千尺雪图》《寒山千尺雪图》，每图各绘四卷共十六卷，其上均题咏有《千尺雪》诗，四图卷合置一匣，分置于各处千尺雪茶舍，因此到任何一处千尺雪，均可展阅其他三地千尺雪景致，并留下极多诗篇，后人方能得窥他日理万机之余，怡情乐志，读书、品茶、观画、哦吟、挥毫的艺文生活。

乾隆皇帝极爱唐寅《品茶图》，他在盘山"千尺雪"茶舍悬挂此画，并于四处"千尺雪"内陈设陆羽造像及《茶经》、竹茶炉与特制的四卷《千尺雪图》，精心经营属于他个人品茗的千尺雪茶舍。唐寅《品茶图》与陆羽造像，是他品茶时思古之幽情与之神往交流的对象；陆羽《茶经》表达了他品茗直追唐宋，一脉相承；特制的四卷《千尺雪图》则是供他挥毫题书写下御

制诗文的画卷。乾隆皇帝吸纳了自唐代以来文人品茶文化，经过转化终成一种属于自己的品茗风格。

一、千尺雪

"千尺雪"在清宫各处园囿内，它既是茶舍，也是景观名称。它原是苏州寒山别墅中的一景，由明代隐士赵宧光（1559–1625）所辟，凿山引泉，泉流沿峭壁而下，如千尺飞雪，故名。因其意境如画，甚得乾隆皇帝喜爱，故为每次南巡必访之地，并仿造其景建构茶舍，于京畿西苑、热河避暑山庄以及盘山静寄山庄兴建了三处"千尺雪"，因而在乾隆时期，包含苏州寒山别墅千尺雪的原本景观建筑在内，共有四处千尺雪。[1]京城西苑、热河避暑山庄、盘山静寄山庄等三处千尺雪，主要功能是供乾隆皇帝品茗赏景所在，其中静寄山庄的千尺雪，景观幽胜，最得皇帝喜爱。乾隆皇帝于御制诗内称千尺雪为"茶舍""茗室""精舍"或"斋"。

"盘山千尺雪"茶舍内不仅安置了竹茶炉，

专作汲泉试茶之用，更于壁上悬挂明代唐寅（1470–1524）所绘《品茶图》，[2] 此幅《品茶图》是乾隆皇帝极为欣赏的画作之一，每次御驾"盘山千尺雪"品茶赏画，必于画上题诗，同时也在千尺雪茶舍内置备各地的《千尺雪图》一函四卷，包括：乾隆御笔亲绘的《盘山千尺雪图》、董邦达（1696–1769）《西苑千尺雪图》、钱维城（1720–1772）《热河千尺雪图》，以及张宗苍（1686–1756）的《寒山千尺雪图》。乾隆皇帝在御笔《盘山千尺雪图》图卷上题咏有盘山"千尺雪"诗。综上，唐寅《品茶图》、四卷《千尺雪图》与盘山千尺雪茶舍密切关系，唐寅《品茶图》在乾隆皇帝品茗生活中有特殊的象征意义与文化内涵。

乾隆皇帝极爱艺术文化，不仅具鉴赏能力，也善咏诗、属文、书写、作画。自潜邸以至逊位做太上皇，近八十年间诗文创作不断，撰文 1148 篇，诗则多至 42640 首，[3] 先后敕由蒋溥（1708–1761）、于敏中（1714–1780）、董诰（1740–1818）等编辑成《清高宗御制诗文全集》。[4] 全集依时序编辑，举凡日常大小事故，如文治武功、祭祀、政典、省方问俗、御游揽胜、燕闲赏心等皆在摛翰咏歌之列。《清高宗御制诗文全集》（以下简称《御制诗文集》），可以说是乾隆皇帝的日志式纪行诗文感想，具重要参考价值，也是研究乾隆皇帝日常生活及其周边相关人、事、物的重要一手史料。

近年有学者对乾隆茶诗作过整理出版[5]，对乾隆茶诗的儒、释、道思想做过精辟的分析研究，[6] 但却未见对乾隆皇帝实际建造的"茶舍"或书画、茶器"摆设"做过专文探讨。事实上，喜好文人品味的乾隆皇帝不仅在禁苑、行宫内建造了十多处专属其个人品茗的茶室，而且还依其喜好，特别设计相关茶具及书画以供陈设。传承至今日，这些茶舍建筑仅有一二残存，其余大多被夷为平地，仅见遗址矣！

乾隆皇帝自十六年（1751）第一次南巡后，因喜爱江南胜景，北返后仿造兴建，本文所谈盘山千尺雪茶舍即为其中之一。根据资料乾隆皇帝潜邸时期，已见他对品茶颇有兴趣，但具体地建造茶舍，则多见于南巡之后。这可由《御制诗文集》及《内务府养心殿造办处各作成做活计清档》（以下简称《活计档》）内得到印证。

本文系从上述文献中撷取与品茶相关资料，探讨乾隆皇帝"千尺雪"茶舍与唐寅《品茶图》的关系，以及乾隆皇帝的文人品味。今此一课题，少见学界有相关的探讨。

以唐寅《品茶图》为名的画作传世多幅，现藏台北故宫博物院、画心及玉池上满书乾隆御制诗题的《品茶图》，是清高宗曾悬挂在静寄山庄千尺雪茶舍的茶画。笔者根据清高宗在静寄山庄的《千尺雪》诗、《题唐寅品茶图》以及《活计档》的记载，于2002年在《也可以清心——茶器·茶事·茶画》特展及图录内首先介绍了这幅极获帝心的《品茶图》（图3-1）。[7] 此与笔者2001年《乾隆皇帝与试泉悦性山房》[8]（本书页55-77）文中所揭论的另一幅张宗苍《画山水》（图2-4）轴相同，都是乾隆皇帝悬挂于茶舍的茶画。后者《画山水》轴是乾隆皇帝悬挂于香山碧云寺旁"试泉悦性山房"茶舍的茶画。乾隆皇帝对于茶舍的布置与用器极为讲究，也具有独到的设计与意趣，长久以来，似乎为学界所忽略，本文将梳理《御制诗文集》内的茶诗及乾隆朝《活计档》上各项茶具的制作及配置，以期阐述乾隆茶舍的建构与陈设、它们在乾隆皇帝的日常生活中占有的意义，以及与唐宋以来文人品茶的关系，从而论述乾隆皇帝个人的品茶风格与特殊艺术品味。

二、乾隆皇帝建构的千尺雪茶舍

根据乾隆御制《千尺雪》诗文及题记，乾隆皇帝在第一次南巡之后，随即于十六年夏、十七年春，分别于西苑、热河避暑山庄、盘山静寄山庄三地仿造苏州"寒山千尺雪"景观（图3-2至图3-5），兴建了三座千尺雪茶舍及景

图3-1　明　唐寅《品茶图》轴　台北故宫博物院藏

千尺雪茶舍"听雪阁"

千尺雪勒石

址再上爲法螺寺

語日雲中廬又有彈冠室鷩虹渡皆宦光舊

寵光多碧也山半有屋取王維入雲中分養雞之

皇上錫名日聽雪知珠跳玉濺之中

乾隆十六年

壁而下飛瀑如雪不減匡廬舊有閣未署名

在寒山石壁峭立明趙宦光鑿山引泉緣石

千尺雪

图3-2 苏州寒山"千尺雪"图 收入清高晋等撰《南巡盛典》卷十二,清乾隆三十六年武英殿刊本 台北故宫博物院藏

图3-3 现今苏州"寒山千尺雪"景观及明赵宦光隶书书迹"千尺雪"勒石 2014年作者摄

图3-4 明赵宦光隶书"千尺雪"勒石拓本,苏州寒山
高223厘米、宽128厘米 许力拓

图3-5 清人绘 寒山千尺雪图 国家图书馆藏

观。这三座千尺雪皆专供乾隆皇帝个人品茗赏景之用，西苑、盘山二座为面开三间建筑，热河千尺雪为五楹式，[9] 其中"盘山千尺雪"则是乾隆皇帝最为中意的茶舍。

"千尺雪"原景在苏州寒山，为明代万历年间云间高士赵宦光所有，马咸（清末人，生卒不详）所绘《大吴胜壤图说》中曾介绍："寒山别墅，赵宦光隐此，有小宛堂、芙蓉泉出其旁；西通清浅池、接千尺雪，名飞鱼峡，南为空谷，奇石横亘，跨以石环，名驰烟峄，宦光所题也。"又说："在寒山，石壁峭立，明赵宦光凿山引泉，缘石壁而下，飞瀑如雪。旧有阁未署名，乾隆十六年赐名"听雪"。山半有屋曰云中庐，又有弹冠室、惊虹渡。乾隆皇帝六次南巡，驻苏时必游千尺雪。"[10] 由此得知千尺雪为寒山别墅诸景之冠。

清代寒山别墅易主，为范氏所有，美景依旧。乾隆皇帝在十七年（1752）盘山静寄山庄千尺雪筑成后，曾作《御制盘山千尺雪记》：

昨岁巡幸江南，观民问俗之暇，浏览江山胜概，寻古迹之奇，文物秀丽区也。其悦性灵而发藻思者，所在多有，而独爱吴之寒山千尺雪。创于明隐士赵宦光，今范氏构园其地者。境野以幽，泉鸣而泠，题其阁曰听雪。为之流连，为之倚吟。归而肖其处于西苑之淑清院，盖就液池（太液池）尾间，有明时所作假山，乔木峭蒨，喷薄之形似之矣，而乏天然。及秋而驻避暑山庄，乃得飞流漱峡，盈科不已，作室其侧。天然之趣足矣，而尚未得松石古意。今春来盘山，游文皇所为晾甲石者，汇万山之水，而归于一壑，潨潨之湍奏石面，谡谡之籁响松巅。时而阴雨忽晴，众溪怒勃，则暴涨砰訇，砉焉直下，挟石以奔，

触石以停，鞺然铿然，激扬渚然，虽千夫撞洪钟，有不足比其壮者。爰相面势，结庐三间。兹重游而其屋适成，开虚窗，俯流泉，觉松涛石籁，问答亲人。乃叹寒山千尺雪，固在其间。而劳劳往返，营营规写者，不几为流水寒潭笑，未能免俗者。率笔记之，亦以存高风之慕也。[11]

从乾隆皇帝的这则记文中，可以得知三处千尺雪景观，乾隆皇帝最中意静寄山庄的千尺雪。[12] 西苑瀛台淑清院内的千尺雪，因依傍太液池尾间明代所作假山，构成流泉，但乏天然景致；热河避暑山庄内的千尺雪，则因无松石点缀，纵有飞流漱峡，仍属美中不足。唯盘山千尺雪，有唐代文皇所开凿晾甲石，汇万山之水于一处，又有松籁流泉，可以缅怀往古，也唯有此处可以比拟寒山别墅之千尺雪。

笔者曾数次探访盘山千尺雪，最早一次在2010年秋天，到蓟县静寄山庄遗址内觅得乾隆御笔"千尺雪"刻石（图3-6），初访当时勒石隐于丛林之中，坡陡难立，未能发现勒石下方还刻有数首乾隆历次访盘山"千尺雪"御制诗（图3-6～3-9）（"千尺雪"拓本为2015年再次访问此地，由许力教授所拓），更未发现其侧边高处大石上也刻有多首盘山"千尺雪"御制诗（图3-10、3-11、3-12）。其后笔者再造访四次，每次都有不同的发现，也有不同的感慨，景观一再被破坏变化，甚至于勒石前方加盖方亭（图3-13）。后因附近建造水库，开挖的山石往此山壑堆弃，方亭遭拆，但亦难返2010年的面貌。

乾隆皇帝在十六年秋至十七年春之间连续建构三处千尺雪，都亲题匾额并留下诗文题记，例如在《御制盘山千尺雪记》中，可以得知为

图 3-6 盘山静寄山庄遗址乾隆御笔"千尺雪"刻石
　　　 2010 年 9 月作者摄

图 3-7 乾隆御制诗"千尺雪"刻石　2014 年 4 月作者摄

图 3-8 乾隆御制诗"千尺雪"刻石　2016 年 3 月作者摄

图 3-9 乾隆御笔盘山"千尺雪"刻石拓本 中间方印为"乾隆御笔"
　　　 拓本纵 74 厘米，横 179 厘米
　　　 2015 年许力拓

图 3-10 乾隆十八年御制"千尺雪"诗
　　　　刻石　2015 年作者摄

图 3-11 乾隆十八年御制诗"千尺雪"刻
　　　　石拓本，纵 146 厘米，横 77 厘
　　　　米，后署款"癸酉小春月御题"，
　　　　加刻"乾隆宸翰""意净妙勘会"
　　　　二印　2015 年许力拓

图 3-12　乾隆五十年御制"千尺雪"诗刻石　2014 年作者摄　　　　图 3-13　千尺雪勒石前的四方亭为 2015 年新建后又拆除

南巡后新命名；西苑千尺雪见于乾隆十七年《雨后瀛台览景杂咏》："……淑清（注：院名）瀑布旧曾传，溪上三间颇静便。便与新名千尺雪，怀吴兼慕隐人（注：谓赵宦光）贤。……"[13] 诗中既谓新名千尺雪，当为乾隆皇帝新命名；同年乾隆也作有咏避暑山庄《千尺雪歌叠旧作韵》：

> 导流曲折阶前洒，雪色雪声交上下。
> 去年种树初点缀，今来翠干已盈把。
> 北何雁碛南何吴，一家中外咫尺夫。
> 取名聊尔寄清赏，岂知清赏原在神仙区，

便教溪侧安茗炉，绿杯香雪书浇吾。
秋云在天水在湖，兴于云水了不殊。[14]

诗中说道："去年种树初点缀，今来翠干已盈把。"可见避暑山庄千尺雪是在乾隆十六年秋天完成的，而且安置茗炉、绿杯香雪，得知这也是一处品茗山房。兹将乾隆皇帝所建三处千尺雪茶舍简介如下。

（一）西苑千尺雪

根据前引《御制盘山千尺雪记》得知"西苑

图 3-14　清乾隆十八年　董邦达《西苑千尺雪图》卷　故宫博物院藏
　　　　此卷《西苑千尺雪》为乾隆皇帝置于避暑山庄的四卷"千尺雪"之一，卷首钤有"避暑山庄"大印，表示收藏地点。
　　　　图中段面流倚特石三开间即西苑千尺雪茶舍

千尺雪"建于乾隆十六年夏。乾隆十七年后，三处千尺雪茶舍山房皆已完成命名，故而乾隆皇帝题咏《千尺雪》的诗文开始出现于他几暇之余闲情逸致的四时生活中。三处千尺雪茶舍，西苑及盘山为面开三间的茶舍，热河千尺雪则为五开间式。有关"西苑千尺雪"的构造及其作为品茗的记录，从数首乾隆皇帝御制诗及董邦达所绘《西苑千尺雪》图卷（图3-14）可得见其概貌。

乾隆十八年春（1753）《题瀛台千尺雪》：

雨后瀑声鼓武石，春深波影涌沉花。
竹炉茗碗浑堪试，内苑吴山本一家。[15]

乾隆十八年春（1753）《瀛台即景杂赋》：

新年行乐小蓬瀛，泉石天然爱淑清。
水阁向称千尺雪，春朝喜值六月霙。[16]

乾隆十八年新春（1753）《咏西苑千尺雪》诗：

吴下寒山爱嘉名，热河田盘率仿作。
松涛泉籁或仿佛，路遥岂得常凭托。
咫尺西苑传春明，结构颇具林涧乐。
四百余年树石古，峭蒨信佳究穿凿。
我书三字题檐端，亦有雪花拂檐落。
揣称终疑未恰当，雪后今来一斟酌。
人之称也徒彼哉，天之然兮谁比若。[17]

乾隆十九年（1754）孟夏四月咏西苑《千尺雪》：

借问真佳处，端唯心畅时。
瀑声新雨壮，夏日小年迟。
茗碗原堪瀹，缣图偶慢披。
神游三即一[注]，区别亦奚为。[18]

注：千尺雪仿于吴中，西苑、田盘、热河皆有之。各为之图，四图合贮一函，分藏其所，每至一处展图即得其三，故云。

乾隆二十八年春（1763），《千尺雪二首》：

飞流潎潎激嶙峋，小开三间对水浜。

087

簠鼎茗瓯俱恰当，笑终不是味闲人。[19]

细读诗文，西苑千尺雪是一处乾隆皇帝茗饮品泉的茶舍，位于皇家园林瀛台内。乾隆时期大学士于敏中奉敕编纂《钦定日下旧闻考》对西苑千尺雪位置有详细的描述：

西华门之西为西苑，榜曰西苑门，入门为太液池。俯清泚稍北曰淑清院，淑清院左渡桥为韵古堂，韵古堂左侧有恒门，门东为流杯亭，流杯亭北为素尚斋。素尚斋西有室，曰得静便，向南室曰赏修竹，廊曰响雪，响雪廊东南室曰千尺雪。千尺雪额为皇上御书，室左右门额曰凝华，曰流霭。联曰：书遇会心皆可读，泉能蠲虑剧堪听。并御书。[20]

在《御制诗文集》中多以"千尺雪"通称分建三处的千尺雪，如何分辨? 就得要熟悉乾隆皇帝的作息及千尺雪位置来加以辨别。如西苑"千尺雪"大都载于乾隆皇帝咏太液池、淑清院或瀛台诗之后; 乾隆皇帝每年约在五月至热河避暑山庄，[21]记载避暑山庄"千尺雪"诗文，则会出现于此时并与题咏山庄建筑如"碧峰寺""味甘书屋"等诗排列; 而静寄山庄"千尺雪"诗文，则多作于二月间，清高宗临幸盘山"万松寺""西甘涧"与"东甘涧"等处之后。

（二）热河千尺雪

避暑山庄，顾名思义是清代皇帝避暑之地，也可说是清皇室夏宫。每年夏天邀集满蒙王公贵族在此狩猎哨鹿，实地操演骑射武术，彼此联系感情，以达敦亲睦邻之效。乾隆十六年夏

秋间完成避暑山庄千尺雪建构后，在热河避暑山庄度过这年中秋节就出现了乾隆御制《热河千尺雪歌》，歌前写道：

吴中寒山千尺雪，自赵宦光疏剔之后，脍炙人口久矣，然未免借人工。山庄之内，有溪如建瓴，置屋其侧，泠然洒然，喷薄之声隐岩阶; 泛潋之光翻月户。盖塞地无亩平，因其势而导之，吸川溅沫之势，有不必以千尺计者，独喜其名，因以名轩，非云慕蔺，聊志因王。[22]

说明避暑山庄"热河千尺雪"的筹建与命名，是在乾隆第一次南巡北返后两三个月间就定调了。避暑山庄千尺雪茶舍建筑样貌可参照武英殿刊本《钦定热河志》中的《千尺雪》图（图3-15）[23]及钱维城绘《热河千尺雪图》册（图1-17）[24]，乾隆二十六年（1761）七月底，乾

图3-15 清 和珅、梁国治等撰修《钦定热河志》（乾隆四十六年武英殿本） 台北故宫博物院藏 避暑山庄"热河千尺雪"五楹建筑，位于"泉源石壁"下方。

隆皇帝于避暑山庄《千尺雪》诗中亦提道：

> 筠炉瓷碗伴幽嘉，绿水浮香便试茶。
> 虽是习劳毖武地，奚妨清供学山家。 [25]

诗中也证明"热河千尺雪"是一处茗饮山房。不过，在避暑山庄内还另有一处专供乾隆帝品茗的地方，那就是位于碧峰寺后的"味甘书屋"，[26] 乾隆皇帝在此烹泉煮茶、读书，"千尺雪"则是赏景、品茗、吟句作书的休憩处。

乾隆五十八年，高龄八十三岁的老皇帝还留下到避暑山庄"千尺雪"的记事诗。诗云：

> 向北曾无一里遥，轻舆言至憩松寮。
> 山庄到已逮廿日，画卷吟方记此朝 [注]，

托波已是凉为色，际渚由来静作音。
笑欲两言齐置却，更于何处觅予心。[27]

注：往岁至山庄，旬日内必来此。今年驻跸已几两旬，因前数日盼晴，心不豫尚未一至，连日开霁似已晴定，兹来并展阅所弆分绘山庄、西苑、盘山、吴中千尺雪景四卷，乘兴拈毫，意思方觉闲适耳。

驻跸避暑山庄已十多天，终盼得天气开雾转晴，闲逛至山庄内千尺雪茶舍，展阅四卷《千尺雪画》卷，乘兴挥毫，想必品了好茶，偷得几暇半日闲，龙心方觉闲适耳。

（三）盘山千尺雪

"盘山千尺雪"为河北蓟县（现改属天津市）盘山南麓"静寄山庄"名景之一（图3-16），[28] 乾隆皇帝每年或隔几年春天总要于此驻跸，有时

图3-16 清乾隆 盘山静寄山庄行宫全图中"千尺雪"茶舍位于山庄西北方，接近"贞观遗踪"
（图版采自蒋溥等敕撰《钦定盘山志》，乾隆二十年武英殿本）。

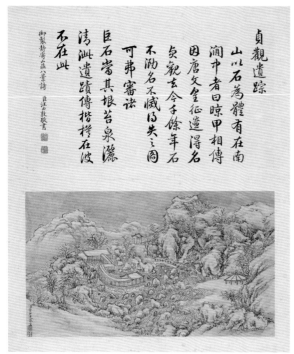

图 3-17　清乾隆　汪由敦书董邦达画《御制静寄山庄八景诗图册——贞观遗踪》册及局部　台北故宫博物院藏
　　　　图中弧形三开间建筑即千尺雪茶舍

甚至一年两次。此为三处千尺雪中，乾隆皇帝驾临次数较少的一处，但却是其最钟爱的一处。静寄山庄一名田盘山庄，[29] 又名盘山行宫，为乾隆九年（1744）所建，规制效仿避暑山庄。山庄建于盘山之东南麓，千尺雪则在山庄西北隅，"贞观遗踪"（图 3-16 ～ 3-18）之前。静寄山庄为乾隆皇帝纪念皇祖康熙皇帝的俭德而命名，在其《静寄山庄》文中阐述：

行宫以静寄山庄名，崇俭德也。皇祖时筑山庄于热河以避暑，不雕不绘，得天然之胜。今兹纵广不及其半，而略如之。…… [30]

乾隆五十八年（1793），《游山回入千尺雪小憩有作》诗中提道：

静寄庄同避暑庄，围庄胥以石为墙。
乘舆驻跸应如是，广只十之三四强[注1]。
降由西北向东南，门却山庄西北探[注2]。
是则原无一定向，世间名象可因参。[31]

注1：避暑山庄围墙周十六里有奇，此间七里有奇，通计尚不及半。
注2：山庄建于山之东南麓，千尺雪门则在山庄西北隅。

再次强调静寄山庄规模不及避暑山庄，同时也叙述了千尺雪的位置，并说明千尺雪是山庄建成七年后加盖的。

盘山静寄山庄千尺雪为面开三间的茶舍，筑宇于岩壁流泉之上，景致极为幽胜。（图 3-17、3-19）乾隆《盘山千尺雪记》形容此地与寒山千尺雪同称奇胜，记中云：

图 3-18　盘山"贞观遗踪"勒石　2014 年作者摄

图 3-19　盘山"贞观遗踪"下方大石刻有乾隆御题并书《御制静寄山庄八景诗——贞观遗踪》"巨石当其垠，苔泉洒清沘。遗迹传楷模，在彼不在此。"斗大刻字后接有"御题并书"及"三"（乾卦边饰双龙纹）、"隆"双印　2015 年作者摄

……爰相面势，结庐三间。兹重游而其屋适成，开虚窗，俯流泉，觉松涛石籁，问答亲人。乃叹寒山千尺雪，固在是间。……[32]

乾隆五十八年《游山回入千尺雪小憩有作》诗中亦描述：

入门山舍向南寻，可坐憩焉幽且深。
临水三间竹炉在，片时试茗足娱心。[33]

乾隆十九年（1754），盘山《千尺雪》再次题道：

倚岩架白屋，开牖临清泉。
春半雪已消，垂流尺计千。
一二二而一，圆方方复圆。
寓物陈至理，随会舍神诠。
茗碗不必试，吾方意油然。

乾隆二十年（1755），《再题千尺雪》：

洒然茶舍俯流泉，茗碗筠炉映碧鲜。
陆羽陶成聊韵事，个人合是个中仙。

乾隆二十三年冬（1753），《千尺雪题句》：

园门设晾甲，茶舍石墙边。[34]
常俯瀑如雪，少言尺有千。
游山归适可，乐水此于焉。
设以琴音拟，吾将理化弦。

乾隆五十年，《千尺雪》：

薄言游山返，山园门却近。
下马入园门，溪斋朴而隐。
贞观晾甲石，诸泉汇流混。
潋澉泄湍流，盈科斋下引。
可以滴砚池，摘藻纾心蕴。
可以烹竹炉，啜香悦舌本。
漫云假藉雪，泽同天一允。
莫訾千尺无，其源百倍远。
昨春对寒山，客秋抚塞苑，
曰同固不可，曰异益堪哂。

嘉庆二年（1797）《题唐寅品茶图》诗，亦曾述及盘山千尺雪：

图3-20 清乾隆御题并书《御制静寄山庄八景诗——贞观遗踪》
"巨石当其垠,苔泉洒清泚。遗迹传楷模,在彼不在此。"
拓片 宽223、高128厘米 许力拓

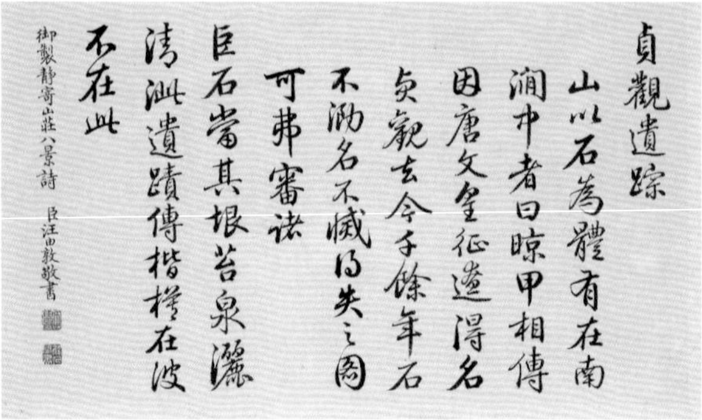

图3-21 清乾隆 汪由敦书《御制静寄山庄八景诗——贞观遗踪》 台北故宫博物院藏
诗内有跋文"山以石为体,有在南涧中者曰晾甲,相传因唐文皇征边得名。贞观去今千余年,石不泐名不灭,得失之图,可弗审诸。"

游山返跸入山门,小憩溪堂俯水源。[注]

注：是处倚岩架屋,凭槛临泉,水声潺潺,跳珠喷玉,雅与品泉相称,故向有千尺雪斋设竹炉之句。

由上述吟咏盘山千尺雪诗中,不难发现,此地风景幽寂,贞观遗踪,嶙峋峥嵘,流泉瀑布,千尺如雪,筑宇泉上,松涛清籁,品茗相称,实为绝尘之胜地也。无怪乎乾隆皇帝对此千尺雪景念念不忘,以近九十之高龄仍不辞车辇颠簸之劳,再临静寄山庄千尺雪,而且动笔写千尺雪诗,并在唐寅《品茶图》上再度题诗不辍。贞观遗踪遗址及景致笔者多次探访,发现其硕大的四字勒石(图3-18),其下方巨石岩壁也刻有乾隆皇帝咏《贞观遗踪》的诗文(图3-19、3-20)。这段诗文也可在台北故宫博物院所藏汪由敦书董邦达画《御制静寄山庄八景图册——贞观遗踪》诗跋文中得到对比与印证(图3-19 ~ 3-21)。

三、唐寅《品茶图》与乾隆皇帝的品茶兴味

盘山千尺雪是乾隆皇帝最喜爱的茶舍之一,故而在此悬挂最钟爱的文人画家唐寅的《品茶图》,乾隆皇帝认为此画契合千尺雪,也象征茶舍的意境高远。《品茶图》上满载着乾隆皇帝品茶观感题诗,同时凡与唐寅《品茶图》相关的器物,亦见题咏。在盘山千尺雪茶舍中,乾隆皇帝壁饰《品茶图》外,也陈设茶仙陆羽造像及其名著《茶经》,表达他景仰唐人品茶生活,并借品题诗文与之对话,呈现文人品茶的意境。

唐寅《品茶图》(图3-1)为盘山静寄山庄千尺雪茶舍的壁上珍,至少自乾隆十八年迄嘉庆二年四十余年间,《品茶图》一直与盘山千尺雪茶舍密不可分,画上方玺印虽钤有"静寄山庄"(图3-22)鉴藏章,但如果不是乾隆皇帝《千尺雪》诗及跋语注文,单凭《品茶图》上的题诗,实难得悉究竟挂于静寄山庄的何处。[35]道光十一年(1831)清宫裁撤盘山行宫,将静寄山庄所有陈设运往热河保存。[36]故宫博物院成立后,唐寅《品茶图》归故宫所有,现藏台北故宫博物院。

盘山千尺雪壁上悬挂唐寅《品茶图》之事,可由多首乾隆御制盘山《千尺雪》及题唐寅《品茶图》诗注中得到印证,如乾隆二十八年(1763)

《千尺雪作》：

> 回跋游山骑，进停临水居。
> 有声皆入寂，无色不涵虚。
> 陆羽茶经在，唐寅画帧舒。
> 两人似相谓，小别两年余。
> （诗后有《唐寅品茶图仍叠前韵》）

乾隆二十九年（1764）十月朔日盘山《千尺雪》：

> 清游辇转园门入，茗室凭溪下马寻。
> 霜叶正酣今日色，石泉弗断去年音。
> 唐寅画又从头晤[注]，陆羽茶须满口斟。
> 兴在寒山听雪阁，明春不久重登临。
> 注：室中悬唐寅《品茶图》。

乾隆三十五年（庚寅）春二月底《千尺雪》：
> 下马薜墙入，憩身水阁临。
> 静观即悦目，忘听亦澄心。
> 煮鼎松枝便，汲瓶石髓斟。

唐寅图在壁[注]，谈茗似相寻。

注：阁中悬唐寅《品茶图》。

《品茶图》为唐寅三十一岁（1501）所画，描绘冬日文人读书品茶情景。寒林中草屋结庐三楹，呈倒置品字形，草庐内主人坐案前读书，一僮子蹲于屋角，扇火煮泉；侧屋几上置有茶器，侍僮二人正忙于备茶，整体呈现文人悠闲恬淡的山居生活情趣（图3-1、3-23）。画面崇山峻岭，老干寒木，侍者忙于茗事，主人闲适读书，构成寒、暖、动、静，浓、淡、粗、细调和的画风。林木用笔繁密，山石劲峭苍秀，屋宇、人物工笔细腻，墨色渲染精细柔和，颇有取法李成（919–967）、郭熙（1001–1090）之意，为唐寅早期秀逸风格的代表作之一。

《品茶图》上唐寅自题：

> 买得青山只种茶，峰前峰后摘春芽。
> 烹煎已得前人法，蟹眼松风候自嘉。
> 吴郡唐寅

图3-22　明　唐寅《品茶图》轴（局部）台北故宫博物院藏
玉池上乾隆皇帝的御题诗

图3-23　明　唐寅《品茶图》轴（局部）台北故宫博物院藏

乾隆皇帝依唐寅自题诗文，于十八年秋将此幅定名为《唐寅蟹眼松风图》，并写下《题唐寅蟹眼松风图即用自题原韵》，[37] 十九年才更名为《品茶图》。《品茶图》上除唐寅的题诗外，其余皆为乾隆皇帝每次驾临静寄山庄千尺雪休憩品茶时所题。笔者根据《御制诗文集》统计，自十六年千尺雪构筑完成后，乾隆皇帝亲临静寄山庄共二十一次（见附表《乾隆皇帝御题盘山千尺雪、唐寅品茶图诗》），每次驻跸总在唐寅《品茶图》上题诗（见附表），有时一年题咏二次，表示他当年驾临静寄山庄二次，如乾隆三十一年，是年春秋两度来到山庄，因此《品茶图》上丙戌年题诗二首。[38] 唐寅《品茶图》上的御题，均收入《御制诗文集》中，并列于咏盘山静寄山庄《千尺雪》诗之后，笔者一一细读，发现乾隆皇帝每次御驾静寄山庄，前后多不过七天、或四五朝而已，[39] 在这短暂的盘桓中，除在唐寅《品茶图》题诗、歌咏《千尺雪》外，对静寄山庄及其他景色亦着墨不少，雅兴之高也非常人所及。或有人主张乾隆皇帝御制诗有些为词臣代笔，笔者实不以为然，以乾隆皇帝自视之高，纵使有少许经他所赏识词臣润饰，也必经皇帝审阅，读其内容也与乾隆皇帝日常生活扣合，外人是无法代笔的。兹因乾隆皇帝所题《唐寅品茶图》诗与盘山千尺雪有前因后果关联，特依时序节录于文中附表《盘山千尺雪》诗后，以便读者对照阅读及审视两者之间的关系。

清高宗从乾隆十八年至嘉庆二年（1753－1797）间，二十一次驻跸盘山静寄山庄，每次均到千尺雪茶舍品茶，在唐寅《品茶图》上题咏，画幅留白及补笺玉堂全被填满，嘉庆二年最后一次题诗，乾隆皇帝自嘲曰："名迹余笺聊补空，再来搁笔合忘言。"翌年冬天，乾隆皇帝驾崩于养心殿。笔者认为被乾隆皇帝品评为"逸品"的唐寅《品茶图》，满载了高宗一生不渝的激赏，实可与王羲之《快雪时晴帖》、黄公望《富春山居图》（子明卷）、赵孟頫的《鹊华秋色》相互辉映。

《品茶图》上的御题，可以看到乾隆皇帝以九五之尊，推崇文人逸士并自我解嘲。如二十九年题诗："伯虎品茶挂壁间，飘萧须鬓道人颜。汲泉煮茗忽失笑，笑我安能似尔闲。"三十四年又说："草堂事茗是何人，潇洒衣巾古淡神。只有解元（唐伯虎）知此意，谓宜泉上结良宾。"三十九年则自谦曰："越瓯吴鼎净无尘，煮茗观图乐趣真。不必无端相较量，较来少愧个中人。"五十年则说："品茶自是幽人事，我岂幽人亦品茶。偶一为之寓兴耳，灶边陆羽笑予差。"五十八年又自嘲："满幅题词都作旧，一炉烹茗又成新。擎杯在手微生笑，笑我却为着相人。"

《品茶图》上的题诗，也让人了解到乾隆皇帝沉醉于品茗气氛中率真的一面，他不仅在茶舍内悬挂喜爱的唐寅《品茶图》；甚至于也把茶仙陆羽的造像（图1-49）及《茶经》置于茶灶旁，仿佛与之对话，随时将自己的品茗心得向尔等吐露，正是："偶一为之寓兴耳，灶边陆羽笑予差。"（图3-24）再者，千尺雪茶舍中安设的陆羽茶仙像也是由皇帝亲自监造的。《内务府养心殿各作成做活计清档》（以下简称《活计档》）记载，在乾隆十八年至十九年间，他曾数次传旨命令内廷员外郎白世秀"将陆羽吃茶仙纸样一张呈览，奉旨着照样准做，脸相用泥捏做，衣服绫绢做，其桌椅用紫檀木配合成做。"[40]"将茶仙一分送赴瀛台千尺雪安讫。"[41]"茶仙四分，

图 3-24　明　唐寅《品茶图》轴（局部）台北故宫博物院藏
图左下方可见"灶边陆羽笑予差"

传旨着查安茶具之处，无有茶仙的即送往安设。钦此。"[42] 对照于诗文，便可体会"灶边陆羽笑予差"、"匡床甫坐茶擎至，陆羽多应未肯吾"（乾隆二十八年题西苑《千尺雪二首》）、"陆羽陶成聊韵事，个人合是个中仙"（乾隆二十年盘山《再题千尺雪》）、"灶边亦坐陆鸿渐，笑我今朝属偶然"（乾隆三十三年《试泉悦性山房》）、"新到雨前贮建城，因之活火试烹煎。座中陆氏应含笑，似笑殷勤效古情"[43]（乾隆六十年《竹炉山房》）等诗句的含义。

在乾隆皇帝的收藏中，至少有两件与唐寅《品茶图》相关的器物，分别蒙皇帝题咏，一是"永乐雕漆品茶图盒"（图 3-25），一是"朱三松刻竹品茶笔筒"。乾隆四十五年（1780）《题永乐雕漆品茶图盒》诗云：

> 代传永乐号，选匠事雕镂。
> 画先唐寅作[注]，人为陆羽流。
> 避烟双燕去，扇火一僮留。
> 置内宜何物，龙团小品收。[44]
> 注：唐寅有《品茶图》，向悬盘山之千尺雪，屡经题咏。此盒为永乐时造，其画本更在唐寅前矣。

乾隆四十四年（1779）《咏三松刻竹品茶笔筒》：

> 粉本得从唐解元，横琴松下茗炉喧。……[45]
> 注：唐寅有《品茶图》，意境高远，兹刻略仿佛之，盖三松之祖朱邻鹤创为竹刻，与六如同时，或曾见品茶之作，因摹刻流传耳。

图 3-25　明永乐　雕漆品茶图盒　故宫博物院藏

"永乐雕漆品茶图盒"（图 3-25）现藏于故宫博物院，盒盖内录有前述乾隆御题诗，唯题诗年款为"乾隆戊戌御题",戊戌年为乾隆四十三年,较御制诗《题永乐雕漆品茶图盒》的乾隆四十五年早了二年。[46]论年代"永乐雕漆品茶图盒"的制作应早于唐寅《品茶图》,而名为"品茶图笔筒"则代代有之,因此乾隆认为竹雕名人朱三松(明初人生卒不详)之祖朱鹤(生卒不详)与唐寅为同时代人,或朱鹤曾见唐寅《品茶图》,因此摹刻竹雕笔筒。乾隆皇帝只要论及《品茶图》相关的诗作,总要带上与唐寅关联事宜,由此可见唐寅《品茶图》在乾隆皇帝的鉴古与闲逸生活中,是相当重要的。

比较"永乐雕漆品茶图盒"(图3-25)与唐寅《品茶图》,铺排上虽不尽相同,但品茶主旨及构图大意是相同的。漆盖上雕一文士坐于房内,一僮炉前烹茶,庭院二僮,一提瓶,一抱琴,正往屋内行来,显见主人是"操琴品茶"琴茗相伴的雅士;而唐寅《品茶图》也是画一文人与三侍僮(图3-23、3-26),文士于室内"读书品茶"。二图内容意旨十分接近,漆盒碍于空间,无法如图轴表现出深远的场景,茶炉上的

图3-26　明　唐寅《品茶图》轴(局部)台北故宫博物院藏

茶瓶,虽犹有宋元古制,但室外一僮携瓶汲泉,这是明代图绘上常见汲泉烹茶的场景,而唐寅《品茶图》正是典型的明代提梁茶壶形制。漆盒上的茶壶,形制则与明初谢环(生卒不详)《杏林雅集图》卷松下备茶风炉上的长颈茶壶相似,[47]造型确实略早于唐寅《品茶图》上的茶壶;而这种意味着由末茶进入叶茶或末茶叶茶并存的过渡时期烹茶方式,就笔者所见似乎以此件"永乐雕漆品茶图盒"为最早,证明乾隆皇帝的诗注是颇有见地的说法。唐宋乃至于元,书画家所描述的品茶或斗茶图,多为末茶点茶,绘画或壁画上所见也多是点茶茶瓶、茶筅或茶匙以及茶盏配茶托。此盒以类似宋元瓶制的茶瓶,却配置明式茗碗、茶炉烹茶,应是过渡时期现象。漆盒题诗虽称"人为陆羽流。……龙团小品收。"但并不是表示其为唐宋的末茶点茶,因为盒为永乐时期所制,故谓"画先唐寅作",亦表示乾隆皇帝或不认为图中的品茶为唐宋茶道。诗中提龙团小品,只为诗意调和与押韵而已;一如乾隆的品茗诗中,亦偶尔出现"龙团凤饼"名称,[48]其实清代已无"龙团凤饼"矣。

唐寅一生嗜茶,作品中不少茶诗、茶画,台北故宫博物院藏唐寅扇面画《烹茶图》(图3-27)与东京国立博物馆所藏唐寅《品茶图》为一稿二式的图画,[49]二画内容完全相同,皆绘一士人于竹林前倚榻假寐,一旁僮子烹茶,茶几上置有茶碾、茶盒、茶杯;茶炉上则置一明式鼎足盖宽体茶壶。因图上绘茶碾与类似装茶末的茶盒,令人联想此时是否还饮用末茶,当然此涉及饮茶方式的变迁,明洪武二十四年(1391),明太祖诏令禁造团茶,改茶制为芽茶(叶茶),[50]从此改变了饮用末茶的习惯,照理说不应再有末茶的使用,不过画家往

图 3-27　明　唐寅《烹茶图》册　台北故宫博物院藏
　　　　主人倚榻假寐，一旁僮子烹茶，几上置有茶碾、茶盏、茶杯、茶炉及茶壶等。

往偶于绘画上做复古的表现，此景是否唐寅怀古，或真有研碾末茶一事，颇难论断。在唐寅的多幅茶画作品中，乾隆皇帝独中意蟹眼松风《品茶图》轴，特将其悬挂于静寄山庄"千尺雪"茶舍，自有缘由，如乾隆皇帝于香山碧云寺旁茶舍"试泉悦性山房"一样，即以张宗苍所绘的一幅三楹式的茶舍山水画挂于茶室内，[51] 而挂此画的理由，乾隆皇帝在《题张宗苍山水》诗中说道："山水处张山水画，凭观忽讶未题诗。"[52] "泉上山房幽且恬，……此画方宜此室粘。"[53] "山房宛在宗苍画，笔意峰姿气韵投。"[54] 诗作反映乾隆皇帝认为茶舍内悬挂之画，应与茶舍主旨契合，意趣相投，故二处悬挂之画，皆是结庐三间的构图，象征茶舍。而由御题诗中得窥，乾隆皇帝常情不自禁进入画中，比拟为画中品茗赏景的文人。[55]

　　乾隆皇帝对唐寅《品茶图》画作未见只字

的评鉴，所有诗文均与茶事、茶舍、茶人相关，足证乾隆皇帝所重视的是绘画的内容与意境，[56] 至于挂于其他茶舍，如前述香山"试泉悦性山房"悬张宗苍所绘《画山水》轴亦是如此，看重的也是画的内容与意境，适与其所处相契，他可借以观画题诗寓兴抒怀。画中品茗读书、怡然自得的情境，正是乾隆皇帝神往契合之处，因此引发与之对饮和诗。

　　另一幅藏于故宫博物院的唐寅《事茗图》卷[57] 亦可做例（图 3-28），图中草堂主人伏案看书，旁置杯、壶，一僮于斗室内扇火备茶，草堂外木桥上有客策杖来访，一僮携琴随后，周围碧山深处绝少尘埃，正是品茗、弹琴、论书的绝佳处。草堂场景、人物布局与《品茶图》颇为相似。唐寅在卷后自题："日长何所事，茗碗自赍持。料得南窗下，清风满鬓丝。"乾隆皇

图 3-28　明　唐寅《事茗图》卷　故宫博物院藏

图 3-29　清乾隆　弘历《摹唐寅事茗图》卷　故宫博物院藏

帝于十九年（1754）闰夏曾临摹此画，画上御题：
"记得惠山精舍里，竹炉瀹茗绿杯持。解元文笔
闲相仿，消渴何劳玉虎丝。"（图 3-29）[58] 比对
二诗，乾隆皇帝喜爱此图而欲与之唱和，不言
而喻。对于唐寅《品茶图》及《事茗图》的题
诗赞赏，皆来自同为知茶、同喜唱和的诗人情怀，
而"解元文笔闲相仿，消渴何劳玉虎丝"[59] 更凸
显乾隆皇帝欣赏唐寅的文笔才华甚于其他。

　　相对于是同样喜爱品茶的明代文人书画家
文徵明，乾隆皇帝对文氏的茶画、茶事上的赞赏
态度，却与唐寅大相径庭。虽然曾在文徵明《茶
事图》卷（图 3-30）上方诗塘有御题行书，[60] 唱
和文徵明自题的《茶具十咏》诗十首（图 3-30），
但呈现的是各题各好，并无交集。从御题诗中，
无法令人感受到乾隆皇帝欲与之对茗之情。其他

经乾隆内府收藏的品茶画卷，如台北故宫博物
院藏《品茶图》及天津艺术博物馆《林榭煎茶图》
等，皆无题诗，这也透露了乾隆皇帝对于茶舍
挂画或茶画上题诗是有所选择的。而前述唐寅
扇面画《烹茶图》（图 3-27）或东京国立博物
馆所藏《品茶图》上倚榻假寐的文士，不但不
能与之对话；户外烹茶既不切合千尺雪茶舍主
体，也不符合乾隆皇帝心目中的理想境界，故
未曾将这两幅收置于茶舍内。

泉上山房有竹炉，品茶恰对品茶图。
谁知三百年前笔，却与今朝景不殊。
乾隆三十一年秋《题唐寅品茶图》

千尺雪旁安竹炉，壁张伯虎品茶图。

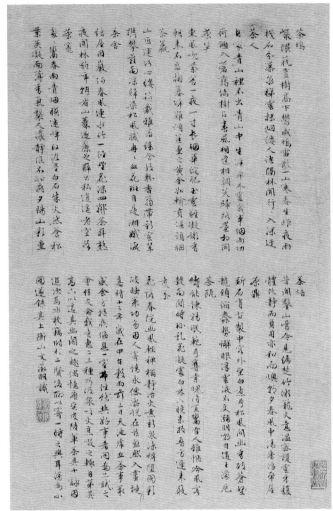

图 3-30　明　文徵明《茶事图》轴及局部　故宫博物院藏
图上有文徵明《茶具十咏》诗及茶寮内茶僮备茶，文士右侧置一壶、一杯。

图3-31　清　乾隆皇帝御笔《盘山千尺雪图》卷　故宫博物院藏
　　此卷为陈设收藏于避暑山庄四合卷之一，故卷首钤有"避暑山庄"大印，卷上有乾隆御题《热河千尺雪歌》以及乾隆五十四年以后的九首《热河千尺雪》诗。

图3-32　清乾隆　钱维城《热河千尺雪图》卷及局部　承德避暑山庄博物馆藏　此卷为藏于避暑山庄的《热河千尺雪图》四合卷之一

图3-33　清乾隆　张宗苍《寒山千尺雪图》卷及局部　故宫博物院藏　卷首钤有"避暑山庄"大印，为乾隆皇帝收藏于避暑山庄的四地千尺雪景之一

却是图中人与我，不须如此费工夫。

乾隆二十五年二月《唐寅品茶图》

煮鼎松枝便，汲瓶石髓斟。

唐寅图在壁，谈茗似相寻。

乾隆三十五年仲春《千尺雪》

越瓯吴鼎净无尘，煮茗观图乐趣真。

不必无端相较量，较来少愧个中人。

乾隆三十九年春三月《题唐寅品茶图》

对清高宗而言，三百多年前唐寅的茶舍与今日他所建千尺雪并无多大差异，且同为爱茶人，即使较量也难分轩轾。赏画的同时亦化为画中人，乾隆皇帝的寓兴情怀于此表达无遗，在缅怀前人作品之际，不改抒发理想抱负咏物述志的习性，借诗文表达自己品茶中所领悟出来的人生哲理。收藏于千尺雪茶舍的《品茶图》及四卷各地的《千尺雪图》诗文，皆能意会到乾隆皇帝"寓物陈理"的内涵精神，所谓：临窗俯泉，未及啜茶，情境已生，理趣已解矣。[61]

四、千尺雪诗与千尺雪图卷

前文已述，乾隆皇帝因爱苏州千尺雪景，南巡回銮后，除建构四处千尺雪茶舍外，均安设有竹炉，经常赋诗赞赏外，另绘制了四套四地千尺雪景图，每套四卷，四处千尺雪茶舍各藏一套共十六卷。每套内容为盘山千尺雪、热河千尺雪、西苑千尺雪以及寒山千尺雪。其中《盘山千尺雪图》四卷由乾隆御笔亲绘（图3-31），近由故宫博物院库房管理系统查询得知，御制《盘山千尺

雪图》卷四卷之一的热河版，即陈设于避暑山庄的一卷，未经发表，现收藏于故宫博物院，其他三卷则令董邦达（1696-1769）绘《西苑千尺雪》卷（图3-14）、钱维城（1720-1772）画《热河千尺雪图》卷（图3-32）、张宗苍（1686-1756）画《寒山千尺雪图》卷（图3-33），每人各画四卷，共有十六卷。这四套四地之千尺雪景图，是在乾隆十七年上元至十八年春一年之内陆续完成，最早完成的是置于盘山的一套四卷，皆完成于乾隆十七年，御制《盘山千尺雪图》卷，作于十七年冬十月；董邦达《西苑千尺雪图》完成于十七年长至月；张宗苍《寒山千尺雪图》、钱维城《热河千尺雪图》也是画于十七年长至月。[62]乾隆皇帝在每处千尺雪各置一套，故每到一处，便可展阅其他三景。这些情境，均见于乾隆皇帝题咏千尺雪诗及诗注中。例如：

乾隆十八年（1753）作盘山静寄山庄《千尺雪》诗：

飞泉落万山，巨石当其垠。

汇池可半亩，风过生涟沦。

白屋架池上，视听皆绝尘。

名之千尺雪，遐心企隐人。

分卷复合藏，在一三来宾[注]。

境佳泉必佳，竹炉亦可陈。

俯清酌甘冽，忘味乃契神。

披图谓彼三，天一何疏亲。

注：寒山、田盘、热河、西苑皆有千尺雪，各绘为四卷合藏，而分贮其所，每坐一处，则三景皆在目中也。

乾隆十九年（1754）《再咏避暑山庄三十六景·千尺雪》跋：

吴中寒山千尺雪，明处士赵宦光所标目也。南巡过之，爱其清绝，因于近地有泉、有石，若西苑、盘山及此，并仿其意而命以斯名，且为四图合贮其地，详具图卷中。

诗云：为爱寒山瀑布泉，引流叠石俨神传。楞严蓦地临溪写，离即凭参属偶然。[63]

乾隆三十八年（1773）春咏西苑《千尺雪》：

千尺原来出假借，积成盈尺喜诚真。
四图展一却含三[注]，宝塔华严类合龛。[64]

注：寒山、避暑山庄、静寄山庄与此淑清院，四处各贮千尺雪图，每一处兼备其四，积年题咏相续。

乾隆四十五年（1780）《寒山千尺雪四叠旧作韵》：

一十五载别寒山，重巡依旧临山泉。
曲注肖之塞上塞，雄流图以田盘田。
西苑略葺胜朝迹，而皆视此鼻祖然[注]。
四图分弄于四处，兴存得一函三间。[65]

注：向于热河、盘山并西苑仿照寒山为千尺雪。复于盘山自写《千尺雪图》，而命张宗苍写寒山、董邦达写西苑、钱维城写热河，各为一图四卷，合装分贮四处，要以此为鼻祖云。

乾隆五十年（1785）咏西苑《千尺雪二首》[66]：

望雪经冬如卯年，合符遇泽小除前。
假山阴尚看积玉，幸矣仍教勒咏篇。
昨岁寒山一畅游，四图合弄忆从头[注1]。
思量究是近光胜，画卷年年有句留[注2]。

注1：壬申年曾于盘山为《千尺雪图》，而命董邦达、钱维城、张宗苍分写西苑、热河、寒山千尺雪为四图，各合藏其所。昨岁南巡至寒山曾题句。

注2：自壬申以后，凡题西苑千尺雪之作，皆于董邦达所画《西苑千尺雪》卷书之，卷尾书满，故自去岁为始，即景之句皆书此《盘山千尺雪》卷中。

乾隆五十八年（癸丑，1793）静寄山庄《游山回入千尺雪门小憩有作》：

一室中收四处图，咄哉求备自嗤吾[注]。
四而一与一而四，齐物南华有是乎。

注：此间及西苑、热河千尺雪既仿吴中寒山景为之，并亲写此间图四卷；其西苑、热河、寒山三图，则命董邦达、钱维城、张宗苍分绘之，每处互弄四图，至一处而余三处之景皆可展阅得之。

乾隆六十年（1795）于避暑山庄所作《千尺雪漫题》：

江南名假肖其假，彼不务实此务同。
一之为甚竟三四[注]，展卷分看合愧衷。
每至山庄有此诗，到将弥月为成词，
望晴望雨兼望捷，那有闲情更构思。[67]

注：辛未（1751）南巡，见吴中寒山千尺雪，爱其名佳，因于西苑、盘山及此处皆仿为之。并自写盘山图，而以西苑命董邦达、寒山命张宗苍、此处命钱维城各为图四，合装而分贮之。每至一处展卷，其余三处之景皆寓目焉。

自乾隆十七年以后，乾隆皇帝每年新正大年初必到西苑千尺雪赏景品茗，也必题千尺雪诗，即所谓"画卷年年有句留"也。凡题西苑千尺雪之作，皆书写于董邦达所画《西苑千尺雪图》卷，乾隆四十八年卷尾留白处题诗书满，故从乾隆四十九年（1784）开始，若再有西苑即景吟哦，则移书于乾隆皇帝自绘《盘山千尺雪图》卷后，到了乾隆五十八年卷后空白复又题满，又转书于钱维城所绘的避暑山庄《热河千尺雪图》卷上。此后如复题满，是否再移书张宗苍绘《寒山千尺雪图》卷，乾隆皇帝于诗中提到听其自然。[68] 从以下两首书写在《千尺雪图》上题咏西苑千尺雪诗，可窥见乾隆皇帝题诗情形：

乾隆四十九年西苑《千尺雪》：

望雪经冬迨冬尽，溪亭咏拟此番空。
幸哉腊底沾优泽，责实欣于真假中。
历岁咏书侍臣卷，都因西苑写图亲。
卅年卷尾题已满，移写盘山纪甲辰。

跋：癸酉秋曾于盘山写《千尺雪》卷，[69] 而命董邦达、钱维城及张宗苍分写西苑、热河、寒山千尺雪为四卷合匣藏其所。壬申以后，凡西苑千尺雪之作，皆书于董邦达所画瀛台《千尺雪》卷中，兹三十年来托尾纸已书满。此后凡有此处即景之句，当于御笔《盘山千尺雪》卷中书之，然总在此匣中也。并识缘起如右。[70]

乾隆五十八年西苑《千尺雪》：

于斯得句率新正[注1]，喜是年前积素盈。
既识幻真何一相，笑予真幻履为评。
甲辰移此写新诗[注2]，余幅十年又满之，
明岁更将书别卷[注3]。寒山毕否且听其。[71]

注1：每岁新正来此必有题句。昨腊祥霙逮尺，积培苑树，寓目惬心，正不必于名实真幻间，较量形色也。

注2：向曾自写盘山千尺雪，而命董邦达、钱维城、张宗苍分写西苑、热河、寒山三处之景。每处各汇弆

四卷，自壬申（乾隆十七年，1752）以后，每岁所咏此处之作，即书董邦达所画卷中。至甲辰岁（乾隆四十九年，1784），以卷尾纸幅无余，因移书此御笔《盘山千尺雪》卷后。

注3：至今岁癸丑（乾隆五十八年，1793）又已十年，卷后余幅复满，拟自明年甲寅（乾隆五十九年，1794）以后之诗，移书钱维城所画热河卷中。

以上是乾隆皇帝在西苑写《西苑千尺雪》诗的情形。而于热河、盘山、寒山所作千尺雪诗又书于何处？情况如何？热河避暑山庄情况，可由乾隆皇帝的避暑山庄《千尺雪》诗注中得知大略。

乾隆五十七年六月初热河避暑山庄《热河千尺雪》：

一川叠石为高下，遂有飞流落向南。
试问坡翁斯绛雪，又何禁体作新谈。
己酉以来书幅后，逮今点笔又成三[注]。
俟成六数斯归政，将作闲人此重探。[72]

注：癸酉（乾隆十八年，1753）春命董邦达、钱维城、张宗苍分写西苑、热河、吴中三处千尺雪景，而盘山之千尺雪则自图之。历年驻山庄每题此景之作，书钱维城所画卷中，因戊申岁（乾隆五十三年，1788）纸幅已满，故自己酉（乾隆五十四年，1789）以来咏此处诗，即书贮自写《盘山千尺雪》卷后，殆今又阅三年矣。

此首诗注中，乾隆皇帝清楚写出四卷置于"避暑山庄千尺雪"茶舍的《千尺雪图》均作于癸酉（1753）春天，而自乾隆十八年以来，历年驻热河避暑山庄所题千尺雪诗，皆书于钱维城所画《热河千尺雪图》卷中，经过三十五年，到了乾隆五十三年戊申（1788）纸幅已满，故自乾隆五十四年（1789）以后，凡咏避暑山庄

千尺雪诗，改书于御笔自画的《盘山千尺雪图》中。题诗并言到乾隆六十年逊位归政后，再重临此处，已是闲云野鹤之身了。至于乾隆五十七年至嘉庆二年这段期间的御题《避暑山庄千尺雪诗》写于何卷千尺雪图内？诗中并无说明，然根据《秘殿珠林·石渠宝笈三编》所载避暑山庄御笔水墨画《盘山千尺雪图》跋文及题诗有清楚记载，乾隆五十四年（己酉夏）至嘉庆三年（戊午夏）九次题诗均书于卷后，[73] 故知五十四年后避暑山庄千尺雪诗，亦书于御制《盘山千尺雪图》卷内。而故宫博物院所藏现题名《弘历千尺雪图》卷（2019 年 5、6 月展出《几暇怡情——乾隆朝君臣书画特展》，此画名为《乾隆帝盘山千尺雪图》卷），即《秘殿珠林·石渠宝笈三编》上所记载的收藏于热河的《御笔水墨画并题盘山千尺雪》，卷后即见己酉至戊午九次的御题热河《千尺雪诗》诗。

乾隆皇帝咏西苑、热河千尺雪诗的题书情况，在《御制诗文集》内多首《千尺雪诗》皆有明记；至于盘山及寒山千尺雪诗，究竟书于何卷，《御制诗文集》则未说明，不过如依前述西苑及避暑山庄之例来看，《盘山千尺雪诗》当书于乾隆皇帝自绘的藏于盘山千尺雪的《盘山千尺雪图》（画于乾隆十七年冬十月）卷内；而《寒山千尺雪诗》则应写于姑苏寒山所收藏的张宗苍所画《寒山千尺雪图》卷上。证之于《秘殿珠林·石渠宝笈三编》，果然在静寄山庄所藏清高宗御笔《盘山千尺雪图》卷中寻得，卷上记："御笔水墨画，石籁松涛，激泉叠嶂。并题盘山千尺雪。壬申十月重游盘山，爱千尺雪之胜，既为之记。坐盘山，面清泉，写成是图。复命词臣董邦达、钱维城分写西苑、热河千尺雪，而吴之寒山则属之张宗苍，装成四卷，藏之精舍。因并记之。御笔。"同卷

后接幅御笔又书有《盘山千尺雪记》[74]；隔水接着有乾隆十七年至三十四年乾隆皇帝历年于盘山所作千尺雪诗，所以可以确认《盘山千尺雪》诗，确实书于静寄山庄所藏之乾隆御笔亲绘《盘山千尺雪图》卷上。[75] 而乾隆三十五年以后的《盘山千尺雪》诗，又书于何卷图内？查考《秘殿珠林·石渠宝笈三编》，证实书于董邦达《西苑千尺雪图》卷上，该卷后幅跋文提道："每至千尺雪辄有题咏即书自画盘山卷中，历年既多，彼卷已满，兹成是什，因书董邦达所画西苑卷后。继此凡有作将以次书之，使复书满，又当及彼二卷，同名共弄，无分畛域，亦艺林佳话也。庚寅仲春御笔。"[76] 而盘山版董邦达《西苑千尺雪图》卷上的题诗至乾隆五十四年又复题满，自乾隆五十六年又移书于盘山版钱维城《热河千尺雪图》卷上。

盘山版钱维城绘《热河千尺雪图》卷上后幅，乾隆五十六年盘山《千尺雪三绝句》诗后，乾隆皇帝自跋："向至田盘千尺雪题句，书自画卷中，因卷尾已满，庚寅春书董邦达所画西苑卷后。今又无余纸矣，遂依次书此钱维城画《热河千尺雪》卷尾。辛亥季春御识。"[77] 此卷只书四首《盘山千尺雪诗》，至嘉庆二年（丁巳）为止。之后无诗，故盘山版四卷《千尺雪图》，只写至钱维城的《热河千尺雪》图，而剩下唯一无题诗的就是盘山版张宗苍的《寒山千尺雪》图。

乾隆皇帝一生六次南巡，分别于乾隆十六年、二十二年、二十七年、三十年、四十五年及四十九年。苏州为必经之地，去程与回程，两度入苏州，必至寒山千尺雪，揽胜生情，也留下不少的诗篇，但无论如何较之于其他三处少得多，盖因西苑、盘山、避暑山庄乃乾隆皇帝行宫，经常驻跸之故。根据《秘殿珠林·石

渠宝笈三编》记载，藏于热河避暑山庄张宗苍所画《寒山千尺雪图》卷尾，不但有乾隆皇帝御笔"寒山千尺雪图"，还有张宗苍落款"乾隆癸酉（1753）孟春臣张宗苍奉敕敬绘"，并录有乾隆第一次南巡游寒山所作《寒山千尺雪》诗："支硎一带连寒山，山下出泉为寒泉。"[78] 以及丁丑年（二十二）、壬午（二十七）、乙酉（三十）、庚子（四十五）、甲辰（四十九）等六次南巡经寒山所作《寒山千尺雪》诗。[79] 由画卷题诗情形得知，寒山千尺雪诗并不一定书于所在地寒山千尺雪所藏的张宗苍《寒山千尺雪图》卷上，而是题于避暑山庄藏张宗苍《寒山千尺雪图》卷（图3-33）后；同理，盖因乾隆皇帝经常驻跸此处，观《寒山千尺雪图》，遥忆寒山千尺雪景有感，写成诗篇，载录于避暑山庄藏《寒山千尺雪图》卷后。

西苑、热河避暑山庄以及盘山静寄山庄三处《千尺雪》诗，均先分别题书于所在地的《千尺雪图》卷上，题满再依次类推题于其他图卷，唯独寒山千尺雪诗题于避暑山庄藏张宗苍《寒山千尺雪图》卷内。所以笔者认为乃因乾隆皇帝在南巡旅途行次，停驻寒山千尺雪时间甚短，故未能及时在寒山千尺雪斋中书题，因此题于驻跸时间较长的热河避暑山庄张宗苍《寒山千尺雪图》卷上是合理的做法。再者，苏州寒山，离京城千里之遥，多有不便，且寒山千尺雪藏《千尺雪图》一套四卷原本就陈设于寒山，并未入藏清宫别苑，亦未登入收藏目录，甚至《秘殿珠林·石渠宝笈》上也无寒山千尺雪斋一套四卷《千尺雪图》卷的记录。

综合上述，乾隆皇帝每至一处千尺雪，必作千尺雪诗，诗篇与时递增，题满画卷换卷再

书，这可以说明乾隆皇帝一辈子不仅在努力政事、巡幸旅游、造园作器上花费精神，也努力做好一位传统文人，他通晓儒家经典之外，行文、赋诗、琴、棋、书、画、礼、乐、射、御、书、数，无所不能。乾隆皇帝在御制诗文中一再提到六岁启蒙读书，至八十八岁行将就木，无一日敢荒废懈怠，因此除成就十全武功、确立中国版图、开启乾隆盛世、推动文化大业外，对自身的修为：读书、写字、题诗、作文等更是始终如一，无日中断。然而作为一位养尊处优的君王，享尽荣华富贵，可是在精神层面却比不上唐寅的洒脱闲情，因此有所感慨在唐寅《品茶图》上题诗曰：

伯虎品茶挂壁间，飘萧须鬓道人颜。
汲泉煮茗忽失笑，笑我安能似尔闲。
乾隆二十九年《题唐寅品茶图》

伯虎品茶事欲仙，揭来逸韵仿依前。
中人茗碗安排就，双手高擎俗已然。
乾隆四十七年春《题唐寅品茶图》

品茶自是幽人事，我岂幽人亦品茶。
偶一为之寓兴耳，灶边陆羽笑予差。
乾隆五十年暮春《题唐寅品茶图》

千尺雪斋设竹炉，壁悬伯虎品茶图。
羡其高致应输彼，笑此清闲何有吾。
乾隆五十二年暮春《题唐寅品茶图》

自嘲内侍中人安排好的事茶无逸韵而俗，偶一为之的寓兴品茶，不仅无法与唐寅相比，

图3-34　清乾隆　张宗苍《姑苏十六景图》
之四《千尺飞泉》轴　台北故宫博物院藏

甚至陆羽都要嘲笑他非幽人高致。

　　乾隆皇帝每次驾临盘山千尺雪茶舍，都在唐寅《品茶图》（图3-1）上题诗，甚爱"盘山千尺雪"景，每驻跸必有诗作，有时一咏再咏。不过由于盘山静寄山庄并不是每年一定驻跸，因此题咏诗篇少于西苑及避暑山庄"千尺雪"。寒山千尺雪诗则更少，仅于南巡时才题写，因此张宗苍热河版《寒山千尺雪图》一卷就足够御题，不必再移写到其他《千尺雪图》卷中。同时乾隆皇帝也就未对《盘山千尺雪图》及《寒山千尺雪诗》多写诗注。笔者因研究乾隆皇帝品茶，因而从《御制诗文集》追踪到清高宗四处千尺雪茶舍及十六卷《千尺雪图》卷，可惜十六卷《千尺雪图》目前大多下落不明。[80] 就笔者目前掌握到的四笔资料，仅知一卷乾隆御笔《盘山千尺雪图》卷（图3-31，2019年发表，避暑山庄版）、张宗苍《寒山千尺雪图》（图3-33，已发表，避暑山庄版）及董邦达《西苑千尺雪图》（图3-14，2019年发表，避暑山庄版）三卷收藏于故宫博物院；另外避暑山庄博物馆藏有一卷钱维城《热河千尺雪图》卷（图3-32），共有四卷，此四卷正巧为一套热河避暑山庄版的《千尺雪图》卷。台北故宫博物院藏张宗苍绘《姑苏十六景图》之四《千尺飞泉》轴（图3-34），描绘的就是寒山千尺雪景，不过此非奉敕专置藏于千尺雪斋内的《寒山千尺雪图》卷，但其景与故宫博物院所藏之张宗苍《寒山千尺雪图》卷（图3-33）景致极为相似，亦可作为寒山千尺雪景之参考。

五、千尺雪斋设竹炉

　　竹炉与千尺雪茶舍关系密切，不仅为千尺

雪的表征，也是乾隆皇帝受江南文人品茗传统影响至巨的一个实例，今日从清宫藏品中仍可找出数件实物与之印证。竹炉也是明初以来文人在惠山寺雅集传统文艺活动的代表，亦可寻得乾隆皇帝沿袭唐宋以迄明人游于艺的脉络。

由前文描述可以得一概念，四处千尺雪景致及茶舍室内陈设大致相同，设竹炉、茗碗、挂画。千尺雪茶舍的景色，是传统中国文人追求"依山傍水，远离尘嚣"意境，这是唐宋以来山水人物画的理想境界。证之于记载与实境，千尺雪茶舍跨流结屋，凭槛临泉，跳珠喷玉，雅与品泉相称，此为文人品茶的理想佳境，亦很贴近文人的休闲生活。竹炉的设置，则受明初王绂（1368－？）等人影响，王绂于洪武年间至无锡惠山听松庵寓居疗疾，愈后为庵内"秋涛轩"墙壁绘饰《庐山图》，不久庵主性海真人（生卒不详）及友人潘克诚（生卒不详）托湖州竹工仿古制编竹茶炉相赠，置"秋声小阁"，王绂复绘《庐山图》赠性海真人，并附咏《竹茶炉诗卷》，此后名家陆续和韵，合成一卷。其间在成化年间诗卷与竹茶炉曾失而复得，故有《听松庵复竹茶炉记》，后经多人赋诗题咏，至乾隆年间遂成四卷。这也是《纪听松庵竹炉始末》[81]以及《惠山煮茶图》的由来。

乾隆皇帝第一次南巡行经姑苏寒山千尺雪，又慕名访无锡惠山听松庵，回京后遂把"千尺雪"与"听松庵竹炉"二地的特色加以结合，构成"千尺雪斋设竹炉"，追根究由，实因乾隆第一次南巡受江南文风激荡，产生出来的一种特有的品茶风格，也是一种仿效江南文人生活的表现，更可视为乾隆皇帝吸收、吐纳传统汉人文化，终成一种属于自己气息风格的生活艺术。呈现

在四卷《千尺雪图》上的诗文创作，经年不懈，更可看出其超越常人的恒心，以及有别于前代特有的帝王品茗意趣。

前文所述乾隆皇帝在"千尺雪斋设竹炉"是仿自惠山听松庵的竹炉，此事在御制诗文中也一再提及，如玉泉山静明园竹炉山房[82]、西苑焙茶坞[83]、避暑山庄味甘书屋[84]、香山静宜园竹炉精舍、试泉悦性山房[85]等多处茶舍皆置竹炉。乾隆二十七年，清高宗至香山静宜园竹炉精舍品茶，亦曾作诗提道："到处竹炉仿惠山，武文火候酌斠间。九龙蓦遇应予笑，不是闲人强学闲。"[86]乾隆五十四年于静明园《竹炉山房》诗再题："竹炉肖以卅年余（注：自辛未命仿制，逮今三十八年矣），处处山房率置诸。惠寺上人应自笑，笑因何事创于予。"[87]经笔者查考在所有乾隆皇帝的茶舍，包括千尺雪在内，几乎一律使用仿自惠山的竹炉烹茶。而且"竹炉山房"和"竹炉精舍"，不仅山房名称以"竹炉"称之，甚至连茶舍构造亦仿效自惠山听松庵，此由乾隆皇帝吟咏两地诗注中均可概知，如：

玉泉竹炉煎茶本数典于惠山听松庵，因爱其精雅，命吴工仿造置此，并即以名山房。[88]

玉泉山本灵境，就筑山房颇有天然之趣。山房数典惠山听松庵，明僧性海就惠泉制竹炉，以供煎茶之用。辛未南巡过其地，爱其高雅，旋跸后仿构精舍两楹于是泉之侧，并依式制竹炉贮之几间，详见癸酉所作玉泉山竹炉山房记。[89]

辛未南巡过惠山听松庵，爱竹炉之雅，命吴工仿制，因于此构精舍置之。[90]

乾隆皇帝雅爱用竹炉烹茶，不仅《御制诗

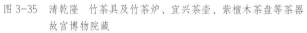

图 3-35　清乾隆　竹茶具及竹茶炉、宜兴茶壶、紫檀木茶盘等茶器
　　　　　故宫博物院藏

图 3-36　清乾隆　竹编茶炉　故宫博物院藏
　　　　　上方圆炉内可见泥壁痕迹，下方炉床方形
　　　　　座下设一风口。

文集》一再提起，尤其难得的是此一事实，今日仍可由乾隆皇帝其他藏品中逐一对照。例如故宫博物院收藏的"藤编开门式茶籯"，内有一组茶器，包括宜兴紫砂茶壶、茶碗以及煮泉竹炉（图3-35）。此竹炉上圆下方，外以竹编，内为泥壁，以耐炭火，方形座下设一风口（图3-36），此与乾隆于《仿惠山听松庵制竹炉成诗以咏之》所描述的："陶土编细筠，规制偶仿效。水火坎离济，方圆乾坤肖。"[91] 形制相若，因此笔者相信北京故宫所藏"竹茶炉"（图1-7、3-35、3-36），应即是乾隆皇帝命人仿自惠山的煮泉竹炉，而且着令苏州织造成做的。[92] 乾隆皇帝御用竹炉，为十六年三月第一次南巡江南时，至惠山听松庵欣赏其制，立刻命吴地工匠仿效，竹炉完成后，仍

流连在江南的乾隆，已作成《仿惠山听松庵制竹炉成诗以咏之》诗，并命人将诗文刻于竹炉底部。（图9-8）诗中提及竹炉即为方圆形制。[93] 另外现藏于北京故宫的张宗苍所绘《弘历松荫挥笔图》轴（图3-37），[94] 图内亦可见右边树下一仆于竹炉前，扇火烹茶，竹炉上置一单柄茶铫（烧水汤壶）的情境。此图的主角正是乾隆皇帝本人，他坐在松树下，正展卷石几，准备写字。张宗苍此画绘于乾隆十八年（癸酉）夏日四月，也是乾隆第一次南巡返京后的第二年，此时各地行宫园囿内的茶舍以及命江南吴工仿自惠山听松庵的竹炉，皆已陆续完成，因此画上的竹炉应该就是《御制诗文集》内所提及的竹炉样式，形状与传世器相同，这也是《纪听松庵竹炉始末》中记载明人

松石流泉間陰森夏六
實擬思坐盤陀飄然彩
帶寬能者畫其拔萃者
熱此澗鑵宜入圃畫匜暴
竹皮冠
葵酉夏日題

图 3-37　清乾隆十八年　张宗苍《弘历松荫挥笔图》轴　故宫博物院藏　乾隆皇帝石几前展卷写诗，右前侍者竹炉前扇火备茶。

图 3-38　明　王问《煮茶图》卷　局部　台北故宫博物院藏
画面左方主人端坐竹炉前夹炭烹茶，炉上置明代晚期流行的委角提梁壶。

秦夔（生卒不详）所描述的形制。文献与实物结合，皆可证明乾隆皇帝确实喜爱惠山竹炉，终其一生执着爱用此式，由此愈见"惠山听松庵竹炉山房"与"竹茶炉"在乾隆品泉生活中实占重要地位，亦可见乾隆皇帝不但尝试恢复惠山寺传统文艺，即明初由王绂与僧性海真人所创下的新艺文传统——惠山竹炉及竹炉图卷的赋诗作文，[95]

而且一生不仅以实物"竹茶炉"来实践"听松庵品茗"精神，更构建"竹炉山房"及"千尺雪"等茶舍以体现其品茗意旨，由此也反映出乾隆皇帝对其所爱艺术执着的一面。

煮茶竹炉自明初王绂、性海真人等题诗倡导之后，影响颇巨，明代中期王问（1497—1576）所绘《煮茶图》中，即见以斑竹制作

110

的煮茶竹炉（图3-38）；钱椿年著、顾元庆删校《茶谱》中的"苦节君"茶炉（图3-39）亦为竹制；[96] 明末丁云鹏《煮茶图》轴上亦备有上圆下方的煮茶竹炉（图3-40）；炉型上圆下方与前述图3-35至3-37乾隆皇帝使用的竹炉极为相近。王问出身无锡，顾元庆则为苏州人，两人与惠山皆有地缘关系，因此图上的竹炉与传为美谈的惠山竹炉应有仿佛之处，虽然王绂等的《咏惠山竹炉诗卷》已毁，但传承至王问、顾元庆、丁云鹏等人的竹炉，应仍可视为明代样式，而乾隆皇帝所使用的竹炉无论实物或画上器，皆与上述二图相差不远。

当然，竹炉煮茶并不是明初才开始的，宋代杜耒（？－1225）的名句"寒夜客来茶当酒，竹炉汤沸火初红"已经提到竹炉，只不过宋代文人间并未流行，直到明代才广为流传而已。竹制茶炉煮茶为中国茶文化中极富文人色彩的表征，有明一代尤其明显，炉外表以竹编扎，明人称之为"苦节君"，寓处逆境而砭砭自守之意。[97] 乾隆皇帝之所以如此爱好竹炉，应该是受明代文人传统的影响，是对前代文人生活的憧憬，也是一种情怀的表现，更是一种有别于皇室品味的追求。

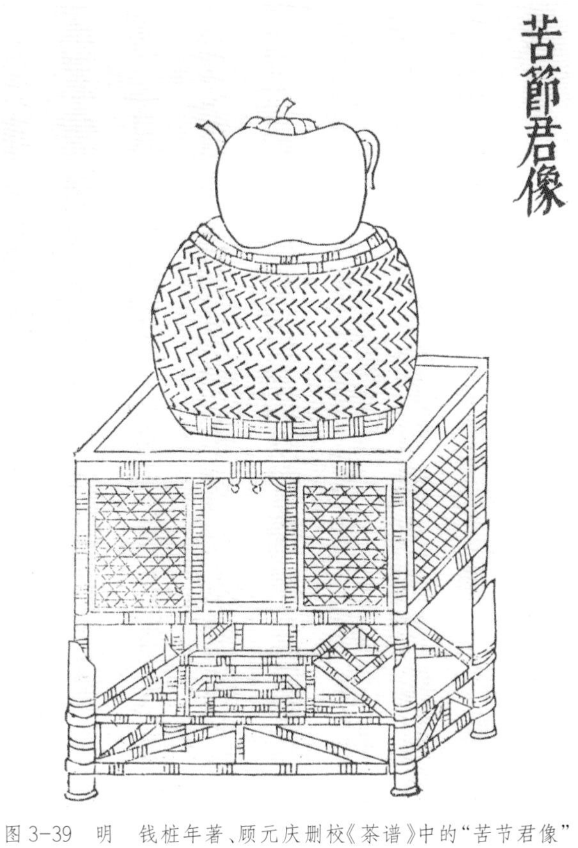

图3-39　明　钱椿年著、顾元庆删校《茶谱》中的"苦节君像"
　　　　竹茶炉

图3-40　明　丁云鹏《煮茶图》轴　无锡市博物馆藏

六、结论

　　乾隆皇帝一生嗜好文人品茶，潜邸时即作有不少有关品茗诗文，如《乐善堂全集》内所载《冬夜煎茶》《二月十一日晚烹雪水偶成》《雨前茶》《烹茶》等皆是，即位以后更是不计其数。乾隆皇帝于千尺雪茶舍或其他山房的品茗特色，基本上是认真执着的，由《附表》题诗以观，可以发现乾隆皇帝题诗或非妙文佳句，但喜爱以诗描述品茗心境，并时加诗注说明，浅白易懂。由诗文窥见乾隆自南巡后，不但制造一套仿自江南文人式样的茶器，以竹炉煎泉品茶自娱，也于品茶之际，一一观赏四处《千尺雪图》，一边回味江南胜景，一边品茗吟咏、题诗观画，还时时不忘以物明志，信守文人典范，这正是唐宋以来典型的文人生活形态。乾隆皇帝到老迈之年，在盘山千尺雪茶舍品茗时，还念兹在兹："每处汇弄各四。偶来憩此则于竹炉试茶之候，一一展观。"[98] 而盘山千尺雪茶舍所挂唐寅《品茶图》以及乾隆的《题唐寅品茶图》诗，显示唐寅是乾隆皇帝神交茶友，《品茶图》流露的怡然自得品茶情境，是令他欣赏此画的要因，同时也凸显了乾隆皇帝个人的特殊艺术品味。

　　乾隆皇帝向往唐宋以来的文人品味，举凡琴、棋、书、画，焚香、点茶、园林清赏等，无所不好，且于各处行宫园囿内的书斋、茶舍置备书画，以便闲来展阅，并题诗作文，这是乾隆皇帝燕闲生活中的重要一环，他不仅在专用的茶舍品茗鉴赏，其他休闲处亦复如此。如静寄山庄内的"婉峦草堂"，此处因室中悬挂董其昌《婉峦草堂》图而得名；山庄内的另一处仿自西湖龙井溪亭"泉香亭"，在此则展阅沈周的《支硎遇友卷》，偶尔也来此品茶[99]；而"东竺庵"内挂邹一桂《杏花图》，因庵外有棵老杏盆景，故命邹一桂写生，此画现藏台北故宫博物院。在这些图卷上，乾隆皇帝来此休憩时，亦往往题诗，久无诗作，反觉歉然。如乾隆二十四年（1759）作《御园漫题》时，提道："迩年来，如香山、万寿山、静明园偶一游历，辄成数什，而日日居御园中，其作反少，故戏及之。"[100] 乾隆皇帝赏画题诗的雅兴，显示其深厚的文化底蕴，也表现出其独到的美学见解，他以皇帝的身份亲自主导宫廷、园囿内所有空间布置，更可看出其对唐宋以来传统文人修养的深刻认识与体会。

　　笔者利用《御制诗文集》及《活计档》等资料，揭示茶舍内摆设陆羽造像，并释出"灶边陆羽笑予差"（乾隆五十年三月《题唐寅品茶图》)、"陆羽陶成聊韵事，个人合是个中仙"（乾隆二十年仲春《再题千尺雪》）的意涵。笔者以为千尺雪茶舍摆饰陆羽造像与唐寅《品茶图》，正是方便乾隆皇帝于品茗中与古人交会神游。笔者觅出故宫博物院所藏"上圆下方竹茶炉"、张宗苍绘于乾隆十八年《弘历松荫挥笔图轴》上的竹炉，再和《活计档》资料，以及乾隆御制诗《仿惠山听松庵制竹炉成诗以咏之》等，一一比对考证，始得知此座乾隆皇帝的"竹炉"，是令苏州工匠仿造惠山听松庵煮泉竹炉而成；更考证得乾隆皇帝雅爱竹炉烹茶的事实。本文结合文献、绘画、实物及实地考察论证，更丰富了乾隆皇帝品茶的意义和内涵，相信这也是研究乾隆皇帝生活艺术不可或缺的。

（原载《辅仁历史学报》第 14 期，2003 年 6 月。部分修订）

1. 乾隆四十三年（1778）《题和阗玉寒山千尺雪》中记载：
   "千尺雪今凡有四（注：千尺雪在苏州寒山，辛未南巡
   曾题诗纪胜，并于西苑、热河、盘山各仿其制为之。写
   图凡四，每处弆四卷），精瑠兹独写寒山"。《清高宗御
   制诗文全集》（以下简称《御制诗文集》）（七）四集卷
   三十九，台北故宫博物院影印发行，1976 年 7 月，页
   26。乾隆皇帝于乾隆十六年（1751）辛未元月上元节
   后（正月十三日），作第一次南巡，夏至前（五月四日
   返北京）回銮。

2. 乾隆皇帝的不少诗作中，皆记录盘山千尺雪斋中，安
   置茶炉及悬挂唐寅《品茶图》的例证。如乾隆二十五年
   （1760）二月朔日后《唐寅品茶图》："千尺雪旁安竹炉，
   壁张伯虎品茶图。却是图中人与我，不须如此费工夫。"
   （《御制诗文集》，三集卷三，页 14）又乾隆三十五年
   （1770）春二月底《千尺雪》："下马藓墙入，憩身水阁
   临。静观即悦目，忘听亦澄心。煮鼎松枝便，汲瓶石髓斟。
   唐寅图在壁（注：阁中悬唐寅《品茶图》），谈茗似相寻。"
   （同前引书《御制诗文集》，三集，卷八十八）

3. 朱赛虹主编，《清代御制诗文篇目通检》，北京：同心出
   版社，2007 年。御制诗文篇目见该书页 64-76；御制
   诗篇目见页 206-575。

4. 《清高宗御制诗文全集》由武英殿付梓，内容有乐善堂
   全集四十四卷（乾隆即位前诗文集）、乾隆在位六十年
   及太上皇三年所作诗文，合编成诗文五集四三四卷。卷
   首御制诗文集序内详载《御制诗文集》之编辑始末。

5. 陈彬藩主编，《中国茶文化经典》，此书虽搜集了不少
   乾隆茶诗，但并不齐全，如《题唐寅品茶图》诗《御制
   诗文集》内共有二十一首，仅录十六首；而《焙茶坞》
   二十二首诗中也仅录了五首。光明日报出版社，1999
   年 8 月。

6. 赖功欧，《论乾隆茶诗的儒、释、道理趣与艺术格调》，《农
   业考古》2001 年 2 期，页 200-208。

7. 廖宝秀，《也可以清心——茶器·茶事·茶画》图版
   54，台北故宫博物院，2002 年 6 月，页 76。

8. 廖宝秀，《乾隆皇帝与试泉悦性山房》，《故宫文物月刊》

19 卷 9 期，（2001：12），页 34-39。

9. 三座千尺雪茶舍中二座为三楹式建筑，但也有二楹式的
   建筑，玉泉山竹炉山房、西苑焙茶坞即是。

10. 马咸为清末平湖人，字嵩洲，号泽山。善山水。郭
    俊纶编著《清代园林图录》（上海：人民美术出版社，
    1993 年 5 月），页 1、2。

11. 《御制诗文集》"御制文初集"卷五记。

12. 另乾隆三十九年咏避暑山庄《千尺雪》诗内注亦提道：
    "盘山千尺雪较此各有所长，今岁三月初驻彼，曾一再
    题咏。"（《御制诗文集》，四集卷二十三。）

13. 《御制诗文集》，二集卷三十三。

14. 《御制诗文集》，二集卷三十六。

15. 《御制诗文集》，二集卷四十。

16. 《御制诗文集》，二集卷六十。

17. 《御制诗文集》，二集卷七十三。

18. 《御制诗文集》，二集卷四十八。此诗列于《雨》（注：
    四月二十八日）诗及《御园雨泛》（注：闰四月初八日）
    之间，故时间应于四月底至闰四月初八的这段时间内。

19. 《御制诗文集》，三集卷九十三。

20. 于敏中，《国朝宫室·西苑二》，出自《钦定日下旧闻考》
    卷二十二，（台北：新兴书局，1975 年，《笔记小说大
    观》四十五编第七册，页 291 - 305）。

21. 承德避暑山庄不仅是一座避暑的园林行宫，也是清代
    前期重要的政治活动场所。清帝每年端午左右来重阳
    返，一年有四个月的时间在这里度过，避暑山庄是清
    帝与塞外诸少数民族王公贵族集会的地方，万树园又
    是山庄政治活动的中心（黄崇文，《弘历的文化思想初
    探——乾隆时期承德文化事业的发展》，《文物春秋》，
    1992 年 4 期，页 22-33）。

22. 《御制诗文集》，二集卷三十。

23. 图版采自清和珅、梁国治等纂修，《钦定热河志》，乾
    隆四十六年武英殿刊本，卷二十五，页二；卷三十三，
    页七。

24. 钱维城《热河千尺雪图》册，所绘虽为"热河千尺雪"
    茶舍图，但并非乾隆皇帝命作的四卷《热河千尺雪》

图卷之一，此画为册页，非长卷画。

25.《御制诗文集》，三集卷十六。

26.「味甘书屋」为乾隆在避暑山庄的另一品茗处，《御制诗文集》始见于乾隆二十九年《味甘书屋》：「书屋临清泉，可以安茶铫。取用乃不竭，悉虑瓶罍诮。泉甘茶自甘，……」（《御制诗文集》，三集卷四十一）另乾隆三十一年《味甘书屋》亦提：「寺后（碧峰寺）有书屋，偶然题味甘。山泉堪煮茗，犀液正含岚。」御制诗内与味甘书屋相关内容全为品茗什事，因此笔者认为味甘书屋亦为一处专供乾隆皇帝品茶之处（《御制诗文集》，三集卷五十九。）

27.《御制诗文集》五集，卷八十三。

28. 图为《盘山行宫全图》（静寄山庄），「千尺雪」位于行宫西北方、「贞观遗踪」之前（清蒋溥等奉敕撰，《钦定盘山志》卷一，乾隆二十年武英殿刊本）。另《钦定蓟县志》所附同治十一年（1872）《盘山图》上，亦可找到乾隆时期所造「千尺雪」位置所在，以及其他仿自江南各景如「沧浪亭」「婉峦草堂」「池上居」或「太古云岚」等盘山十六景（南开大学出版社、天津社会科学出版社，1991年12月，页711）。

29.《御制诗文集》，四集卷七十六，《渡潮河望盘山即事》：「潮河渡来还渡去，……徒令逸兴托七字，漫说名山别五年（注：自乙未至田盘弗到者，今五年矣）。静寄（注：田盘山庄名）设如相借问，答云无暇我应然。」

30. 前引书，《钦定盘山志》卷一。

31.《御制诗文集》，五集卷七十九。

32.《御制诗文集》，初集卷五。

33. 本文内附表《乾隆皇帝御题盘山千尺雪、唐寅品茶图诗》内均注有《御制诗文集》集卷编序，故本文内凡为《盘山千尺雪》及唐寅《品茶图》诗均不再重复注明集卷及页码。

34. 晾甲石，相传唐文皇东征晾甲于此，乾隆御题曰「贞观遗踪」，「千尺雪」即筑于图3-16左面岩壁流泉之上（前引书，《钦定盘山志》）。

35. 前引书，《也可以清心——茶器·茶事·茶画》图版54，页76。

36. 静寄山庄为乾隆皇帝所建，清高宗曾宿山庄二十五次，仁宗七次。嘉庆十八年（1813）以后，清代皇帝不再来此。道光十一年（1831），裁撤盘山行宫，所有陈设运往热河，分储各库（前引书，《钦定蓟县志》，页715）。

37. 唐寅诗中「烹煎已得前人法，蟹眼松风候自嘉」所形容的是水沸腾状况。这也是宋人所谓的「候汤」，而「蟹眼」「松风」皆为不同程度的沸腾，候汤的传承或起源于陆羽《茶经·五之煮》：「其沸如鱼目，微有声为一沸；缘边如涌泉连珠为二沸；腾波鼓浪为三沸，以上水老，不可食也……」到了宋代蔡襄在《茶录》中说：「候汤最难，未熟则末浮。过熟则茶沉。前世谓之蟹眼过汤也。况瓶中煮之不可辨，故曰候汤最难。」南宋罗大经《鹤林玉露》中则描述得更清楚：「《茶经》以鱼目、涌泉、连珠为煮水之节，然近世瀹茶，鲜以鼎镬。用瓶煮水难以候视，则当以声辨一沸、二沸、三沸之节。……若声如松风涧水而遽之，岂不过于老而苦哉。……补之以一诗云：松风桧雨到初来，急引铜瓶离竹炉。待得声闻俱寂后，一瓯春雪胜醍醐。」而苏轼《试院煎茶》：「蟹眼已过鱼眼生，飕飕欲作松风鸣。」所形容的也是水即将过沸的飕飕沸腾气泡声，故知「蟹眼」「松风」都是煮水过熟之意。明嘉靖钱塘茶人陈师《茶考》则将煮水之节转为泡茶之节，笔者认为尚待考证。《品茶图》上画有二壶，一置炉上烹煮，一于几上煎瀹，这里唐寅所说的或就是提示以壶煮水，声辨水沸，恰到好处，自认已得宋人候汤法之意。乾隆皇帝深知唐寅识茶，故初题名为《唐寅蟹眼松风图》，但第二年即将其改为更切题的《品茶图》。

38.1. 乾隆三十一年盘山《千尺雪》：「春骑游山转春泉，入苑听随来千溅。」诗中所述为春天到山庄，同卷作于盘山诗《夜雨》诗题下注：二月十七日，可见乾隆帝临驻静寄山庄是春二月中。此次驻跸另有《再题千尺雪》诗，应是一次驾临盘山，两次题千尺雪景。（《御制诗文集》，三集卷五十五）。

2. 乾隆三十一年秋，时间应在九月二十六日左右再抵静寄山庄，又作有《千尺雪》及《题唐寅品茶图》诗，此诗之前有乾隆在静寄山庄题《雨》诗，诗题之下注九月二十六日（《御制诗文集》，三集卷六十）。

39.1. 乾隆四十七年《至静寄山庄驻跸即事》诗中注："此年自三月初五日至十一日计驻跸盘山七日"（《御制诗文集》，四集卷八十八）。

2. 乾隆五十二年（丁未1787）静寄山庄《题延春堂》："延春延几许，不越五朝俱（注：每驻盘山不过四五朝而已）。到弗论仲季，坐恒披画图（注：向幸盘山或以二月，或以三月。）"，（《御制诗文集》，五集卷三十）。

40.《清宫造办处内务府档案总汇》，册19，页569。乾隆十八年十月《如意馆》记载，由记载中得知除各地"千尺雪"茶舍摆一份茶仙陆羽造像外，其他如"试泉悦性山房""竹炉山房""竹炉精舍""池上居"等均有摆设。

41.《清宫造办处内务府档案总汇》，册18，页422。乾隆十八年十二月《记事录》档册。

42.《清宫造办处内务府档案总汇》，册18，页422。乾隆十九年十月《记事录》档册。

43. 乾隆于诗中加注："唐书载陆羽嗜茶，著经三篇，言茶之原、之法、之具尤备。时鬻茶者至陶其形，置炀突间祀为茶神。今山房内亦复效之，未能免俗，应为羽所窃笑也。"《御制诗文集》，五集卷九十五。

44.《御制诗文集》，四集卷六十五。

45.《御制诗文集》，四集卷六十一。乾隆皇帝于此诗注内将"嘉定三朱"之一，也是朱三松的祖父朱鹤号"松邻"，误为邻鹤。这种谬误源于后人的闻见、传抄，而在雍正、乾隆年间，即有类此情形发生（嵇若昕，《明代雕刻家"嘉定三朱"》，《故宫学术季刊》5卷4期，1988年夏季，页4、5）。

46.《故宫博物院藏雕漆》图版六十为"剔红烹茶图盒"盖内有乾隆御制诗："代传永乐号，选匠事雕镂。画先唐寅作，人为陆羽流。避烟双燕去，扇火一僮留。置内宜何物，龙团小品收。"与《御制诗文集》四集卷六十五《题永乐雕漆品茶图盒》诗内容完全相同，只是《御制诗文集》内多了诗注而已，故知"剔红烹茶图盒"就是"永乐雕漆品茶图盒"（文物出版社，1985

年10月，页260）。然而实物题诗为乾隆四十三年，《御制诗文集》却为乾隆四十五年，此为常有现象，《御制诗文集》为后经整理汇集，年代偶较原题诗略晚一两年。

47. 谢环活跃于洪武至正统年间，洪武时指导皇帝绘事而声名远播，永乐时常随侍帝侧，并"召在禁近"，宣宗时封其为锦衣卫千户，为宣德画院画家（李淑美，《中华五千年文物集刊——明画篇一》，中华五千年文物集刊编辑委员会，1987年6月，页280）。此图绘于正统二年（1437）春，记录于少傅杨荣园宅杏园里雅集的情形，当可视为明初的品茶形式代表。

48.1. 乾隆七年《初夏静明园》诗："闲拓来禽凭韭几，缓烹小凤泛瓷瓯。"（《御制诗文集》，初集卷十四，页二十八）小凤为宋代小凤团茶的代称，但清代已无制造饼茶，此句应为诗意之调和。以下诗文皆可看出为乾隆的诗意描写，但不是清代有龙团凤饼事。

2. 乾隆二十七年《坐龙井上烹茶偶成》："龙井新茶龙井泉，一家风味称烹煎。寸芽生自烂石上，时节焙成谷雨前。何必凤团夸御名，聊因雀舌润心莲。"（《御制诗文集》，三集卷二十二）

3. 乾隆三十七年《焙茶屋戏题》："鸽炭鼎烹雪水，龙团碗瀹春芽。即景谓能供奉，焙茶岂是煎茶。"（《御制诗文集》，四集卷一）

4. 乾隆四十年《春风啜茗台二首》："凤饼龙团底较工，擎杯别有会心中，春风正值登台候，管仲老耼异带同。"（《御制诗文集》，四集卷二十六）

49. 台北故宫博物院所藏唐寅扇面画《烹茶图》与东京国立博物馆所藏唐寅《品茶图》内容、构图完全相同，不过后者《品茶图》上有乾隆皇帝的题诗，前者则无。

50. 沈德符，《万历野获编补遗》，卷一《供御茶》，《笔记小说大观》15编16册，台北：新兴书局，1975年，页3977。

51. 前引文，《乾隆皇帝与试泉悦性山房》，页34－39。

52.《御制诗文集》，二集卷五十九。

53.《御制诗文集》，三集卷六十三。

54.《御制诗文集》，三集卷八十一。

55. 位于香山静宜园的"试泉悦性山房"是一处林泉绝佳

的茶舍，乾隆在三十九年《题张宗苍山水》时提及：
"试泉悦性此徘徊，画展宗苍心为开。水阁幽人相对处，
率忘今昔往和来。"（《御制诗文集》四集卷十二）这里
乾隆把自己当作画中人，已忘却是往昔或今日了。

56. 乾隆曾于《咏三松刻竹品茶笔筒》诗中述及："唐寅有
《品茶图》，意境高远，兹刻略仿佛之。"（《御制诗文集》，
四集卷六十一）可见"意境高远"为乾隆喜爱此画的
原因之一。

57.《中国绘画全集》，明 4 图版 100，浙江人民美术出版
社，文物出版社，2000 年 6 月，页 117。

58. 御笔仿唐寅《事茗图》一卷，录于《秘殿珠林·石渠
宝笈续编》（六），页 3445，现藏于故宫博物院。图
见 Zhang Hongxing, *THE QIANLONG EMPEROR; TREASURES
FROM THE FORBIDDEN CITY*, National Museums of Scotland
Publishing Limited, 2002, no.47. P97.

59. "玉虎丝"典故，或源自李商隐《无题四首》诗之二：
"……金蟾啮锁烧香入，玉虎牵丝汲井回。"（《全唐诗》，
卷五百三十九李商隐，台北：明伦出版社，1971 年，
第八册，页 6163。）

60. 此图藏于台北故宫博物院（成 189 — 56，故画乙
520），与文徵明《品茶图》（成 25 — 96，故画甲
521）构图完全相同，又非一稿两图之例，其中或有真
伪（江兆申，《吴派画九十年展》图版 125、116，台
北故宫博物院，1981 年 7 月，页 139、129、310。）

61. 见附表《盘山千尺雪诗》，乾隆十九年《千尺雪》诗。

62. 兹将十六卷《千尺雪图》的绘制时间分列如下：一、
乾隆皇帝 1.《盘山千尺雪图》（置盘山）为壬申（乾隆
十七年，1752）冬十月，《秘殿珠林·石渠宝笈三编》
（九）台北故宫博物院，1969 年 11 月，页 4118）。
2.《盘山千尺雪图》（置西苑）为壬申（乾隆十七年，
1752）秋（《秘殿珠林·石渠宝笈续编》（七），页
3637）。3.《盘山千尺雪图》（置热河）为癸酉（乾隆
十八年，1753）新春（《秘殿珠林·石渠宝笈三编》（九），
页 4218）。4.《盘山千尺雪图》（置寒山·查无资料）
二、董邦达 1.《西苑千尺雪图》（置盘山）壬申（乾隆
十七年，1752）长至月（《秘殿珠林·石渠宝笈三编》

（九），页 4168）。2.《西苑千尺雪图》（置西苑）壬申
（乾隆十七年，1752）上元（《秘殿珠林·石渠宝笈三编》
（七），页 3640）。3.《西苑千尺雪图》（置热河）癸酉
（乾隆十八年，1753）孟春（《秘殿珠林·石渠宝笈三编》
（九），页 4437）。4.《西苑千尺雪图》（置寒山，查无
资料）

三、钱维城 1.《热河千尺雪图》（置盘山）壬申（乾隆
十七年，1752）长至月（《秘殿珠林·石渠宝笈三编》
（九），页 4188）2.《热河千尺雪图》（置热河）癸酉
（乾隆十八年，1753）孟春（《秘殿珠林·石渠宝笈三编》
（九），页 4458）3.《热河千尺雪图》（置西苑）癸酉
（乾隆十八年，1753）上元（《秘殿珠林·石渠宝笈三
编》（七），页 3645）。4.《热河千尺雪图》（置寒山，
查无资料）

四、张宗苍 1.《寒山千尺雪图》（置盘山）壬申（乾隆
十七年，1752）长至月（《秘殿珠林·石渠宝笈三编》
（九），页 4193）2.《寒山千尺雪图》（置西苑）癸酉
（乾隆十八年，1753）上元（《秘殿珠林·石渠宝笈三
编》（七），页 3645）3.《寒山千尺雪图》（置热河）
癸酉（乾隆十八年，1753）孟春（《秘殿珠林·石渠
宝笈三编》（九），页 4495）。4.《寒山千尺雪图》（置
寒山，查无资料）

63.《御制诗文集》，二集卷五十。

64.《御制诗文集》，四集卷九。

65.《御制诗文集》，四集卷六十九。

66.《御制诗文集》，五集卷十一。

67.《御制诗文集》，五集卷九十九。

68.《御制诗文集》，五集卷七十七。

69. 在《秘殿珠林·石渠宝笈》乾隆御笔《盘山千尺雪》
卷后幅《御笔甲辰以后西苑千尺雪即景诗》中亦载相
同诗跋，然而跋文"癸酉秋曾于盘山写千尺雪卷"之"癸
酉秋"应为"壬申秋"之误，此或为乾隆皇帝的错记
或笔误，因《御制诗文集》乾隆五十年咏西苑《千尺
雪二首》诗注为："壬申年曾于盘山为千尺雪图，而命
董邦达、钱维城、张宗苍分写西苑、热河、寒山，千
尺雪为四图，各合藏其所。"而前述注 62 中所查《石

渠宝笈》内所载乾隆所绘三卷《盘山千尺雪图》（寒山版《盘山千尺雪图》查无资料），除藏于热河避暑山庄的一卷为癸酉新春所绘外，余二卷均作于壬申年，壬申秋所画的就是藏于"西苑千尺雪"茶舍的。

70.《御制诗文集》，五集卷一。

71.《御制诗文集》，五集卷七十七。

72.《御制诗文集》，五集卷七十四。

73.《秘殿珠林·石渠宝笈三编》（九），（台北：台北故宫博物院，1969年11月），页4218-4219。

74. 记文见前注11，本文引文。

75.《秘殿珠林·石渠宝笈三编》（九），页4118-4121。

76.《秘殿珠林·石渠宝笈三编》（九），页4168。

77.《秘殿珠林·石渠宝笈三编》（九），页4188。

78.《御制诗文集》，二集卷二十四。

79.《秘殿珠林·石渠宝笈三编》（九），页4495-4497。

80. 笔者于2001年完成此文，当时只有一卷张宗苍避暑山庄版《寒山千尺雪图》发表，其余均为近年陆续发现，除避暑山庄博物馆所藏钱维城《热河千尺雪图》卷（图3-32）曾经发表外，余二卷均未公开发表。2019年5月故宫博物院展出《几暇怡情——乾隆朝君臣书画特展》，始展出二幅乾隆皇帝御笔《盘山千尺雪图》卷与董邦达《西苑千尺雪图》卷，加上前述二幅张宗苍《寒山千尺雪图》卷、钱维城《热河千尺雪图》卷，正好是一套四卷的避暑山庄版《千尺雪图》卷。其他三套十二卷则尚不知所踪。

81. 清邹炳泰，《纪听松庵竹炉始末》，《艺术丛编》第一集《玉石古器谱录》，世界书局，1962年11月，页2-24。

82. 乾隆五十四年咏《竹炉山房》诗："竹炉肖以卅年余（注：自辛未命仿制，逮今三十八年矣），处处山房率置诸。惠寺上人应自笑，笑因何事创于予。"《御制诗文集》，五集卷四十七）

83. 焙茶坞位于镜清斋内，为乾隆皇帝于西苑内的品茶茶舍之一，今北海静心斋（光绪年间改镜清斋为镜心斋）内焙茶坞之说明为"焙茶之所"，实误，此处实为乾隆皇帝品茶所，焙茶仅是假借名而已，此事乾隆皇帝亦于诗中说明，乾隆三十四年五月《焙茶坞戏题》诗：

"虽曰焙茶岂焙茶（注：凡摘荈芽必焙之而后成茶，此南方事亦为南人始能之。北方无茶树，安得有焙茶事，无过取其名高耳），北方安得有新芽。浙中贡茗斯恒至，荷露烹成倍静嘉。"（《御制诗文集》，三集卷八十二）廖宝秀，《乾隆皇帝与焙茶坞》，《故宫文物月刊》二十一卷四期，（2003：7），页46-57。

84. 味甘书屋位于热河避暑山庄碧峰寺后，也是乾隆皇帝的专属茶舍之一，乾隆三十三年咏《味甘书屋》诗中提道："寺后（碧峰寺）有隙地，可构房三间。竹炉置其中，乃复学惠山。石泉甘且洁，就近聊烹煎。中人熟伺候，到即呈茶盘。我本无闲人，亦不容我闲。"（《御制诗文集》，三集卷七十五）

85. 前引文，《乾隆皇帝与试泉悦性山房》，页44。

86.《竹炉精舍烹茶作》，《御制诗文集》三集，卷二十六。

87. 同注82。

88. 乾隆五十年咏《竹炉山房》诗，《御制诗文集》，五集卷十三。

89. 乾隆六十年咏《竹炉山房》诗，《御制诗文集》，五集卷九十五。

90. 乾隆五十三年咏《竹炉精舍》诗，《御制诗文集》，五集卷三十九。

91. 乾隆十六年三月底《仿惠山听松庵制竹炉成诗以咏之》："竹炉匪夏鼎，良工率能造。胡独称惠山，诗禅遗古调。腾声四百载，摩挲果精妙。陶土编细筠，规制偶仿效。水火坎离济，方圆乾坤肖。讵慕齐其名，聊亦从吾好。松风水月下，拟一安茶铫。独苦无多闲，隐被山僧笑。"《御制诗文集》，二集卷二十六。

92. "于本年十一月初五日，员外郎白世秀将苏州织造进安宁送到茶具四分随香几、竹炉四件俱持进，交太监胡世杰呈进讫。"《清宫造办处内务府档案总汇》，册18，乾隆十六年十一月《苏州织造》，页416。

93. 同前注，乾隆皇帝此诗作成时人还在江南，当时为三月底，正渡江北返途中。

94. 此图在《清代帝后像》中名为《清高宗松石流泉间闲坐图》（北平京华印书局，1922年，第二册图六.）；然笔者于2001年9月间参观故宫博物院"乾隆时代的宫廷绘画"特展时，此画题名改为《弘历松荫挥笔图》轴，此次特展并未出版图录。另 2002 年于澳门艺术博物馆《海国波澜——清代宫廷西洋传教士画师绘画流派精品》特展图录中又为《松荫挥笔图》(澳门艺术博物馆制作，2002 年 2 月，图版 49)。

95.1. 前引书，《纪听松庵竹炉始末》，页 9。

　　2. 宋后楣，《明初画家王绂的隐居与竹茶炉创制年代考》，《故宫学术季刊》2 卷 2 期，1985 年春季，页 18-27。

96.《茶谱》据学者考证，原著应为明钱椿年《制茶新谱》，顾元庆为删校。而苦节君竹炉像另附明盛颙著苦节君铭 (布目潮风，《中国茶书全集》上卷，东京汲古书院，1987 年，页 31、133)。

97. 前引书，《茶谱》文后总结曰：" 右茶具十六事，收贮于器局，供役苦节君者，故立名管之。盖欲统归于一，以其素有贞雅，操而自能守也。" 页 136。

98. 嘉庆二年丁巳 (1797)《千尺雪作歌》诗注，《御制诗文集》，余集卷十。

99. 辛亥题《戏题沈周支硎遇友图》："沈周写寒山，却弆盘山处。盘中之溪亭，更肖龙井趣。(注：是处溪亭肖西湖龙井式为之，偶来汲泉煮茗，展阅此卷，俨然南巡景趣) 佳卷于斯披，将以清诸虑。问虑清也无，纷然者何据。"(《御制诗文集》，五集卷六十四)

100.《御园漫题》："西抹东涂亦有年，御园诗债转忘旃。徒因欣矣其所遇，率竟失之于目前。(注：迩年来如香山、万寿山、静明园偶一游历辄成数什，而日日居御园中，其作反少，故戏及之。) 讵我欢新犹芥蒂，问谁温故与周旋。进斯唯是忘言好，底事南华更着编。"(《御制诗文集》，二集卷八十五)

118

附表
乾隆皇帝御题盘山千尺雪、唐寅品茶图诗

时间	诗题	内容	备注
乾隆十八年癸酉（1753）十月	千尺雪	飞泉落万山，巨石当其垠。 汇池可半亩，风过生涟沦。 白屋架池上，视听皆绝尘。 名之千尺雪，遐心企隐人。 分卷复合藏，在一三来宾。 境佳泉必佳，竹炉亦可陈。 俯清酌甘冽，忘味乃契神。 披图谓彼三，天一何疏亲。	《清高宗御制诗文全集》于此备注栏内均以《御制诗》简称。 《御制诗》二集卷四十四，页十四
乾隆十八年癸酉（1753）十月	题唐寅蟹眼松风图即用自题原韵	就水唯应事品茶，携来恰有雨前芽。 解元想象如相谓，石濑松涛此处嘉。	《御制诗》二集卷四十四，页十七
乾隆十九年甲戌（1754）二月既望	千尺雪	倚岩架白屋，开牖临清泉。 春半雪已消，垂流尺计千。 一二二而一，圆方方复圆。 寓物陈至理，随会含神诠。 茗碗不必试，吾方意油然。	《御制诗》二集，卷四十六，页十四、十五
乾隆十九年甲戌（1754）二月既望后三日再成三绝句	千尺雪再成	前朝含冻雪犹白，今日舒丝柳渐青。 了识如斯在川上，流阴未肯为人停。 匌溆流离泻复渟，声难为状色难形。 三间板阁虚窗静，只合忘言注水经。 热河西苑及东吴，到处风华具四图。 试问得无纷色相，宣光应道岂妨乎。	《御制诗》二集，卷四十六，页二十、二十二
乾隆十九年甲戌（1754）春二月	再叠前韵题唐寅品茶图	非关陆羽癖分茶，偶试原欣沃道芽。 瓷碗筠炉值兹暇，田盘春色正和嘉。	《御制诗》二集卷四十六，页二十二

乾隆二十年 乙亥（1755） 仲春	千尺雪	游山乘好春，言旋未卓午。 山庄咫尺近，依墙构轩宇。 下马每憩兹，三楹清尔许。 迥兹千尺雪，平贮一泓渚。 松涛泛上檐，峡籁翻底础。 或为勇丈夫，慷慨悲歌举。 或为儿女子，嗫嚅相尔汝。 或为金石坚，夏之凤来舞。 或为丝管脆，奏之行云伫。 竹炉亦在旁，汲取活火煮。 无色声香味，谁能信此语。	《御制诗》二集， 卷五十五，页十三
乾隆二十年 乙亥（1755） 仲春	再题千尺雪	洒然茶舍俯流泉，茗碗筠炉映碧鲜。 陆羽陶成聊韵事，个人合是个中仙。	《御制诗》二集，卷五十五， 页十六。此诗在《御制诗》内 有载，然《秘殿珠林石渠宝笈》 乾隆皇帝御制盘山千尺雪图内 却无记录此诗
乾隆二十年 乙亥（1755）仲春	题唐寅品茶图仍 叠其韵	壁张墨戏写烹茶，汲雪因教试莍芽。 正是盘中春好处，抚松坐石意为嘉。	《御制诗》二集卷五十五， 页十六
乾隆二十年 乙亥（1755） 仲春	雨中千尺雪	湿丝时止复时零，烟意千山幻色形。 茶舍到来闲便坐，石泉宜向雨中听。 波涵静渚心同澈，云住高峰态自灵。 明日轻舆归路好，欣看膏垄麦含青。	《御制诗》二集卷五十五， 页二十一
乾隆二十三年 戊寅（1758） 冬孟	千尺雪题句	园门设晾甲，茶舍石墙边。 常俯瀑如雪，少言尺有千。 游山归适可，乐水此于焉。 设以琴音拟，吾将理化弦。	《御制诗》二集卷八十二， 页二十一
乾隆二十三年 戊寅（1758）冬日	唐寅品茶图	可笑琅琊不识茶，酪奴将谓胜龙芽。 六如解事留真迹，一再拈吟兴致嘉。	《御制诗》二集卷八十二， 页二十一、二十二
乾隆二十五年 庚辰（1760） 仲春	千尺雪四首	园门西北对山开，策骑游山半刻回。 石屋向题千尺雪，便中聊以俯潆洄。 流泉石底万溪淙，汇作平底荫古松。 虽是寒山名假借，天然觉足傲吴侬。	《御制诗》三集卷三，页六
乾隆二十五年 庚辰（1760） 仲春	再题千尺雪	一回游寺一回临，万古如斯万古音。 雨后石泉益清越，江南春墅衹而今。 未来可借明年景[注]，过去难寻昨日心。 昨日明年齐置却，当前流水复高岑。 注：将以明年复举南巡之典。	《御制诗》三集卷三，页十四

乾隆二十五年庚辰（1760）二月朔日后	唐寅品茶图	千尺雪旁安竹炉，壁张伯虎品茶图。却是图中人与我，不须如此费工夫。	《御制诗》三集卷三，页十四、十五
乾隆二十八年癸未（1763）清明后二日	千尺雪作	回跋游山骑，进停临水居。有声皆入寂，无色不涵虚。陆羽茶经在，唐寅画帧舒。两人似相谓，小别两年余。	《御制诗》三集卷二十九，页十五
乾隆二十八年癸未（1763）	唐寅品茶图仍叠前韵	底须调水始烹茶，就近瓶罍煮贡芽。恰似去年惠上泉，听松得句也清嘉。	《御制诗》三集卷二十九，页十五
乾隆二十八年癸未（1763）清明后	再题千尺雪	咫尺园门路必经，游归下马便延停。犹输白石清泉者，火劫未来太古形。	《御制诗》三集卷二十九，页十八
乾隆二十八年癸未（1763）清明后	千尺雪	游寺畅攀寻，归园又憩临。因思动静趣，总契知仁心。白水无终始，青山自古今。回看定光塔，缥缈隔云林。	《御制诗》三集卷二十九，页二十二
乾隆二十九年甲申（1764）十月朔日（初冬）	千尺雪	清游辇转园门入，茗室凭溪下马寻。霜叶正酣今日色，石泉弗断去年音。唐寅画又从头晤注，陆羽茶须满口斟。兴在寒山听雪阁，明春不久重登临。注：室中悬唐寅品茶图	《御制诗》三集卷四十二，页二十一《御制诗》内有加诗注，《秘殿珠林·石渠宝笈》则无
乾隆二十九年甲申（1764）十月朔日	题唐寅品茶图	伯虎品茶挂壁间，飘萧须鬓道人颜。汲泉煮茗忽失笑，笑我安能似尔闲。	《御制诗》三集卷四十二，页二十二
乾隆三十一年丙戌（1766）仲春	千尺雪	春骑游春转，春泉入苑听。随来千涧水，汇带一池亭。高下自如意，东西弗定形。前年耳畔者，依旧响无停。	《御制诗》三集卷五十五，页十四
乾隆三十一年丙戌（1766）春二月	题唐寅品茶图	苏台文笔擅风流，雅合高张石屋幽。竹鼎茗瓯依旧例，图中人可许从不。	《御制诗》三集卷五十五，页十四
乾隆三十一年丙戌（1766）仲春二月中旬	再题千尺雪	游山罢复返山园，泉上幽居进苑门。下马便因成小憩，前朝景与逝波翻。或或岩泉高复低，宜观宜听又宜题。寒山去岁临流况，只在清淙东与西。	《御制诗》三集卷五十五，页二十一

乾隆三十一年丙戌（1766）九秋下澣	千尺雪	东涧路非远，园门马首临。到来应驻辔，坐处便听琴。是雪四时在，斯泉太古斟。一观澄万虑，濯聤觅尘襟。	《御制诗》内"濯聤觅尘襟"聤作"那"，《秘殿珠林·石渠宝笈》则作"聤"，《御制诗》三集卷六十，页二十七
乾隆三十一年丙戌（1766）秋十月	题唐寅品茶图	泉上山房有竹炉，品茶恰对品茶图。谁知三百年前笔，却与今朝景不殊。	《御制诗》三集卷六十，页二十七、二十八
乾隆三十四年己丑（1769）暮春三月中旬	千尺雪	唐皇晾甲石，兹名千尺雪。结构肖吴中，池馆殊清绝。以近苑墙门，游山归每歇。开窗俯澄泠，座席弄砏汃。竹炉来必试，一瓯甘且洁。旧题如昨日，不信三年别。	《御制诗》三集卷八十，页十七、十八
乾隆三十四年己丑（1769）三月	题唐寅品茶图	草堂事茗是何人，潇洒衣巾古淡神。只有解元知此意，谓宜泉上结良宾。	《御制诗》三集卷八十，页十八
乾隆三十四年己丑（1769）三月既望前一日	再题千尺雪	潈洇奔波汇作池，进门每与坐凭之。游山纷惹即景兴，静涤居然有待斯。	《御制诗》三集卷八十，页二十四。"静涤居然有待斯"，《御制诗》内作"静"；《秘殿珠林·石渠宝笈》则为"净"
以上乾隆十八年至三十四年"盘山千尺雪"诗，书于乾隆皇帝御制《盘山千尺雪》图卷			
乾隆三十五年庚寅（1770）二月底（仲春）	千尺雪	下马藓墙入，憩身水阁临。静观即悦目，忘听亦澄心。煮鼎松枝便，汲瓶石髓斟。唐寅图在壁^注，谈茗似相寻。注：阁中悬唐寅《品茶图》。	《御制诗》三集卷八十八，页八、九
乾隆三十五年庚寅（1770）二月底	题唐寅品茶图	就泉烹鼎试茶槽，户外松风响谡涛。默识田畴应首肯，不教吴郡独称高。	《御制诗》三集卷八十八，页九
乾隆三十五年庚寅（1770）仲春越二日	再题千尺雪《秘殿珠林·石渠宝笈》诗后跋"越二日游天成万松云罩诸胜，回跸憩此，再题一绝句书卷中"	一度游山一度临，三间水阁对云林。石泉松籁宜清听，谁为启心实沃心。	《御制诗》三集卷八十八，页十四

乾隆三十七年壬辰（1772）仲春二月中旬	千尺雪	春山半晌小游回，下马溪斋岩畔开。差事中人熟伺候，浮香漉雪早擎来。雪飞千尺计犹强，迹陟田畴水亦香。设与寒山相较量，儿孙当得视宾光。	《御制诗》四集卷三，页二十五
乾隆三十七年壬辰（1772）二月中旬	题唐寅品茶图	着壁唐家试茗图，每来题句不教孤。伊人设起当前问，掉首应云有是乎。	《御制诗》四集卷三，页二十五
乾隆三十七年壬辰（1772）仲春既望	坐千尺雪烹茶作	千尺雪原拟议名，名实毕竟难相争。譬如颠翁临大令，真者在前终不成。昨于泉上已喜雪，今乃泉上更喜晴。汲泉便拾松枝煮，收雪亦就竹炉烹。泉水终弗如雪水，以来天上洁且轻。高下品诚定乎此，惜未质之陆羽经。	《秘殿珠林·石渠宝笈》诗后跋："是月既望，坐泉上烹茶作，并书之。"《御制诗》四集卷三，页三十三、三十四
乾隆三十七年壬辰（1772）仲春	再题千尺雪	溪阁园门里，游回必憩临。一窗烘日影，六律协泉音。本性悦山水，俗情忘古今。两收名实好，积素在崖阴。	《秘殿珠林·石渠宝笈》诗后跋："越二日游山回憩此，再题一律，仍书其次。"《御制诗》四集卷四，页三
乾隆三十九年甲午（1774）仲春下澣	千尺雪	山庄西北门，出入游山便。问景消数刻，适可言旋转。涧水随我至，墙闸泻澎湃。故迹遗唐年，暸甲巍石片。溪堂俯澄流，于焉憩清燕。雪花与雪珠，皑皑落当面。为声清耳根，为色净目观。数典忆寒山，春光应烂漫。	《御制诗》四集卷二十，页七
乾隆三十九年甲午（1774）春三月初	题唐寅品茶图	越瓯吴鼎净无尘，煮茗观图乐趣真。不必无端相较量，较来少愧个中人。	《御制诗》四集卷二十，页八
乾隆三十九年甲午（1774）暮春日	再题千尺雪	月朔礼只园，言旋入石门。山游路娄尾，静寄水探源。小阁凭流坐，五言即景论。底须忆南北，四卷个中存。	《秘殿珠林·石渠宝笈》诗后跋"暮春朔游山回跸坐此，复成一律，仍以次书之。"《御制诗》四集卷二十，页十二、十三
乾隆四十年乙未（1775）暮春中澣	千尺雪	千尺雪近西北门，游山下马必经此。我至山庄已五日，而亦适为初到耳。奔腾飞流胜常壮，昨经过雨乃所以。凭窗疑似落云间，却才曲注马足底。物内游逊物外游，东坡先我言其旨。	《御制诗》四集卷二十八，页十六、十七

乾隆四十年 乙未（1775） 春三月中旬	题唐寅品茶图	就泉煮茗一快事，此事诚宜写作图。 欲问个中唐伯虎，亦曾绝胜到斯乎。	《御制诗》四集卷二十八， 页十七
乾隆四十七年 壬寅（1782） 暮春	千尺雪	石墙门设盘之阿，乱溪汇流桥下过。 游回入门有精舍，观澜憩此供清哦。 飞泉落涧雪其色，脱兔莫御难为波。 比拟寒山号千尺，无须缩地真同科。 因思名象总假借，泉乎雪乎曾知么。 苟以太古计长短，万倍千尺过犹多。	此诗于《御制诗》内排于下首 《再题千尺雪》之前，然《秘 殿珠林·石渠宝笈》内却书于 《再题千尺雪》诗之后。《御制 诗》四集卷八十八，页七、八
乾隆四十七年 壬寅（1782） 暮春上澣	再题千尺雪	雪从天落千尺多，瀑拟千尺雪已美。 乃知大言与小言，炎炎詹詹殊若是。 虽然斯仅千尺乎，山中源远数十里。 以论墙内及轩前，名曰如是而已矣。 容容滴滴实壮观，坐石临流契妙旨。 妙旨亦岂亦契哉，自哂拘墟尚如此。	乾隆四十七年（壬寅1782） 春三月上旬（乾隆《至静寄山 庄驻跸即事》诗中自注：此年 自三月初五至十一日计驻跸 盘山七日）《御制诗》四集卷 八十八，页十五
乾隆四十七年 壬寅（1782） 春三月上旬	题唐寅品茶图	伯虎品茶事欲仙，揭来逸韵仿依前。 中人茗碗安排就，双手高擎俗已然。	《御制诗》四集卷八十八， 页十五
乾隆五十年 乙巳（1785） 暮春上澣	千尺雪	薄言游山返，山园门却近。 下马入园门，溪斋朴而隐。 贞观瞭甲石，诸泉汇流混。 潋溅泄湍流，盈科斋下引。 可以滴砚池，撷藻纾心蕴。 可以烹竹炉，啜香悦舌本。 漫云假借雪，泽同天一允。 莫訾千尺无，其源百倍远。 昨春对寒山，客秋抚塞苑。 曰同固不可，曰异益堪哂。	《御制诗》五集卷十四，页 十五、十六
乾隆五十年 乙巳（1785） 春三月初十左右	题唐寅品茶图	品茶自是幽人事，我岂幽人亦品茶。 偶一为之寓兴耳，灶边陆羽笑予差。	《御制诗》五集卷十四，页 十六
乾隆五十年 乙巳（1785） 暮春上澣， 越二日再至 复成三绝句	再题千尺雪三首	千尺亦唯言约略，远源讵啻仅斯焉。 游山回必经兹入，诗绪纷投藉以渝。 一片贞观瞭甲石，当年遗迹至今称。 设如文子三思者，当致翻然忆魏征。 激石翻波势颇奇，就夷亦复汇为池。 观其动不若观静，把笔悟知理在斯。	《御制诗》五集卷十四，页 二十一

乾隆五十二年 丁未（1787） 暮春月上澣	千尺三绝句	未倦春游卓午归，于凡留恋宿知非。 适才携得湃猎者，都作斋前雪浪飞。 声是云和六律调，色为鲛泽万珠跳。 贞观设弗留斯迹，谁识东征事涉骄。 隔岁闲凭窗碧纱，竹炉铜铫伴清嘉。 适来摘句嫌多矣，可以消之一盏茶。	《御制诗》五集卷三十，页九
乾隆五十二年 丁未（1787） 暮春三月上旬	题唐寅品茶图	千尺雪斋设竹炉，壁悬伯虎品茶图。 羡其高致应输彼，笑此清闲何有吾。	《御制诗》五集卷三十， 页九、十
乾隆五十二年 丁未（1787） 暮春月上澣 越二日	千尺雪得句	游山斯出复斯归，几处招提憩翠微。 调御丈夫不动念，古稀天子未忘机。 三间朴屋栖云磴，百道飞泉落石矶。 翠眸明当驾言返，雪涛何必意依依。	《御制诗》五集卷三十， 页十八、十九
乾隆五十四年 己酉（1789） 季春月	游山旋入千尺雪门	路近山庄略乘马，亦缘非上乃下也。 上为难而下为易，取易舍难何为者。 自惭老况有如斯，人纵弗嗤我自嗤。 尚或颂称清健美，退有后言舜戒之。 行行苑门近西北，复易清舆降屴崱。 栖屴崱更临石涧，有屋洒然堪憩息。 俯凭雪以千尺名，数典寒山已久成。 寒山景概那复忆，所忆吴氏爱戴情。	"栖屴崱更临石涧"中"屴崱" 字，《御制诗》内作"屴崱"； 《秘殿珠林·石渠宝笈》则为 "崱屴"。 此诗于《御制诗》内排于下首 《千尺雪三绝句》之前，然《秘 殿珠林·石渠宝笈》内却书于 《千尺雪三绝句》诗之后。《御 制诗》五集卷四十六，页十二
乾隆五十四年 己酉（1789） 季春月	千尺雪三绝句	东北诸溪汇此归，南流数里入沙稀。 于斯孤注依然壮，雪色雪声辨是非。 溶溶平色作波流，瀑末湉然向下投。 蓄乃放之本可会，由来诗思似兹不。 唐迹千年宛若斯，凭轩啜茗一评之。 瀛番奕世车书奉，保泰殷殷念在兹。	"溶溶平色作波流"中"色"字， 《御制诗》内作"色"；《秘殿 珠林·石渠宝笈》则为"石"。《御 制诗》五集卷四十六，页十二
乾隆五十四年 己酉（1789） 春三月上旬底	题唐寅品茶图	品茶事自属高闲，真迹六如挂壁间。 茗碗竹炉陈妥贴，品非闲者略赧颜。	《御制诗》五集卷四十六， 页十三

乾隆五十四年己酉（1789）季春月	再题千尺雪	北门出入每经过，临水朴斋憩便多。携至泉声听未止，落来雪色看随拖。礚砏激溜原成瀑，柎拂平流亦作波。斟酌刚柔归静悟，于斯宁渠助清哦。	《御制诗》内乾隆54年《千尺雪三绝句》之后还有《再题千尺雪》；《秘殿珠林·石渠宝笈》则无题此诗，是乾隆皇帝漏书，或何原因？《御制诗》五集卷四十六，页二十一
以上乾隆三十五年至五十四年《盘山千尺雪》诗，书于董邦达《西苑千尺雪》图卷			
乾隆五十六年辛亥（1791）季春月	游山回入千尺雪门有作	前年降下犹策马，今年就平方舍舆。由来两岁光阴耳，忽觉较前已弗如。八旬耄与古稀异，那复筋力为强予。以养身论斯为可，以养心论岂可欤。心为敕政之本源，涉怠诸事丛脞诸。下舆精舍聊憩坐，身心内外体以徐。身劳心安晦庵语，高年于此或当殊。有闲无逸以图治，倦勤待此乐只且。	《御制诗》五集卷六十四，页八
乾隆五十六年辛亥（1791）季春月	千尺雪三绝句	中峰东涧诸流水，汇此南流故势雄。设计其源过千尺，当殊白雪落于空。自予数典肖南邦，四卷诗图四雪窗。若论色声唯一静，何妨凭处任搋搵。犹传晾甲文皇石，归后魏征起仆碑。当似瀛藩久向化，陪臣来祝八旬厘。	此诗于《御制诗》内列于《游山回入千尺雪门有作》之后，然《秘殿珠林·石渠宝笈》内所载的钱维城画《热河千尺雪图》内乾隆皇帝却无题此诗。《御制诗》五集卷六十四，页八、九
乾隆五十六年辛亥（1791）春三月上旬	题唐寅品茶图	赵宧光事重提旧，唐伯虎图又看新。即景何妨吟七字，却惭不是个中人。	《御制诗》五集卷六十四，页九
乾隆五十六年辛亥（1791）春三月上旬	再题千尺雪	游归入石城，溪斋必斯憩。携来千磈声，千尺实不窨，汇一势更雄，激石翻花坠。是非雪而何，盈目增冷意。过此乃就下，改观所必致。因悟奇正间，原鲜其恒势。偶遇偶成吟，视幻兴之寄。	《御制诗》五集卷六十四，页十六、十七

乾隆五十八年 癸丑（1793） 季春月	游山回入千尺雪 门小憩有作	静寄庄同避暑庄，围庄胥以石为墙。 乘舆驻跸应如是，广只十之三四强。 降由西北向东南，门却山庄西北探。 是则原无一定向，世间名象可因参。 入门山舍向南寻，可坐憩焉幽且深。 临水三间竹炉在，片时试茗足娱心。 一室中收四处图，呫哉求备自嗤吾。 四而一与一而四，齐物南华有是乎。	此诗于《御制诗》内列于《过 东涧弗入》之前，然《秘殿珠 林·石渠宝笈》内所载的钱维 城画"热河千尺雪图"内却无 乾隆皇帝此诗。《四库全书》 内则载有此诗。《御制诗》五 集卷七十九，页二十九
乾隆五十八年 癸丑（1793） 春三月出旬	题唐寅品茶图用 辛亥韵	满幅题词都作旧，一炉烹茗又成新。 擎杯在手微生笑，笑我却为着相人。	《御制诗》五集卷七十九，页 三十一
乾隆五十八年 癸丑（1793） 季春月	再题千尺雪	一游回必一经斯，不厌频还不免诗。 那事推敲诚率略，石泉却似首倾之。 激石飞流万状争，轧轳其势泪瀠声。 果然体物昌黎独，物不得其平则鸣。	《御制诗》五集卷八十，页三
嘉庆二年 丁巳（1797） 春三月初旬	千尺雪作歌	田盘千峰复万谷，总以大谷分东西。 山庄居东谷之口，东甘涧降无峰跻。 迤逦庄园北门近，谷水万派随来携。 石墙壁峡飞泉落，名以千尺旧所题。 千尺之喻虽假借，计以所行百倍之。 晾甲往事弗黓论，试茶四卷重观斯[注]。 掷笔旋复命舆去，未忘结习还自嗤。 注：此间千尺雪及西苑、热河俱仿吴 中寒山景为之，予亲写此处四图，其 西苑、热河、寒山三处则命董邦达、 钱维城、张宗苍分绘之。每处汇弆各 四。偶来憩此则于竹炉试茶之候，一 一展观。	"石墙壁峡飞雪落"《御制诗》 内作"雪"；《秘殿珠林·石渠 宝笈》则作"泉"。《御制诗》 余集卷十一，页二、三
嘉庆二年 丁巳（1797） 春三月初旬	题唐寅品茶图	游山返跸入山门，小憩溪堂俯水源[注1]。 名迹余笺聊补空[注2]，再来搁笔合忘言。 注1：是处倚岩架屋，凭槛临泉，水声潺潺， 跳珠喷玉，雅与品泉相称，故向有千尺 雪斋设竹炉之句。 注2：是帧向悬此间，每来题句，书帧中几满， 所余仅可续书此作，将来憩此，无庸再 题矣。	《御制诗》余集卷十一，页三
以上乾隆五十六年至嘉庆二年《盘山千尺雪》诗，书于钱维城《热河千尺雪》图卷			

西苑——焙茶坞茶舍

第四章

图 4-1　焙茶坞茶舍（位于北京北海公园静心斋内）
2017 年作者摄

图 4-2　静心斋正门入口，后栋建筑为"镜清斋"正厅
2001 年作者摄

引言

　　近几年来，学术界、博物馆界对于研究乾隆皇帝时期的文化艺术活动日益重视，俨然形成一股新兴的"乾隆学"。乾隆皇帝在位六十余年，留下了大量的史料、文物，无论从艺术、文化、政治等各方面来探讨，均有丰富的题材。因研究者渐多，乾隆皇帝喜好品茗一事，乃为世所知，而乾隆茶文化的研究也成为一项不容忽视的课题。

　　乾隆皇帝重视文人品茶，不下于任何时代的茶人，尤其他于各茶舍中品茗鉴画与古人神游交会，并以诗文描述情境，形成其个人特殊的品茗艺术风格，是在历代帝王中所罕见的。茶舍是乾隆皇帝休闲寓兴之所，在乾隆十六年（1751）第一次南巡，受江南文人茶风的冲击影响，北返后即于京城内苑及各处行宫陆续兴建茶舍，"玉壶冰""焙茶坞""千尺雪""春风啜茗台""竹炉山房""试泉悦性山房""竹炉精舍"等等都是分设于紫禁城、西苑、圆明园、静明园、静宜园内的茶舍。"焙茶坞"（图 4-1）

是其中的一处，位于京城西苑东北区北海公园北岸的镜清斋内，也是现存唯一可见的乾隆茶舍建筑。镜清斋现称"静心斋"（图 4-2）为清末所改称，"焙茶坞"茶舍的外观与内部装饰或已不复当年面貌，但地点及基本建筑仍可见其梗概。

　　焙茶坞是乾隆皇帝烹茗赏景处，2002 年笔者因策划《也可以清心——茶器·茶事·茶画》特展，曾对乾隆茶舍作实地考察，乾隆皇帝的多处茶舍中当时只有"试泉悦性山房"及"焙茶坞"可见遗迹。"试泉悦性山房"为茶舍一事则鲜为人知，笔者根据乾隆御制诗《试泉悦性山房》的描述与遗址上的天然门户——弯曲的枯柏树干（乾隆皇帝称其为"古桧曲倚石，为门护幽径。"）、流泉以及"洗心亭"周围环境，考证出其即为乾隆皇帝建于香山碧云寺旁的"试泉悦性山房"茶舍；[1] 后者"焙茶坞"建筑虽还存在于北海公园"静心斋"内，然而遗憾的是有关此处的说明却被解释为清代帝后的焙茶之所（图 4-3），笔者觉得有为其正名的必要（图 4-4）[2]，而且也应将乾隆皇帝为何以"焙茶坞"

130

图4-3 "焙茶坞" 2017年之前说明
2001年作者摄

图4-4 "焙茶坞" 2017年之后说明
2017年作者摄

图4-5 镜清斋 进入镜清斋后首栋建筑 2001年作者摄

图4-6 叠翠楼、枕峦亭 2006年作者摄

为名的缘由，以及茶舍内的摆设略作说明，此或可让读者更加理解乾隆皇帝品茗的意趣所在。

镜清斋焙茶坞

如前所述，镜清斋内的"焙茶坞"是乾隆皇帝的品茶专室，而同一院落的"抱素书屋""韵琴斋"也是乾隆皇帝读书、弹琴自娱的好去处，镜清斋内景致如诗如画，乾隆皇帝每至斋内之各处均有诗作。镜清斋建于乾隆二十一年至二十三年之间（1756－1758），光绪时期曾对其进行扩

建，园内以院落空间分成若干独立景区，主要建筑有镜清斋（图4-5）、叠翠楼、枕峦亭（图4-6）、沁泉廊（图4-7）、罨画轩、焙茶坞（图4-8）、抱素书屋（图4-9）、韵琴斋等，这些名称皆为乾隆皇帝亲自命名。园内以太湖石假山为主景，叠石岩洞、亭台、小桥、流水作点缀，形成层次分明、曲径幽深、步移景异、小中见大的空间艺术，是北海公园内最优美的园中之园，因此又有"乾隆小花园"之称。

乾隆时期西华门之西至北海公园一带的宫室园囿均称为"西苑"，故现今包括西华门之西

图 4-7　沁泉廊（位于镜清斋之后）　2006 年作者摄

图 4-8　焙茶坞茶舍侧照　周围叠石错落，景致幽美　作者摄

图 4-9　抱素书屋　位于焙茶坞后方　2017 年作者摄

图 4-10　沁泉廊与镜清斋之间，东有石桥，跨桥右侧即为焙茶坞所在　2006 年作者摄

的"中南海"、团城以至整个北海公园区均属西苑范围。乾隆时期于敏中（1714—1780）等奉敕编撰《钦定日下旧闻考》内描述焙茶坞的位置，在西苑东北隅，先蚕坛附近。由先蚕坛沿堤西北为镜清斋，斋之东临池有室，为抱素书屋，书屋东廊下为韵琴斋。镜清斋之后北临山池，上为沁泉廊（图 4-7），廊西有岩，岩上为枕峦亭。沁泉廊东有石桥（图 4-10、4-11），桥北绕池，由石磴而上为罨画轩，循轩东廊而南，有屋两楹，榜曰"焙茶坞"，焙茶坞联曰："岩泉澄碧生秋色，林树萧森带曙霞。"[3] 此段记载与现在北海公园静心斋内的苑室、亭台、楼榭对照，基本上并无差异。现今焙茶坞檐下挂有乾隆皇帝御题黑地金漆"焙茶坞"额匾，屋内壁上则挂有"岩

泉澄碧生秋色，林树萧森带曙霞"对联，[4] 想必这一切的布置都是根据《钦定日下旧闻考》记载所作的复原陈设装饰，但实际上，匾的样式或室内的摆设已与原样相去甚远。

图 4-11　由焙茶坞往西可见石桥、沁泉廊、罨画轩　2006 年作者摄

根据乾隆二十三年《养心殿造办处各作成做活计清档》（以下简称《活计档》）《匣裱作》中清楚记载："御笔蓝笺纸字焙茶坞匾文一张大西天，传旨将蓝纸匾文一张做一块玉璧子，安托钉挺钩，其宣纸字斗镶一寸宽蓝绫边在外。"[5] 故知当年乾隆皇帝御题"焙茶坞"匾文是以蓝笺纸书写，托裱作成一块玉璧子，安托钉挺钩，而今匾文则为黑漆底金字，与原作不大相同。焙茶坞内的摆设也不是乾隆时期的原样，此为历经嘉庆、道光各朝的陈设更动，加上战火破坏，陈设已经无法复原当年原汁原味的模式，是可以理解的。

虽曰焙茶岂焙茶

乾隆皇帝一生雅好品茗，西苑宫苑内除"西苑千尺雪"茶室（在瀛台内，故又称瀛台千尺雪）外，就属焙茶坞最受乾隆皇帝青睐，乾隆二十三年以后，时见御咏《焙茶坞》的茶诗，而焙茶坞匾文是乾隆二十三年二月交出裱作，因此焙茶坞茶舍的设立应在乾隆二十二年，也就是乾隆二十二年第二次南巡之后。前文提到今人将乾隆时期焙茶坞茶舍解释为乾隆皇帝用来作为焙茶的地方，实属不妥，因为御制诗文中乾隆皇帝不仅一再详述焙茶坞是他烹茗消渴的处所，也再三强调它是作为煎茶、烹茶的茶舍，而不是焙茶处。即如乾隆皇帝诗文中提及的北方不产茶，哪有焙茶之事，这一点识茶的乾隆皇帝是绝不含糊的。以下乾隆皇帝诗文可以清楚了解"焙茶坞"的确是品茶茶室而不是焙茶处所。

石上泉依松下风，竹炉制与惠山同。
蔡襄不止工其法，因事还思善纳忠。

乾隆二十三年仲春《焙茶坞》，《御制诗文集》，二集卷七十六。

矮屋疏棂只两楹，竹炉茗碗洒然清。
今朝第一泉无借，恰好收来雪水烹。

乾隆二十七年立春《焙茶坞》，《御制诗文集》，三集卷十七。

雪花收瀹雨前芽，按例勤擎候不差。
郊外行来廿余里，越瓯消渴正资茶。

乾隆三十二年仲春《焙茶坞》，《御制诗文集》，三集卷六十二。

例有竹炉屋里陈，奔忙中使捧擎频。
应教笑煞陆鸿渐，似此安称事茗人。

乾隆三十四年新正《焙茶坞戏题》，《御制诗文集》，三集卷七十七。

贡来龙井雨前芽，焙法南方精且嘉。
荷叶晶晶满擎露，收将耐可瀹新茶。

（图4-12）

乾隆三十五年润五月《焙茶坞》，《御制诗文集》，三集卷九十一。

竹根培雪护阶斜，朴坞萧然号焙茶。
灶侧居然坐陆羽，笑兹宜付彼为家。

乾隆四十六年新正《焙茶坞》，《御制诗文集》，四集卷七十七。

图4-12　清乾隆三十五年五月御制诗《焙茶坞》书影

以上数首诗文不仅说明了焙茶坞的外观、内涵、名号，甚至也将乾隆皇帝在此以雪水、荷露冲泡雨前贡茶（图4-13）的事实一一陈述。而下列数首则是说明"焙茶坞"之名只是假借题名，烹茶才是正题。诗文中一再提及以荷露或雪水来煎泡浙江龙井贡茶或顾渚茶；同时亦透露了第一次南巡至杭州龙井观采茶，目睹茶农焙茶之艰辛，故取名"即景"，以示不忘民间疾苦。相信这是出自于乾隆皇帝的一片诚心，不是矫情也不是作态，是自然情感的流露，不然也不会于诗中再三出现。而今竟将"焙茶坞"误认为是乾隆焙茶所，实有辜负乾隆皇帝的挂念民劳之心，也对历史遗迹作出错误的诠释。

　　虽曰焙茶岂焙茶[注]，北方安得有新芽。

　　浙中贡茗斯恒至，荷露烹成倍静嘉。

（图4-14）

注：凡摘荈芽必焙之而后成，此南方事亦唯南人始能之。
　　北方无茶树，安得有焙茶事，不过取其名高耳。

乾隆三十四年六月《戏题焙茶坞》，《御制诗文集》，三集卷八十二。

　　北地无茶岂借焙，佳名偶取副清陪。

亦看竹鼎烹顾渚，早是南方精制来。

乾隆三十五年新《焙茶坞》，《御制诗文集》，三集卷八十五。

　　鸽炭鼎烹雪水，龙团碗瀹春芽。

即景谓能供奉，焙茶岂是煎茶。

乾隆三十七年新正《焙茶坞戏题》，《御制诗文集》，四集卷一。

　　野坞临溪竹径斜，选名题额爱清嘉。

中人茗碗勤供奉，却是烹茶非焙茶。

乾隆四十一年二月《焙茶坞》，《御制诗文集》，四集卷三十四。

　　焙茶原只设佳名，贡到雨前早制精。

偶憩亦常得其半，竹炉每一试清烹。

乾隆四十六年端阳《焙茶坞》，《御制诗文集》，四集卷八十一。

　　贡茶无不焙成之，斯坞名唯假藉斯。

一盏浮香烹雪水，冷泉亭亦似其时。

乾隆四十七年正月《焙茶坞》，《御制诗文集》，四集卷九十五。

　　松虬竹凤翠交加，等第个中宜焙茶。

缀景不过题偶尔，冷泉亭况亦无差[注]。

注：辛未南巡于灵隐寺冷泉亭上有观焙茶作。

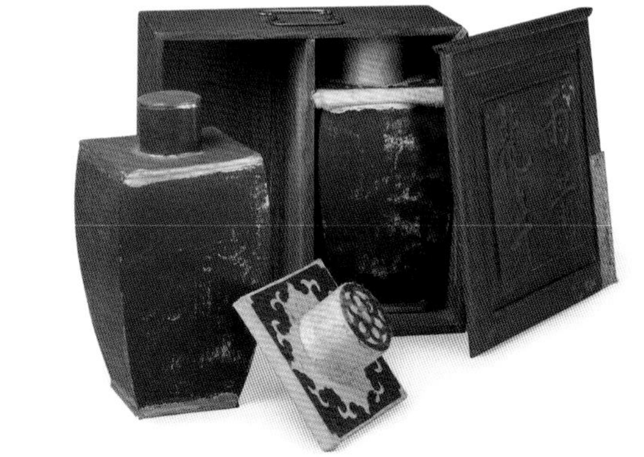

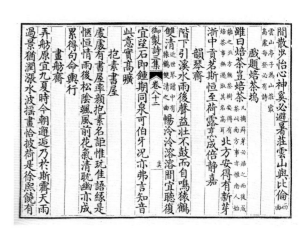

图4-13　清末　雨前龙井贡茶（供参考贡茶包装）故宫博物院藏

图4-14　清乾隆三十四年御制诗《戏题焙茶坞》书影

乾隆五十二年新正《焙茶坞》，《御制诗文集》，五集卷二十八。

生叶还须细火焙，云林诗咏识其艰 [注]。
安名缀景聊烹茗，依媚民情永念间。

注：辛未南巡至龙井观采茶作歌，有慢炒细焙，有次第辛苦工夫殊不少之句，盖未经目睹亦不知其艰也。

乾隆五十六年新正《焙茶坞》，《御制诗文集》，五集卷六十二。

焙茶坞茶舍内的陈设

乾隆皇帝茶舍的陈设，有其一定的个人风格与喜好，他在每一处茶舍休憩的时间并不长，一年一次或二次，到焙茶坞品茗的季节大都在每年的阴历正月至仲春之间，乾隆三十八年新正题《焙茶坞》诗中亦言及："竹坞新春偶一来，乘闲便与试茶杯。最欣万个绿琼处，根有深深白雪培。"(《御制诗文集》，四集卷九）由《御制诗文集》上二十二首有关《焙茶坞》的诗文得知，乾隆二十三年起至五十六年间，几乎每年亲临焙茶坞品茶，在这里他品尝"雨前龙井茶""顾渚茶""三清茶"等，这些都是乾隆皇帝平时经常饮用的茶品。雨前龙井（图4-13）及顾渚茶皆为江南贡品，三清茶则是乾隆皇帝御制调配的茶，以梅花、松子、佛手煎泡，偶尔加泡龙井茶。[6]

乾隆三十年新正题《镜清斋》诗中提道："冰床原辗镜中来，据榻回看镜面开。自有一方呈照鉴，本无半点惹尘埃。延虚恰喜栏边竹，入影犹疑岳里梅。收得腊前雪盈盎，三清便与试茶杯。"(《御制诗文集》，三集卷四十三），乾隆皇帝于焙茶坞饮啜三清茶的事实由此诗亦可得到证明。而乾隆皇帝品啜三清茶是非常讲究

的，大多以干净的雪水冲泡，其他则用乾隆皇帝自封的天下第一泉的玉泉山泉水或各个不同季节的荷露为之。

"焙茶坞"茶室里的设备，有乾隆皇帝一辈子最喜爱的茶器，仿自惠山的竹茶炉（图4-15）、鸽炭鼎、茗碗，以及全套的鸡翅木茶具（此处茶具等同于容置茶器的茶籝）等等。[7]

茶灶上则置陆羽茶仙造像，墙壁上挂乾隆御笔"岩泉澄碧生秋色，林树萧森带曙霞"对联。茶室内摆设陆羽茶仙造像、茶具以及竹茶炉的事实不只御制诗内提及而已，亦可由《活计档》中得到明确的印证。

乾隆皇帝在各地茶室所摆设的茶具相当考究，皆为整套全份，乾隆二十三年二月《活计档》中《行文》记载：

（二月）二十九日郎中白世秀员外郎金辉来说，太监胡世杰传旨：着苏州织造安宁照先做过茶具再做二分，随水盆、银杓、银漏子、银靶圈二件，宜兴壶、茶叶罐、不灰木炉、铁钳子、铁快子、铜炉、镊子、铲子、竹快子等全分。钦此。

于五月初二日郎中白世秀、员外郎金辉为据苏州织造安宁来文内开，奉旨：传办茶具二分，未识照棕竹或班竹、文竹样成做之处，缮折交太监胡世杰转奏，奉旨：何样工料俭省即做何样。钦此。

于七月十二日员外郎金辉将苏州织造安宁送到茶具、香几二分持进，交太监胡世杰呈览，奉旨：持出暂收查库贮，茶盘二件俟水盆、银杓、铜波篧等得时，将鸡翅木茶具一分在藻鉴堂清风祝明台（春风啜茗台之笔误）安。钦此。

于七月十三日员外郎金辉来说太监胡世杰

交：红如意云口足红字磁钟四件、青如意云口足青字磁钟四件，传旨着在茶具内用。钦此。

于十月十五日郎中白世秀、员外郎金辉将苏州织造安宁送到：茶具内水盆二件、宜兴壶四件、茶叶罐八件呈览，奉旨：嗣后再传做茶具时，其水盆、宜兴壶、茶叶罐不必做，仍改竹炉。钦此。[8]

由上述几则活计资料上所记载的全套茶具资料，再与乾隆命做陈设于焙茶坞的活计茶器，作一对照，得知茶具内的全套茶器至少有十八种，品目为：水盆、银杓、银漏子、银靶圈、宜兴壶、茶叶罐、红如意云口足红字磁钟（图4-17）、青如意云口足青字磁钟（图4-16）、茶盘（图4-18）、不灰木炉[9]（竹茶炉，图4-15）、铁钳子、铁筷子、铜炉、镊子、铲子、竹筷子、铜簸箕等等（图1-35），均收纳于木制或竹制茶具内。这一套品茶道具，相当完整，几乎已完全承袭了唐宋以来对饮茶器具的要求。茶具、茶器多为苏州织造所承做，茶壶、茶叶罐虽为

图4-15　清乾隆　竹茶炉　故宫博物院藏

江苏宜兴烧造（图4-19至图4-21），但也是经由苏州织造承办。而乾隆十七、十九年因陆续烧制多数宜兴茶壶、茶叶罐，故乾隆二十三年二月、十月的成做《活计档·行文》中一再提及"嗣后再传做茶具时其水盆、宜兴壶、茶叶罐不必做，仍改竹炉"。

宜兴壶、茶叶罐等皆经乾隆皇帝的特别设计，与一般民间所用不同，如仔细核对《活计档》资料，即可确知茶壶、茶叶罐为一面御制诗，一面绘画，画稿为乾隆命宫廷画家丁观鹏、张镐起稿作样，然纸本样稿、木样必须呈览核准后才可制作。[10]

档案所载红如意云口足红字磁钟、青如意云口足青字磁钟，就是描红（矾红）彩、青花诗意茶钟（图4-16、4-17），因其口足绘饰如意云纹，故在《活计档》内偶以纹饰描述命名，但大多数宫廷档案记载，如《珐琅玻璃宜兴磁胎陈设档案》仍称为"红花"或"青花白地诗意茶钟"或"诗意茶碗"。这类款式茶钟、茶碗甚得乾隆皇帝喜爱，有一定的规制纹饰，外壁主要纹饰均书乾隆御制茶诗，常见的有"三清茶诗"（图4-16）、"荷露烹茶诗"（图4-17）、"烹雨前茶有作"（图4-21右上茶钟）等诗作，这类茶钟与竹炉组成全套茶具（图6-22，左上屉格内收纳有茶钟），现今故宫博物院仍有收藏。

乾隆皇帝于各个茶舍的摆设，内容大多相同，由《活计档》内的记载以及分配情形观察，绝少使用到一般所认知的华丽珐琅彩瓷、玻璃或玉质茶器（图4-22，1-39），然而《活计档》或御制诗内亦载有制作或吟咏这些材质茶器的诗文（图4-22、1-43），不过据诗文记载，这

图 4-16　清乾隆　青花《三清茶》诗茶碗　台北故宫博物院藏

图 4-17　清乾隆　描红御制《荷露烹茶》诗茶碗
台北故宫博物院藏

图 4-18　清乾隆　鸡翅木双圆茶盘及紫檀木双连盒式茶具一套　故宫博物院藏

些茶器显然使用于庆典或其他场合，乾隆的茶舍里使用的基本上是带有文人风格的素雅茶具，如竹茶炉、宜兴器等皆是。这些茶器虽然不具明显的宫廷装饰，但仍有强烈的乾隆皇帝个人风格，宜兴茶壶、茶叶罐上的一面御制诗，一面绘画就是很好的例证。由《活计档》内的巨细靡遗记载，亦可了解到各茶舍甚至于所有宫室内器物的陈设，完全是由乾隆皇帝主导。今日所见多套藏于故宫博物院的乾隆茶具（图 1-35、

3-35）与《活计档》所载符合，而且深具文人茶器特征，此与乾隆朝的其他器物相比殊为特别，由此亦见乾隆不仅深谙传统文人品茶，而且堪称茶人皇帝。

焙茶坞的摆设明显呈现其为一处专供乾隆皇帝休憩品茗的茶舍，也是一处深具文人气息的茗室，它并不是焙茶场所。乾隆皇帝喜爱品茶、作诗，每来必有《焙茶坞》诗作，但由于政事繁忙，茶舍又分布四处，一年难得几次移驾，而茶舍

图 4-19 清乾隆 宜兴窑御制诗松石图茶壶
故宫博物院藏

图 4-20 清乾隆 宜兴窑芦雁图六方茶叶罐
故宫博物院藏

图 4-21 清乾隆 御制诗茶器及茶具 故宫博物院藏
格内可见宜兴窑御制诗茶壶、茶叶罐以及青花如意
云口足青字茶钟等。

图 4-22 清乾隆 青玉御制诗茶碗及款识。
故宫博物院藏

内侍茶使者的匆忙备茶，连茶室内茶炉旁侧的
陆羽（茶仙像，图 1-49）都要笑他，《御制诗
文集》三集卷七十七，《焙茶坞戏题》："例有竹
炉屋里陈，奔忙中使捧擎频。应教笑煞陆鸿渐，
似此安称事茗人。"其实这也是乾隆皇帝的自嘲，
偶尔为之，又哪称得上茶人呢？乾隆皇帝将陆

羽茶仙造像置于茶舍，不但表示其对茶的尊重，
也是一种情境的提升，于焙茶坞茶舍内与古人
交会神游，乾隆皇帝的品茶意境，是不可以一
般品茗者等同视之。

（原载《故宫文物月刊》244 期，2003 年 7 月，部分修正。）

注 释

1. 廖宝秀，《乾隆皇帝与试泉悦性山房》，《故宫文物月刊》225 期，2001 年 12 月，页 34－35。

2. 此处原先错误的说明牌，在 2017 年整修之后已予订正。

3. 于敏中等，《国朝宫室 西苑二》，《日下旧闻考》，台北：新兴书局，1975 年，《笔记小说大观》四十五编第七册，页 392－295。

4. 2017 年前未整修前挂有此对联，符合《国朝宫室·西苑二》内的陈设记载，整修后现今换为诗屏。

5.《清宫内务府造办处档案总汇》，册 23，页 673。

6. 三清茶的历史或可追溯至宋代，清代皇室最早饮用三清茶或始于康熙皇帝，然并无发现皇帝本身所留记载文献，而乾隆皇帝喜爱三清茶，并于乾隆十一年御制《三清茶》诗一首，以后即以此诗作为饰纹，于瓷器青花、描红（矾红彩）、玉器、漆器茶钟上书写或刻划，由文献记载及现存文物对照，三清茶诗茶钟可能是乾隆一生最喜爱的茶钟款式之一。其造型来自明嘉靖人物图茶碗。

7. 乾隆二十三年"十月十五日郎中白世秀员外郎金辉来说，太监胡世杰传旨：着照先做过茶具再做二分，其高矮大小俱各收些，水盆、宜兴壶、茶叶罐不要。钦此。于十月十八日郎中白世秀、员外郎金辉将苏州织造安宁送到：紫檀木茶具一分、鸡翅木茶具一分持进，交太监胡世杰呈览奉旨：将紫檀木茶具在泽兰堂摆，其鸡翅木茶具在焙茶屋摆。钦此。"《清宫内务府造办处档案总汇》，乾隆二十三年十月《行文》，册 23，页 613。

8.《清宫内务府造办处档案总汇》，册 23，页 604、605。乾隆二十三年二月《行文》。活计清档内地名、器名、人名经常有误写或同音异字的情形发生，此或为誊写人素养不高之故，如"焙茶坞"写成"焙茶屋"；"春风啜茗台"写为"清风祝明台"。

9. 不灰木炉为竹茶炉之意。资料详见乾隆十七年十一月十二日《活计档·雕銮做》。"十二日员外郎白世秀来说，太监胡世杰交不灰木火盆五件，传旨：着做竹炉。钦此""于本月十二日，员外郎白世秀来说，太监胡世杰交竹炉一分，传旨：着照此样用不灰木成做竹炉。钦此。"《清宫内务府造办处档案总汇》，册 18，页 639。

10."于九月二十二日员外郎白世秀将做得木茶吊样二件、锡圆茶叶罐一件、海棠式一件、四方入角一件、六方一件持进，交太监胡世杰呈览奉旨：茶吊每样准烧做宜兴的八件，一面御制诗、一面画画，着丁观鹏、张镐起稿呈览，准时再做。于十月十一日员外郎郎正培将茶吊、茶叶罐上丁观鹏、张镐画得稿，交太监胡世杰呈览奉旨：照样准做其诗字即着南边写。钦此。"乾隆十六年六月《木作》，《清宫内务府造办处档案总汇》，册 18，页 267。

清漪园——春风啜茗台茶舍

第五章

引言

历代帝王多有喜爱茗事者，其中尤以宋徽宗及清康熙、雍正、乾隆三位皇帝最具代表。宋徽宗不仅嗜茶，还著作有《大观茶论》专书；康熙皇帝则亲为"碧螺春"赐名，亦创下于宫廷内制作宜兴胎珐琅彩茶器的先例；雍正皇帝在位虽仅十三年，却曾多次亲自设计茶器，并经常赏赐功臣各地名茶以及御用茶器。然而，这三位皇帝嗜茶以及对茶事物的追求，皆远不及乾隆皇帝。

爱好品茗的乾隆皇帝在乾隆十六年（1751）之后陆续营造了多处个人的品茗茶室，茶室名称多取自江南名胜或文史典籍，如仿自无锡惠山"竹炉山房"（图9-7）的静明园"竹炉山房"（图1-5）、静宜园"竹炉精舍"（图1-8），以及仿自苏州寒山别墅"千尺雪"（图5-1）的各地"千尺雪"茶舍（图5-2）。乾隆的御制茶诗数量颇为可观；一般若未细审诗文内容，则无法得知诗题就是茶舍名称，内容就是乾隆皇帝于茶舍的品茶感言。例如"试泉悦性山房"（图

图 5-1　清乾隆　励宗万《寒山千尺雪》册　故宫博物院藏

142

图 5-2 清乾隆 盘山 "千尺雪" 茶舍 为三间式建筑,位于 "贞观遗踪" 前方 (图版采自蒋溥等敕撰《钦定盘山志》,乾隆二十年武英殿本)。

5-3)、"焙茶坞"（图 5-4)、"玉乳泉"（图 1-26、1-27)、"玉壶冰"（图 1-21、1-22)、"碧琳馆"（图 1-20 ～ 1-22)、"味甘书屋"（图 1-19) 等等，览者依照诗题并无法理会其为茶舍。相对的 "春风啜茗台" 则较为特别，因为观其题名，即知此处与茶关系密切。在乾隆皇帝诸多

茶舍中，这是少数乾隆皇帝南巡之前所建的茶舍。目前，这也是一处位于景点区域内，却不能自由参观的茶舍，以致笔者为寻此遗址，颇费周章。"春风啜茗台" 茶舍内的茶器布置独具特色，笔者自 2000 年以来，基于兴趣及研究，在电子版《清高宗御制诗文全集》(以下简称《御

图 5-3　试泉悦性山房茶舍
　　位于香山碧云寺左，"洗心亭" 之后。乾隆诗注提道：老桧枝下垂有石承之，俨然如门盖，数百年以上之布置。曲折的老桧枝形成天然门户。2001 年作者摄

图 5-4　焙茶坞茶舍　位于现北海静心斋内
　　乾隆皇帝于《焙茶坞》茶诗内一再提及取名为 "焙茶" 只是假借名义而已。2001 年作者摄

制诗文集》）尚未发行时，逐册查阅梳理，得以发现十数处乾隆茶舍，依循《御制诗文集》的记载，很幸运地探得并造访了多处乾隆茶舍遗址，本文略作介绍探访"春风啜茗台"的经过，以及乾隆皇帝于此品茗的感想，或可作为探究乾隆皇帝品茶理趣所在的参考。

茶舍品茶

乾隆皇帝一生以作诗为乐，自皇子时代即著有《乐善堂诗集》，内有不少关于茶事的诗文；即位后创作更加丰富，而且还令词臣或宫廷画家为其描绘多幅与茗事相关的写真绘画（图5-5、5-6、1-28、1-32、3-37）。据清宫档案记载，乾隆皇帝具体将茶舍作为诗题或日常行事，大多在其个人茶舍建构之后。乾隆十六、十七年各地千尺雪（西苑千尺雪、热河千尺雪、盘山千尺雪）、竹炉山房茶舍陆续造成之后，高宗每年于一定时节内，必亲临茶舍品茗鉴画、赏景作诗，并于茶诗内加注诠释。

乾隆皇帝品茗不仅讲究茶品，亦重视茶器的配置。茶舍是乾隆皇帝怡情养性所在，亦为笔者近年关心的主题，故曾为文多篇加以介绍。[1] 乾隆皇帝喜爱品茗作诗，于各处茶舍品茗鉴画，与古人神交，并以诗文描述情境，形成其个人特殊的品茗艺术风格。

乾隆茶舍大多建于各处行宫苑囿，除"玉乳泉"及"春风啜茗台"茶舍是建于乾隆十五年（1760）南巡之前，其余多数构筑于南巡之后。

乾隆茶舍名称及陈设布置，尤受到明代江南文人品味影响，其中以无锡惠山听松庵竹炉山房的文人艺术传统（竹茶炉文会与竹炉诗画卷）[2]

图5-5　清乾隆　无款《乾隆帝熏风琴韵图》轴（局部）故宫博物院藏
图绘乾隆皇帝晚年于御苑头戴东坡巾，着汉服端坐榻上抚琴，右前侍从手持托盘上盛青花盖碗，表现乐琴声茗碗的文人雅兴。

图5-6　清乾隆　郎世宁等绘《弘历雪景行乐图》轴（局部）故宫博物院藏
图为乾隆皇帝与皇子们庆贺岁朝场景。图上木柱旁置紫檀木茶具，随全套茶器一组。设计精巧，造型与前图斑竹茶具相同，皆由江南苏州织造所制。

尤为显著，不仅茶舍名称直接取自惠山"竹炉山房"，各处茶舍所使用的煮水茶炉亦直接模仿惠山"竹茶炉"；如玉泉山静明园的"竹炉山房"以及香山静宜园的"竹炉精舍"。有关乾隆茶舍的介绍，笔者已于《故宫文物月刊》陆续发表过《乾隆皇帝与试泉悦性山房》《乾隆皇帝与焙茶坞》。为使读者多了解乾隆皇帝对于品茗场所的讲究，一窥乾隆皇帝的品茗世界，特将乾隆茶舍的建构地点、时间以及概要陈设附表列记。（参见页52、53附表《乾隆茶舍》）

乾隆茶舍的内外建构有一定规格，其景大多倚岩傍泉，临泉开窗，面开三间或二间式的朴素建筑，松涛石籁，景色绝佳。茶舍内则置有煮水竹茶炉、品茗茶碗与宜兴茶壶等全套茶器，并挂饰其所钟爱的书画，以便啜茗时赏鉴。台北故宫博物院所藏唐寅《品茶图》轴（图3-1）、张宗苍《画山水》轴（图2-4）即为"盘山千尺雪"及香山碧云寺"试泉悦性山房"茶舍的挂饰。另茶舍内茶灶傍均摆饰茶仙陆羽造像。[3]乾隆皇帝每至茶舍，均写下其品茗感想诗作，直叙当时的周边事物，并时而加注说明，读来浅易明了。乾隆皇帝一辈子都在写诗，所作近四万三千首，其中关于茶舍以及与品茗相关的茶、泉等诗，数逾千首。乾隆茶诗之多，于诗史上恐无人可与之相比。然而，文史研究者对这位嗜茶皇帝于茶文化发展的贡献，却未曾广为介绍。十余处乾隆茶舍，至今仍有多处不为人知者。

乾隆茶舍遍及紫禁城、西苑、圆明园、清漪园（光绪十四年，1888年改名颐和园）、静明园、静宜园、避暑山庄、静寄山庄等多处行宫园囿。玉壶冰、碧琳馆属紫禁城宫内的品茶轩室，因处国朝行政区内，乾隆皇帝所赋诗文，则不如其他

行宫区内的茶舍多。如属园囿、行宫区内者，则每每费心陈设，并时而为之题诗，使得多处原本不知其为茶舍者，皆由诗题及内容得来。

春风啜茗台探幽

如前所述，春风啜茗台茶舍是乾隆皇帝茶舍中，少数建构于南巡之前者。起造时间应与清漪园（颐和园）的始建年间相当，皆在乾隆十五年（1750）十二月之前。案《内务府养心殿造办处各作成做活计清档》（以下简称《活计档》）记载，乾隆十五年清高宗交出"御笔宣纸春风啜茗台匾文一张"，命制门匾。茶舍所在地为清漪园内昆明湖南岸（图5-7）"藻鉴堂"堂前临水处。"春风啜茗台"濒临昆明湖畔，乾隆

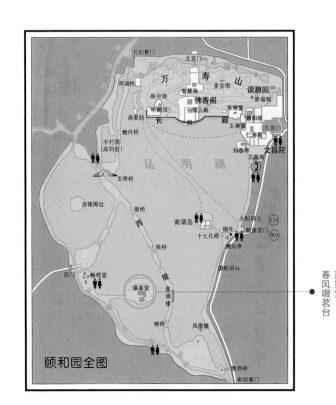

图5-7 春风啜茗台与藻鉴堂皆位于昆明湖南岸，靠近西堤景明楼

皇帝大多于春夏或早秋时节前往啜茗。《御制诗文集》中以《春风啜茗台》为题者，仅录十首，可见乾隆皇帝并不常至此品茶。春风啜茗台地处小岛，除一小径通岸之外，四面环水。据《御制诗文集》的描述及笔者实地考察所见，春风啜茗台为一座楼阁式建筑，居高临下，四无屏障，腹地较小，一年中最适宜的季节应在晚春或早秋和风之际。宫中行事历显示，每年夏、秋时节，乾隆皇帝大多在热河避暑山庄度过，朝务亦移至当地处理；而仲春季节，则多居留圆明园、玉泉山静明园或香山静宜园。由于三园地理位置相近，静明园"竹炉山房"、静宜园"竹炉精舍""玉乳泉""试泉悦性山房"以及西苑的"焙茶坞""千尺雪"等处乃成为乾隆皇帝较常驾临的茶舍。因此，题咏《春风啜茗台》的次数自然少于其他茶舍。乾隆皇帝于《春风啜茗台》诗中曾提道：

> 湖中之山上有台，维舟屦步登崔嵬。
> 水风既凉台既敞，延爽望远胸襟开。
> 竹炉妥帖宜烹茗，收来荷露清而冷。
> 固非汉帝痴铸盘，颇胜唐贤徒汲绠。
> 绿瓯闲啜成小坐，旧句新题自倡和。
> 以日循名斯未能，早是春风背人过[注]。

注：乾隆三十四年六月二十二日，《题春风啜茗台》《御制诗文集》，三集卷八十三。

> 有屋为楼无屋台，楼据山巅实有屋。
> 然则何故以台称，四邻无物可遮目。
> 其用乃台其实楼，烹茶况不虑风飔。
> 攀涉仍弗借筇杖，举杯小憩清兴酬。
> 昔来为春今来夏，顾名斯乃成假借。

> 台兮楼兮付不知，今乎昔乎弹指乍。

乾隆四十六年五月中旬，《春风啜茗台》。《御制诗文集》，四集卷八十一。

诗文中的"四邻无物可遮目""其用乃台其实楼"等句，不仅透露了"春风啜茗台"茶舍的地理位置、建筑样貌及名称由来，而且还言及它的不便之处。就地理环境而言，春风啜茗台景观虽然幽美，然秋冬季节，北风吹起，风飔咆哮，四周全无屏障，寒冷彻骨，自有其美中不足处；故而《御制诗文集》吟咏此处的诗文，少于他处甚多。

笔者为研究乾隆茶舍，曾数次探寻"春风啜茗台"旧址遗迹。第一次于2001年9月秋高气爽时节，此时昆明湖南岸湖畔"春风啜茗台"所在小岛周围仍是荷叶田田，湖水高涨。唯一的步道为西北岸边连接小岛的一条小径，循径而行，大门深锁。只得绕至南边的西堤，由堤上景明楼、练桥等高处面对"春风啜茗台"的小岛摄照，取其位置所在。（图5-8）

2005年暮春，笔者再赴北京搜集研究资料；其间，为了却亲访"春风啜茗台"心愿，特邀友人相伴，再访颐和园。此时天候春寒料峭，冻寒未解，残雪仍余。一般如欲至昆明湖南岸，由颐和园南如意门入园不失为一快捷方式，但必先经过西堤小径，再至小岛。笔者以距上次造访已时隔四年，小岛解禁与否，不得而知。乃决定不如先至西堤景明楼（图5-9），西堤小径至堤上景明楼亦有一小段距离，然可从高处瞭望拍摄远景，免得进岛受阻，再次折回。偌大园区，不见游踪，而昆明湖上冰冻见土，仅留残荷枯枝铺盖湖面。心想若由西堤涉湖而过，

春风啜茗台

图5-8 由西堤景明楼眺望春风啜茗台，四面环水，周围荷叶
田田。2001年9月作者摄

图5-9 眺望春风啜茗台小岛，冬春之际，昆明湖面白雪覆盖，
冰冻见土，湖面可以行走，遂与友人直下湖面登上小
岛找寻春风啜茗台遗址。2005年2月作者摄

图5-10 冬春之际，昆明湖湖面白雪覆盖，冰冻见土。湖上
可以行走，笔者及友人即由景明楼下湖直上春风啜
茗台所在。2005年2月作者摄

图5-11 现今新建四角亭 2005年2月作者摄

不过数分钟而已（图5-10），绕湖畔而行至入口小径则须半小时，因此与友人商量，是否捡枝支撑，直接涉湖而过攀入小岛，遂与友人踩残雪，踏枯荷，战战兢兢，踉跄蹇行，步上小岛。一进岛内，曲径通幽，又径可往高处攀登，路边石椅、果皮垃圾箱俱备，猜测此处或已开放，于是放心慢行。乾隆皇帝在《春风啜茗台》诗中曾云："湖中之山上有台""平陵山顶起楼台"，又说："山巅屋亦可称台""楼据山巅实有屋"。笔者心想：春风啜茗台既建于此湖中山之巅，往上寻去或可觅得遗址，乃循阶而上。未几，

果见一亭，台阶尚在铺设当中，并未完工，（图5-11）显系一新近建筑。前行数步，但见亭下数尺处堆积大量基石建材残骸，且散落其间之基座、柱石等均带雕工。（图5-12）按经验推断，此处曾是"春风啜茗台"原址；再往北数尺，又见相同的基石堆积残骸，应为"藻鉴堂"遗址。由"春风啜茗台""藻鉴堂"往四周远眺，景色豁然大开，万寿山（图5-13）、十七孔桥、西堤、练桥、景明楼、玉泉山玉峰塔（图5-14）等颐和园各景尽在眼内。无怪乎乾隆皇帝形容它"水风既凉台既敞，延爽望远胸襟开"（前引诗，《春风

147

图 5-12　春风啜茗台遗址及建筑基石、石柱等残骸
　　　　2005 年 2 月作者摄

图 5-13　春风啜茗台遗址往东向可见万寿山佛香阁
　　　　2005 年 2 月作者摄

图 5-14　春风啜茗台遗址往北向可见玉泉山及玉峰塔，夏天
　　　　玉峰塔影映入湖面，借景之妙，增添湖光山色之美
　　　　2005 年 2 月作者摄

啜茗台》，《御制诗文集》，四集卷八十一）不愧为清漪佳
景之一，然因管制未开放，因此知者甚少。

　　这些残留的基石或建筑构件，多为白色石
雕，有琢刻莲花，亦有琢刻其他花纹者。史载
清漪园毁于咸丰十年（1860）英法联军的劫掠，
前山中段、后山中段和东段、东宫门以及春风
啜茗台所在南湖岛等地毁坏尤为严重。这些地
方除了个别建筑之外，几乎被焚烧殆尽。同治

初年，南湖岛上的春风啜茗台尚存于《陈设清册》
上，然而光绪年间，已无相关记载。因此，春
风啜茗台在英法联军掠夺之后，应已大半毁损。
光绪年间（1875–1908），清廷虽曾试图恢复旧
观，但要修复几成废墟的清漪园谈何容易。而
位于园区偏南，又非重要景点的"春风啜茗台"，
只是乾隆时期的一处品茗茶舍，或不会受到慈
禧太后的重视，因此，至今仍见基石构件残骸
散布地面，他日重新展现新建亭台，开放观光
游览，清除遗址，恐又遭遇与"试泉悦性山房"
茶舍前"洗心亭"（图 2–11）的相同命运。

　　站在景致宜人的春风啜茗台遗址，朝北可
见玉泉山静明园（此处有"竹炉山房"茶舍）的
玉峰塔及映入湖面的玉峰倒影，借景之妙，增
添生动之美。如此美景，当夏荷迎风而展，茶
香荷香该是如何醉人。可惜暑夏季节，"春风啜
茗台"主人，多空放此处，而在热河行宫的千
尺雪及味甘书屋茶舍品茗。

　　我们二人在此流连拍照，约莫半小时后步

下山巅，环径漫步至小岛的唯一入出口处，方知此处尚未开放。途中与友人窃自称幸，还好直接涉湖面而入，如循正道，勘察春风啜茗台遗迹终将再度成为泡影。风飕刺骨的气候使得门卫无意巡场，亦未料有人会涉湖入岛。谨此对陪同友人，致以万分感谢；在如此恶劣天候下相伴探险，再多的寒意亦不敌此时满怀的温暖。

茶舍布置

根据清宫《活计档》资料记载，乾隆皇帝对于茶舍的茶器安置，均有定规。一般必备的有茶具、竹茶炉、宜兴茶壶、茶钟，以及茶托、茶盘或双圆茶盘、茶叶罐等主要茶器；而水盆、银杓、银漏子、银靶圈、竹筷子、瓷缸等辅助茶事的备水、滤水或备火之器，亦会随茶具（非指一般泛称之茶具，清宫档案系专指盛装或陈设茶器的茶籯、茶器格柜或茶棚），此类陈设式的茶具格柜（图5-15、

1-35）亦可从乾隆时期唐岱（1673－1752）所绘《石坂烹云图》册（图5-16）中见其使用的情形。此图册左面为乾隆皇帝御制诗《石坂烹云》，右面则为唐岱画文士品茶、茶僮备茶的场景。图示石坂几上置有上下两格的茶具格柜，内有茶壶、茶叶罐等茶器；一侧还设有乾隆皇帝品茶图上常见的洒蓝釉缸（水盆），内置舀水勺；主人面前长方漆盘上置青花茶碗以及宜兴茶壶（图5-16局部）。另由乾隆二十三年、二十四年的档案记载，以及二十三年、四十年《春风啜茗台》御制诗中可以得知，春风啜茗台茶舍除设有鸡翅木茶具（含竹茶炉在内的全套茶器）一份之外，尚有青花白地茶钟四件及与之搭配的紫檀木盖（图5-15右上），以及戗丝紫檀双元（圆）盘三件（图5-17、7-17）。乾隆二十三年《活计档》二月《行文》载：

二十九日郎中白世秀员外郎金辉来说太监胡世杰传旨：着苏州织造安宁照先做过茶具再

图5-15　清乾隆　紫檀木书画装裱分格式茶具（茶籯）故宫博物院藏
上格可见描红御制诗茶钟搭配紫檀木玉顶盖

149

石坂烹雲

一敕鳴
明披襟成小啜孤鶴
腸堪潤應如眼倍
魚目已拚生漫說
玉液清龍團曾未點
敲火鳥卿爨熟雲

图5-16　清乾隆　唐岱《石坂烹云图》册及局部　故宫博物院藏
　　　　图绘品茶场景，一僮炉前扇火煮茶，石坂几上置有上下两格茶具格柜，内有茶壶、茶叶罐等茶器；侧旁还设有乾隆皇帝品茶图上常见的洒蓝釉缸（水盆）内置舀水勺。主人面前则有宜兴茶壶、长方漆盘及青花茶碗。

做二分，随水盆、银杓、银漏子、银靶圈二件，宜兴壶、茶叶罐、不灰木炉（竹茶炉）、铁钳子、铁快子、铜炉、镊子、铲子、竹快子等全分。钦此。

于五月初二日郎中白世秀员外郎金辉为据苏州织造安宁来文内开，奉旨：传办茶具二分，未识照棕竹或班竹、文竹样成做之处，缮折交太监胡世杰转奏。奉旨：何样工料俭省即做何样。钦此。

于七月十二日员外郎金辉将苏州织造安宁送到茶具、香几二分持进，交太监胡世杰呈览，奉旨：持出暂收查库贮，茶盘二件俟水盆、银杓、铜波箕等得时，将鸡翅木茶具一分在藻鉴堂清风祝明台（春风啜茗台之误）安，钦此。[4]

另乾隆二十四年十月《活计档·匣表（裱）作》亦载：

于十二月二十日郎中白世秀员外郎金辉将青花白地茶钟四件配得紫檀木盖四件，随商丝紫檀木双元（圆）盘三件持进交太监胡世杰呈进奉旨：着俱送往清（春之误）风啜茗台安，如此处有茶具一分着仍持回一分回奏，其余剩商丝盘一件留下。钦此。[5]

由上述两年数次的活计承做及发布情形，可以概见春风啜茗台茶器安置的情况。

乾隆皇帝莅临"春风啜茗台"茶舍的次数或不频繁（御制茶诗的多寡或并不等同于实际的造访次数），然茶舍内摆设却一项也不少。这不仅表示乾隆皇帝对所有茶舍皆以等同地位看待，亦代表茶舍在乾隆皇帝心目中有一定的象征意义。乾隆皇帝对仿自惠山竹炉山房的竹茶炉情有独钟，为每处茶舍必备之器，春风啜茗台亦不例外。

因迥得高台，春风小憩来。
竹炉仿惠上，凤饼出闽隈。
第一泉犹近，彼双符慢催。
试看文武火，绝胜圣贤醅。
咏继三清句[注]，香生大邑杯。
君谟因事纳，遐想信忠哉。

注：以雪水沃梅花、松实、佛手，名曰三清茶，有诗纪事。乾隆二十三年仲春，《赋得春风啜茗台》，《御制诗文集》，二集卷七十六。

屋奉竹炉肖惠山，春风啜茗趁斯闲。
却予心每闲不得，忆到九龙问俗间。
凤饼龙团底较工，擎杯别有会心中。

图 5-17　清乾隆　楠木双圆茶盘及成化青花红彩花卉茶钟一对　台北故宫博物院　此图作为双圆茶盘之参考

春风正值登台候，管仲老聃异代同。

乾隆四十年正月，《春风啜茗台二首》，《御制诗文集》四集卷二十六。

这二首作于春风啜茗台茶舍的茶诗，皆提及茶舍里的茶炉仿自惠山。乾隆皇帝独爱竹茶炉，自有其历史渊源，乾隆皇帝视外形上圆下方的竹茶炉为宇宙象征（图4-15），也是儒、道、释合一的境界。[6] 茶舍里乾隆皇帝最喜爱拿来啜茶的茶碗，其碗壁上一般均饰有不同时期的御制茶诗。尽管茶诗内容或不相同，然形制、主要纹饰大多相同（图4-16、4-17）。这是乾隆茶器中一个非常特殊的现象，终其一生，乾隆茶舍里不可缺的，而且造型几乎不变的茶器，就是"竹茶炉"和"御制诗文茶碗"。另外还有一项重要的茶舍装饰，就是陆羽茶仙造像，其具体形貌，依据档案记载为"脸相用泥捏做，衣服绫绢做，其桌椅用紫檀木做"。而且"着安茶具之处，无有茶仙的即送往安设"。[7] 每处茶舍均必安设陆羽茶仙造像，并附设紫檀木桌椅，与陆羽像搭配，可见乾隆皇帝对此项摆饰的重视。唐代陆羽精于茶道，著作《茶经》，被奉为茶圣，乾隆皇帝则尊之为茶仙。茶舍里置茶仙像，一则表示乾隆皇帝对茶事的敬重；一则可与之对话，倾诉品茗心得。[8] 例如乾隆五十年在题盘山千尺雪茶舍内所悬挂的唐寅《品茶图》上即说道："品茶自是幽人事，我岂幽人亦品茶。偶一为之寓兴耳，灶边陆羽笑予差"。（乾隆五十年三月，《题唐寅品茶图》，《御制诗文集》五集卷十四）竹茶炉侧边摆饰陆羽茶仙像，这是乾隆茶舍特有的艺术表现，在茶史上也是少有的现象。然而遗憾的是，陆羽造像台北故宫博物院并无收藏。2007年写

图5-18　清乾隆　陶塑陆羽茶仙像背面　故宫博物院藏

作此文时，遍寻台北故宫博物院无着。2021年在北京校勘文集时，竟于故宫博物院寻得。[9]（图1-49、5-18）

结语

茶舍是乾隆皇帝翰墨诗情勃发的处所，品茗赋诗则是他茶舍生活中的重要特色。他于茶诗中不断抒发自己的感触，吐露人生哲学，而茶舍与竹茶炉成了他最佳创作空间与作诗的泉源。乾隆二十三年《题春风啜茗台》诗中提道："虚设无妨铫，清游可当茶。恰如吟杜氏，即是到何家。松籁沸如鼎，荷香蒸作霞。题诗着壁上，借以阅年华。"[10] 乾隆五十一年（1786）《玉乳泉》诗中强调："……纵然非色亦非声，会色声都寂以清。岂必竹炉陈著相，拾松枝便试煎烹。煎烹恰似雨前茶，解渴浇吟本一家。忆在西湖龙井上，尔时风月岂其赊。"[11] 另玉泉山静明园《竹炉山房戏题二绝句》则提道："……莫笑殷勤差事熟，吃茶得句旋前行。设教火候待文武，亦误游山四刻

程。"[12]《咏惠山竹炉》又说道："硕果居然辈几陈，岂无余憾忆前宾。偶因竹鼎参生灭，便拾松枝续火薪。为尔四图饶舌幻，输伊一概泯心真。知然而复拈吟者，应是未忘者个人。"[13]原来乾隆皇帝于茶舍的品茗是与题诗、得句脱不了关系——"题诗着壁上，借以阅年华""解渴浇吟本一家""吃茶得句""拈吟者"也都是为"暗窦明亭侧，竹炉茗碗陪。吾宁事高逸，偶此浣诗裁"[14]的创作而来的。至于乾隆皇帝于"玉乳泉"茶舍休憩品茗所作"……有茶亦可烹，有墨亦可试。仆人欣息肩，而我引诗意。一举乃两得，句成便前诣"[15]"我自吟诗众歇息，逸劳合念与人同"[16]再次为自己定下了吃茶得句的结论。

乾隆皇帝是一位深具文人气质与艺术修养的皇帝，他一生嗜茶，阅历丰富，不断投注于茶舍的装潢与茶器制作，亦不停地为茶舍题咏诗文，将其品茶理念、思想留示后人，这在文化史上是绝对有贡献的。他为中国茶史所留下可观的茶舍资料，是无价的文化财富。竹炉、茶碗是一个表征，也是一部融合了儒、释、道思想观念的形体，这在乾隆茶诗里随处可见，亦形成乾隆皇帝茶舍的特色；其所反映出来的，是他个人浓厚的哲学观与生活理趣。茶舍是一个完备的空间，它不仅容所有茶事之必备，亦是乾隆皇帝的抒怀养性之所。乾隆五十二年咏《春风啜茗台》诗中提及："湖西缀景别一区，背山面水景最殊。山颠之台迥而敞，春风啜茗因名诸。啜茗高闲非我事，炉瓯久未偶来试。弗以渴害为心害，修己治人廑此意"[17]亦表明了此一观点，因此，撇开乾隆皇帝的皇帝身份，将其视为清代最具代表性的识茶哲人，应当之无愧。

（原载《故宫文物月刊》288 期，2007 年 3 月，部分修订。）

注 释

1.1. 廖宝秀，《乾隆皇帝与试泉悦性山房》，《故宫文物月刊》，225 期，2001 年 6 月，页 34 ~ 45。

2. 廖宝秀，《乾隆皇帝与焙茶坞》，《故宫文物月刊》，244 期，2003 年 7 月，页 46~ 57。

3. 廖宝秀，《清高宗盘山千尺雪茶舍初探》，《辅仁历史学报》，第十四期，2003 年 6 月，页 53 ~ 120。

2. 宋后楣，《明初画家王绂的隐居与竹茶炉创制年代考》，《故宫学术季刊》，第二卷第三期，1985 年春季，页 13 ~ 27。

3. 前引文，《清高宗盘山千尺雪茶舍初探》，页 73。

4. 《清宫内务府造办处档案总汇》，册 23，页 604、605。

5. 《清宫内务府造办处档案总汇》，册 24，页 506、507。

6. 廖宝秀，《乾隆茶舍与竹茶炉》，台湾艺术大学《吃墨看茶——2004 茶与国际学术研讨会论文集》，页 116、117。

7. 《清宫内务府造办处档案总汇》，册 19，页 569；册 20，页 287。

8. 前引文，《清高宗盘山千尺雪茶舍初探》，页 73。

9. 感谢故宫博物院研究人员告知，有件现定名为"泥人张塑彩绘仙人像"应为"陆羽茶仙像"。由其脸相、衣服、紫檀木桌椅，正与《活计档》记载完全吻合。

10. 《御制诗文集》，二集卷七十九。

11. 《御制诗文集》，五集卷二十三。

12. 乾隆三十九年二月中旬，《御制诗文集》四集卷十九。

13. 乾隆四十五年南巡，《咏惠山竹炉》，《御制诗文集》，四集卷六十九。

14. 乾隆二十六年《暮春玉泉山》，《御制诗文集》，三集卷十二。

15. 乾隆五十二年《玉乳泉得句》，《御制诗文集》，五集卷三十一。

16. 乾隆五十三年《玉乳泉三首》，《御制诗文集》，五集卷三十九。

17. 《御制诗文集》，五集卷二十九。

万寿山——清可轩茶舍

引言

2012 年夏月至北大讲课之余，趁返沪当日的短暂时间与友人同赴颐和园清可轩寻幽访胜。阔别七年的颐和园，最想去的地方还是与研究相关的乾隆茶舍。清可轩在拙作《乾隆茶舍再探》一文内，虽曾简略提及，[1] 但未做实地考察，所以在事先毫无计划的情况下，但凭依稀的记忆在万寿山园内，可否寻着目的地，并无把握。然而可喜的是一路上竟不费吹灰之力，便顺利地在赅春园内寻获目的地，而且还发现了"清可轩"题匾，以及乾隆皇帝镌刻于岩壁上的《清可轩》御制诗文，然字迹多擦损模糊，倚壁建构的轩楹瓦屋已不复在，仅留下刻有乾隆御制题句、题诗的岩壁墙面，而赅春园内的洞天奇景，亦仅剩满园断垣残壁，础石历历，触目所及，无限伤感。伫立在这自咸丰十年（1860）被英法联军劫余之后就未再修整，而当年被乾隆皇帝誉为"山阴或不来，来必憩斯轩""山阴最佳处，每到必小憩"的清可轩遗址上，探幽之余，不禁感慨万千，平添惆怅。

万寿山清可轩

清可轩位于万寿山后山中段赅春园后方，这是乾隆皇帝每回到万寿山清漪园，必至歇息品茗、题诗安句的所在，因此它不是书斋而是休憩澄虑的文轩，也是品茗茶舍。现今清可轩遗址说明刻石上写明为书斋，实非正确，笔者认为乾隆帝既在此设竹茶炉、茶具，而且其左前方已有"味闲斋"书斋（图6-1），清可轩明显是作为茶舍文轩使用。

清可轩是乾隆时期万寿山清漪园的一景，清漪园位于北京市西郊，始建于乾隆十五年（1750），费时十四年，于乾隆二十九年（1764）完成，咸丰十年（1860）毁于英法联军之役。光绪十四年（1888）慈禧太后命清廷挪用海军建设专款，修复了清漪园大部分的宫廷区与园林，并改名为"颐和园"。光绪二十六年（1900）再次遭受八国联军毁坏。光绪二十八年（1902）又经第二次修复，但二次修复均未扩及赅春园及后山园林区，现存颐和园虽不是乾隆时期的全貌，但仍是现今保留最完整的清代皇家园林。

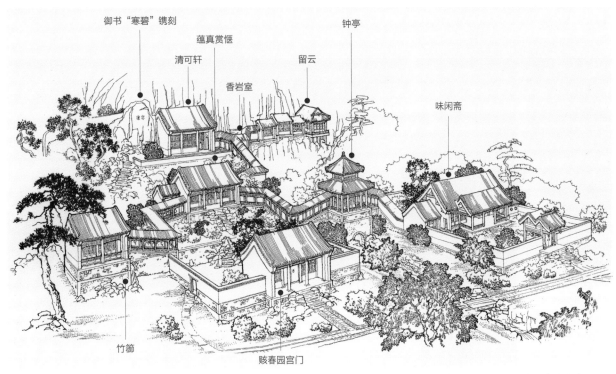

御书"寒碧"镌刻　蕴真赏惬　　　　　钟亭
　清可轩　　　留云　　味闲斋
　　　香岩室

竹箱　　　　赅春园宫门

图6-1　赅春园内各景及味闲斋复原透视图（图采自《颐和园——中国皇家园林建筑的传世绝响》图559，各景名称则为作者自注）

清漪园是座由乾隆皇帝一手设计兴建的行宫御苑，乾隆十六年命名为"清漪"，是根据《诗经·伐檀》："河水清且涟漪"得名。兴建时期正处大清盛世，有足够的财力、物力，因此清漪园的规模宏伟绮丽可想而知。本文所谈清可轩及赅春园等万寿山后山、后湖及昆明湖西岸部分，自被英法联军破坏后已成废墟（图6-2～6-4），所以现今所见清可轩、味闲斋、蕴真赏惬、竹箱、香岩室、留云等遗址才得以保留了当年乾隆时期建筑规格的基本地貌。

图6-2　绮望轩澄碧亭遗址
　　　　地上遗有八角亭的圆形柱础石
　　　　基座。2012年作者摄

图6-3　蕴真赏惬通往清可轩的爬山游廊
　　　　遗址。2012年作者摄

图6-4　清可轩现状遗址草木丛生，岩壁上
　　　　可见残砖剩瓦、地上则有柱础遗迹。
　　　　2012年作者摄

清可轩建筑时间及样貌

虽然部分书籍记载清可轩建于乾隆十八年，但笔者据《内务府养心殿造办处各作成做活计清档》（以下简称《活计档》）《钦定日下旧闻考》以及《清高宗御制诗文全集》（以下简称《御制诗文集》）的记载，可以确认清可轩应完成于乾隆十六年。所据理由有二：

一、《御制诗文集》《钦定日下旧闻考》载乾隆皇帝首次题咏《清可轩》是在乾隆十七年（1752）的暮春二月；而御书"清可轩"三字行书（图6-5）题匾亦在十七年暮春，既然乾隆皇帝十七年二月已在清可轩作诗题字，建筑物当完成于此前。

二、《活计档·记事录》上清楚记载清可轩的茶具制作发布于乾隆十六年九月，档案记载如下：

十一日员外郎白世秀来说太监胡世杰传旨：四分茶具做得时圆明园（池上居怡情书史）摆一分、万寿山（清可轩）摆一分、静宜园静室（竹炉精舍）摆一分、热河（千尺雪）摆一分。钦此。[2]

据笔者考证，这四处茶舍设立均在乾隆十六年秋冬之间，即清高宗第一次南巡回跸之后。乾隆皇帝在万寿山的茶舍除清可轩外，应别无他处，此与其他乾隆茶舍一样，有时系以建筑名称载示，有时则以所在地名统称。例如盘山静寄山庄仅设"千尺雪"茶舍一座，出现在《活计档》内的记载，有时称谓全名"盘山千尺雪"，有时则简称"盘山"。[3] 因此即使省略了"千尺雪"，但详熟乾隆茶舍的分布后，仍可知其所

指为何。再者清可轩内御书题匾等挂饰，多在茶舍成立之后设置，与清宫多数建筑一样，先确定建筑功能，后订立名称。

清可轩位于赅春园的最后方（图6-1、6-3~6-5），这里是乾隆皇帝在清漪园活动时最喜爱的场所之一。赅春园位于万寿山后山桃花沟上源，是一座前临丘壑、背倚石崖的山地小园林。整区景观是沿着陡峭的山坡地形而建，依山筑室，分三个台地逐层叠起，依次第一层为赅春园宫门、味闲斋；第二层蕴真赏惬、钟亭、竹簏。第三层最高处为清可轩、香岩室、留云（图6-1）；各建筑间除宫门区外均以曲栏游廊连接，如味闲斋与蕴真赏惬中间以游廊跨沟壑连接，跨

图6-5　岩壁上刻有乾隆十七年御书"清可轩"三字行书刻匾，其"轩"字下方则为乾隆十七年仲春三月首次题咏《清可轩》诗　2012年作者摄

158

沟的平台上建有钟亭，与北边绮望轩的澄碧亭（图6-2）构成对景轴线；钟亭与蕴真赏惬、竹箘，以及蕴真赏惬与清可轩之间均有阶梯式游廊连接（图6-1）。万寿山后山景区向以幽邃著称，奥中有旷，建筑群多以半隐半现的形象建置，而清可轩是位于赅春园内的一处天然洞府，其最特别之处，就是"依岩作壁"以整面峭壁作为茶舍墙面，形成"山包屋""屋包山"的三楹形式建筑，高处岩壁上刻有乾隆皇帝御书"清可轩"三字题匾（图6-5）。由于部分岩壁墙面长有青苔（图6-6），终年长青，冬暖夏凉，因此乾隆在诗作中一再形容清可轩是："屋中有峰峦""屋中藏峭壁""石壁在其腹，山包屋亦包""轩中石壁万古苍，壁上苔茵四时翠，冬入则温夏入凉""壁苔不改四时绿，砌草全滋过雨青，冬至常温夏偏冷"。

以下征引部分乾隆御制诗中句，说明乾隆皇帝描述的清可轩与今日残留景观是相符合的，

并有助于理解乾隆皇帝命名为"清可"以及清可轩用作澄观、题诗、品茗休憩的意涵。

金山屋包山，焦山山包屋。[4]
包屋未免险，包山未免俗。
昆明湖映带，万寿山阴麓。
恰当建三楹，石壁在其腹。
山包屋亦包，丰啬适兼足。
颜曰清可轩，可意饶清淑。
璆琳匪所宜，鼎彝或堪蓄。
挂琴拟号陶，安桃聊仿陆。
乾隆十七年仲春《清可轩》,《御制诗文集》,二集卷三十三。

此为乾隆首次题咏清可轩诗，亦镌刻于御书"清可轩"题匾左下方（图6-5），其他还有乾隆十八年、十九年的《清可轩》诗：

雨足浓皴一屋山，天葩仙药非人间。
是中消夏宜长住，笑我无过暂往还。
乾隆十八年七月上旬《清可轩》,《御制诗文集》,二集卷四十二。

倚岩诘曲构闲房，生色瑶屏满屋张。
竹秀石奇参道妙，水流云在示真常。
天花不碍一床落，仙草真成四季芳。
今日行春绝胜处，银塍筜膴照农祥。（图6-7）
乾隆十九年甲戌题《清可轩》,《御制诗文集》,二集卷四十五。

翠壁屋内张，碧峰屋外环。
三间虽不多，表里逻屏颜。

图6-6　清可轩屋内岩壁上满刻乾隆皇帝历次来访题诗。
　　　　岩壁上凿成长方形者，上皆刻有御制诗文。现今壁
　　　　上亦长有青苔，乾隆时期的苔茵或与此相像。 此山
　　　　壁即乾隆皇帝所说的"屋包山，山包屋"的屋内岩壁，
　　　　壁间刻满《清可轩》题诗　2012年作者摄

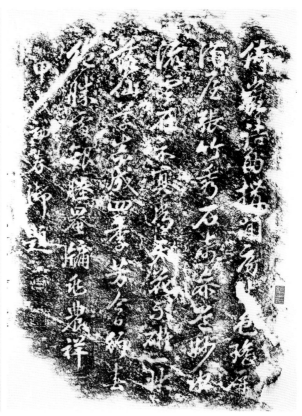

图6-7　乾隆十九年甲戌《清可轩》刻石与拓片："倚岩诘曲构闲房，生色瑶屏满屋张。竹秀石奇参道妙，水流云在示真常。天花不碍一床落，仙草真成四季芳。今日行春绝胜处，银塍罨腼照农祥。"　许力拓　2016年作者摄

题句以岁增，历历缅游攀。

乾隆二十八年仲春与花朝间，《清可轩题句》，《御制诗文集》，三集卷二十八。

山阴最佳处，侧倚芙蓉朵。

因迴复就深，位置殊帖妥。

虚从窗底凭，壁在屋中里。

绮缀例不施，爱此真清可。

乾隆二十九年新正中旬《清可轩》，《御制诗文集》，三集卷三十五。

疏轩倚半岩，山阴最佳处。

入室衣袂寒，绣壁莓苔护。

含露多润意，摇风有生趣。（图6-8）

乾隆三十二年四月下旬《清可轩题壁》，《御制诗文集》，三集卷六十五。

轩构山阴路必经，无妨顺便小延停。

壁苔不改四时绿，砌草全滋过雨青。

冬自常温夏偏冷，画难为色句奚形。

乾隆三十七年仲夏五月中旬《题清可轩》，《御制诗文集》，四集卷六。

山轩倚峭壁，壁复轩中里。

望之若峻危，即之实平妥。

所以游山阴，无不小憩坐。

乾隆三十八年正月下旬《清可轩》，《御制诗文集》，四集卷十。

每历山阴无不至，一室之清可人意。

轩中石壁万古苍，壁上苔茵四时翠。

冬入则温夏入凉，唯有春来盎和气。

乾隆四十年正月下旬《题清可轩》，《御制诗文集》，四集卷二十六。

山阳迤逦至山阴，石洞空空清可心。

冬燠夏凉天地妙[注]，屋包壁立画图深。

境唯是朴朴堪会，物以含华华可寻。

注：凡石洞皆如是。

乾隆五十年夏至前《清可轩》，《御制诗文集》，五集卷十六。

屋中有峰峦[注]，清托高士志。

心中具城府，可畏金人意。（图6-9）

注：是轩倚石壁构之，峰峦宛包屋内。

乾隆五十三年上元节后《戏题清可轩》，《御制诗文集》，五集卷三十六。

清可轩屋内有峰峦，岩壁上有四时常青的苔茵（图6-6）、仙草（或是灵芝），"屋内翠壁张，屋外碧峰环"，不出门外即可欣赏这幅天然奇景，无怪乎乾隆皇帝"爱此真清可""一室之清可人意""每历山阴无不至"，题咏多达四十八首，意在表示清可轩于众多皇家园林宫室中，蒙受乾隆皇帝的特别青睐。

清可轩内部陈设

谈到清可轩的内部陈设则与清漪园各处殿宇、厅堂、斋轩的陈设一样，皆各具功能，用以满足帝王园居生活的闲情逸致。一般宫殿厅堂设备华丽、规制严格，但属休憩赏游性质的建筑如书斋、文轩、茶舍、琴室、画室等家具陈设布置则比较自由灵活、素雅富文人气息。尤其是用作读书、看画、作诗、品茗休憩的斋轩，乾隆皇帝有自己的喜好及主见，如在圆明园、

图6-8　乾隆三十二年《清可轩题壁》刻石："疏轩倚半岩，山阴最佳处。入室衣袂寒，绣壁莓苔护。含露多润意，摇风有生趣。九夏足延憩，况始清和遇。挼毫促得句，笋舆便可去。"2016年作者摄

图6-9　乾隆五十三年《戏题清可轩》刻石："屋中有峰峦，清托高士志。心中有城府，可畏金人意。高士近奚妨，金人吁可畏。严光高士俦，林甫金人辈。去取有阃哉，斯言岂儿戏。"2016年作者摄

图 6-10　乾隆　竹茶炉带紫檀木座　茶炉上圆下方
　　　　故宫博物院藏

图 6-11　清乾隆　宜兴窑紫砂御制诗烹茶图茶壶
　　　　故宫博物院藏

图 6-12　清乾隆　宜兴窑灰泥御制诗烹茶图茶壶
　　　　故宫博物院藏

图 6-13　清乾隆　宜兴窑御制诗烹茶图茶壶（一对）
　　　　故宫博物院藏

静明园、静宜园、清漪园、避暑山庄、静寄山庄以及紫禁城内的茶舍，一律摆设其所钟爱的竹茶炉（图 6-10），并使用宜兴所制各式茶壶、茶叶罐等（图 6-11 ～ 6-15），与一般宫室所使用的华美官窑茶器具有所不同。

清可轩作为乾隆皇帝品茗作诗的文轩使用，在清漪园建园之初即已定案，由前述乾隆十六年九月《活计档·记事录》的茶具订制即可证实。

图6-14　清乾隆 宜兴窑黄泥御制诗梅石纹茶叶罐　故官博物院藏

图6-15　清乾隆 宜兴窑芦雁图六方茶叶罐　故官博物院藏

这批订制的茶具及茶器在乾隆皇帝催促下，仅花费两个月的时间即告完成，并送至清可轩陈设。乾隆十六年十一月《活计档·苏州织造》：

二十九日员外郎白世秀来说太监胡世杰传旨：着图拉做棕竹茶具二分、班竹茶具二分，每分随香几一件、竹炉一件。钦此。于本年十一月初五日员外郎白世秀将苏州织造安宁送到茶具四分随香几、竹炉四件俱持进交太监胡世杰呈进讫。[5]

到了乾隆十七年，二月在乾隆御制诗中已谈及清可轩的内部陈设备有茶炉、茶壶："璚琳匪所宜，鼎彝或堪蓄。挂琴拟号陶，安铫聊仿陆"[6]乾隆皇帝认为在清可轩中摆饰美玉并不相宜，陈设青铜鼎彝之类或较恰当，并应仿效陶渊明、陆羽，于墙壁上挂琴，轩中安置茶铫等茶器（图6-10～6-15）。事隔一年，乾隆十八年二月《活计档·记事录》记载："初四日员外郎白世秀来说太监胡世杰传旨：玉壶冰现设茶具一分，着

安在青（清之误）可轩。钦此。"[7]乾隆皇帝将原来摆设于紫禁城建福宫玉壶冰内的茶具移至清可轩，这组新移置过来的茶具应该是紫檀木茶具，即与嘉庆十八年（1813）《清可轩陈设清册》记载（后述）的内容亦多符合。

乾隆皇帝每次驾临清可轩停留时间不长，大多由画舫上岸后一路遍巡后山园林如静佳斋、云绘轩、构虚轩、绮望轩、味闲斋等斋轩后，便于清可轩小坐片刻，借以沉淀心情，一面品啜香茶，一面挥毫作诗，诗成即离去，因此才会于诗中反复提及坐不暖席便匆匆离去，实有愧于此间等诗句。下面摘录数首乾隆于清可轩品茗自省的感言：

萝径披芬馨，林扉入翳蔚。
岩居夏长寒，况经好雨既。
散花作静供，烹茶学幽事。
望雨如望蜀，无厌宁自讳。
终是忧劳人，永言意所寄。

乾隆十八年端午后《清可轩》,《御制诗文集》,二集卷四十一。

一晌早延清,三间岂嫌窄。

茶火软通红,苔冬嫩余碧。

傥来辄凭窗,促去不暖席。

便宜是诗章,往往镌琼壁。

乾隆二十一年正月上元节前后《清可轩》,《御制诗文集》,二集卷六十。

匡床簟席凉,适得片时坐。

步磴拾松枝,便试竹炉火。

乾隆二十六年七月中旬《清可轩》,《御制诗文集》,三集卷十五。

倚峭岩轩架几楹,竹炉偶仿惠山烹。

中人早捧茶盘候,岂肯片时许可清。

乾隆五十一年新正后《戏题清可轩》,《御制诗文集》,五集卷二十。

文轩倚石壁,山阴最佳处。

每到必小憩,借以澄诸虑。

而虑岂易澄,万几一心具。

宇广筹久安,民艰思普豫。

耽闲违无逸,憬然命舆去。

乾隆五十六年正月下旬《清可轩》,《御制诗文集》,五集卷六十三。

至此可知清可轩,不仅是一处可让乾隆皇帝"片时许可清""清心可意"的茶舍,也是一处"每到必小憩,借以澄诸虑"抒怀吟诗的文轩。

据嘉庆十八年《清可轩陈设清册》的记载清可轩内部陈设及图示（图6-16）：

面南安楠木雕夔龙一面挂檐板宝座床五张,床上西面设黄氆氇坐褥一件,锦坐褥靠背迎手一份,随墙书格,明间两边安紫檀方框二件,上设树根仙人山式陈设一件,树根荷花鹭鸶陈

1. 楠木宝座床五张
2. 楸木心书桌一张
3. 书格一架
4. 方杌一对
5. 竹柜一件
6. 树根绣墩二件
7. 黑漆琴一张
8. 诸葛鼓一件
9. 紫檀高几
10. 茶具格
11. 高香几
12. 树根宝座
13. 楸木心书桌
14. 玻璃穿衣镜
15. 树根花篮一对
16. 树根绣墩二件
17. 楠木宝座床
18. 紫檀六方龛
19. 紫檀供案
20. 拜毡二块
21. 有盖四足鼎炉
22. 洋磁香插二件

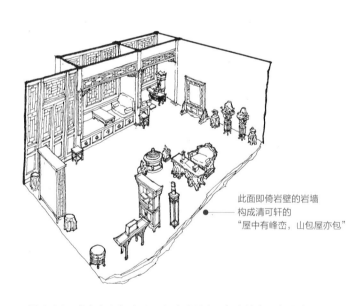

此面即倚岩壁的岩墙构成清可轩的"屋中有峰峦,山包屋亦包"

图6-16　嘉庆十八年（1813）清漪园清可轩家具陈设布置对照图
（采自《颐和园——中国皇家园林建筑的传世绝响》,页347。）

设一件；靠西墙安设竹柜一件，两边安树根式绣墩二件；靠墙挂黑漆琴一张。靠山石下青绿诸葛鼓一件随紫檀架，紫檀高香几一件上设紫檀茶具几一份一件，紫檀茶具格一件，竹炉一件；几下设古铜面渣斗一件随紫檀座，宣窑青龙兽面花囊一件随铜胆、紫檀座，均釉缸一件随楠木架座；面西设树根宝座一张，树根边腿云楸木心书桌一张。东边靠山墙安楠木边座半腿玻璃穿衣镜一件，两边安树根绣墩二件，北面罩内，面东安楠木雕蔓龙宝座床一张，上设锦坐褥靠背迎手四件。随板墙上贴着色山水雪景画一张；东墙面西设紫檀六方龛一座内供铜胎古佛一尊，龛下安紫檀供桌一张。明间分中安黄铜海棠式有盖四足顶炉一件随紫檀座。罩内面北贴御笔字清可轩匾一面。[8]

从清可轩内的家具以及陈设图示（图6-16），可以看出清可轩内的基本陈设或与乾隆时期未多作改变，家具陈设是以紫檀木茶具楄（格）为中心（图6-16之10），而此装置茶具的紫檀木茶具格就设在树根宝座（图6-16之12、图6-17）及楸木书桌（图6-16之13）的正前方，茶器格柜内安置有竹炉一件、另还有古铜面渣斗、宣德青花龙纹带铜胆紫檀木座花囊（花插）以及贮存泉水的钧釉缸（图6-18）等。而贮水茶缸（图6-19、6-20）样式还可从乾隆元年、三年《弘历岁朝行乐图》等多幅绘画中知其形象（图6-21）；清可轩家具陈设右前的紫檀高香几（图6-16之11），陈设档上说明其上并设有紫檀茶具几一份（前述清册说明文内），但这份紫檀茶具内并无注明收纳内容。其实若以乾隆时期的茶具陈设而言，除竹茶炉外应当还有包含宜兴茶壶、

茶钟、茶盘等茶器组（图6-22），即如清宫的陈设（图6-23），笔者认为清册图6-16之9应与此相当。此份陈设清册与布置略有差异，不知是否误抄，否则以乾隆茶舍或清宫布置而言，置有竹炉的手提茶具应设于紫檀条桌上的（图6-23、6-24、6-16之9），而非紫檀高香几（图6-16之11、6-25），一般高香几上仅置放竹炉而已，《陈设档》上亦做如是记载。在故宫博物院所藏乾隆皇帝御笔亲绘的《竹炉山房》图（图6-26、1-5）、《盘山千尺雪图》卷（图6-27、3-31）上亦是如此摆设。若以单个竹茶炉而言，应该陈设于高香几之上，而手提茶具格内附有竹茶炉、茶壶、茶叶罐等一组的陈设可能就如图6-23及图6-16之9所示。

根据清宫档案《活计档》的记载，乾隆时期所称"茶具"，非指一般泛称的茶具，而是专

图6-17　清乾隆　树根宝座　故宫博物院藏

图6-18　清雍正 钧釉缸　台北故宫博物院藏　
　　　　绘画上乾隆早期的盛泉缸与雍正时
　　　　期相近,此类钧釉缸或即《清可轩
　　　　陈设清册》所载"钧釉缸"

图6-19　清雍正 洒蓝釉缸　故宫博物院藏　
　　　　乾隆早期的盛泉缸或沿用雍正时
　　　　期,由故宫博物院所藏乾隆时期《岁
　　　　朝图》或《乾隆中秋赏月图》轴上
　　　　所绘盛水容器均见与此形制相同

图6-20　清雍正 仿官釉缸　故宫博物院藏　
　　　　这类口径二十四厘米、高十五厘
　　　　米、足径十八厘米左右的缸器,
　　　　应就是档案记载的盛水缸

图6-21　清乾隆 郎世宁《弘历岁朝行乐图》轴(局部)　
　　　　故宫博物院藏　
　　　　图绘乾隆皇帝与皇子们庆贺岁朝的场景。喜好品茗的乾
　　　　隆皇帝于元旦岁朝亦不忘他的茶道具,墙边陈设一组带
　　　　有全套茶器的紫檀木茶具,最下方带木盖的钧釉缸造型
　　　　与图6-19雍正时期所制相近

图6-22　清乾隆 桦木手提茶具　故宫博物院藏　
　　　　内置竹茶炉、御制诗茶壶、茶叶罐、茶碗及茶盘。

图 6-23　清乾隆　紫檀木条桌　故宫博物院藏
　　　　桌上摆设小型手提茶具，内分数格，置有竹茶炉、茶壶、茶钟及茶盘。　重华宫
东稍间原状陈设一角。

图 6-24　清乾隆　西番莲纹铜包角条桌　故宫博物院藏

图 6-25　清乾隆紫檀木莲瓣纹香几　故宫博物院藏

图6-26　清 乾隆十八年 乾隆御笔《竹炉山房图》轴局部
故宫博物院藏
茶舍内方形香几上设有竹茶炉

图6-27　清 乾隆御笔《盘山千尺雪图》卷 局部
故宫博物院藏
茶舍内方形香几上设有竹茶炉

指盛装茶器的棚柜，既有收纳又有陈列的作用，相当于唐代陆羽《茶经》中所称的"具列"，现今北京故宫博物院还藏有清宫旧藏乾隆时期多组内含各式茶器的棚柜、茶籯（图6-22、4-21、5-15）亦就是《活计档》内所指称的"茶具"。若以室内陈设而言，带茶具的紫檀木茶具格、高几及高香几，绝对是位居轩内的明显位置，由此可见，清可轩的布置是以茶具为主，也可以确认清可轩亦作为乾隆皇帝于万寿山后山处啜茗怡情的事实。虽然上述嘉庆年间的陈设档或不足以证明与乾隆时期布置相同，唯证诸乾隆御制诗有关《清可轩》的诗文、《活计档》所载茶器及其他陈设档文献，清可轩的茶具陈设或自乾隆以迄嘉庆未曾变动，嘉庆年间的陈设档案应是照抄乾隆年间的档案而成，这种情形在清宫陈设档案内多有所见，其内容应可作为此处陈设之参考。

小结

乾隆皇帝好作诗文，四万二千余首的《清高宗御制诗文全集》等同于他一生的日常生活行

事记述，举凡政事、祭典、艺术鉴赏观、生活琐记等均记录在内，且皆依时序排列，其内容甚至较清宫记录皇帝政务起居的《起居注》更为丰富，乾隆皇帝以诗文记述生活作为日记的表现方式，在中国诗文史上堪称特别。只要仔细查核乾隆皇帝诗文及注记，大多可以核对出何时何地、做何事。而众多的宫殿苑囿，除理政起居的宫苑外，其余的休憩处所，每次驾临都是蜻蜓点水，因此在他的诗文内也一再提道：

偶来辄凭窗，促去不暖席。
乾隆二十一年年正月上元节前后，《清可轩》，《御制诗文集》，二集卷六十。

坐未逾时便归去，笑予不是个中人。
乾隆二十三年《味闲斋漫题》，《御制诗文集》，二集卷七十六。

无暇恒在兹，谷神应笑我。
乾隆二十四年六月初，《清可轩》，《御制诗文集》，二集卷八十七。

每到未能坐逾刻，却因无逸忆其间。

乾隆二十四年六月，《偶题味闲斋》，《御制诗文集》，二集卷八十七。

挖毫促得句，笋舆便可去。

乾隆三十二年四下旬，《清可轩题壁》，《御制诗文集》，三集卷六十五。

坐弗暖席便言去，于理宜然未深愧。

乾隆四十年正月，《题清可轩》，《御制诗文集》，四集卷二十六。

每因山阴游，坐憩宜澄观。
所惭成句去，未兹久消闲。

乾隆四十二年正月，《清可轩》，《御制诗文集》，四集卷四十二。

乾隆皇帝每每驾临苑囿游憩，不忘忧国忧民，诗文中必强调自省戒惕，为君不可荒废朝政，"坐久欲忘去，吁此非勤政"[9]"自幼读无逸，尔今可忘不"[10]"万机待予理，犹惜分寸阴。岂得有闲时，无逸以为箴"[11]"宇广筹久安，民艰思普豫。眈闲违无逸，憬然命舆去"[12]"为君岂易哉，适意戒心纵"[13]以上诗文显示，即在园林休闲中乾隆皇帝仍时常警惕自己珍惜光阴，无逸勤政。与其说乾隆皇帝来此是为品茗作诗，不如说他是为清静省思而来，御制诗所反映的是他的人生观、为君之道，而其他苑囿处的诗作亦多如此，处处透露以社稷国事为重，勤政爱民，自勉应作圣主明君。

因此乾隆皇帝的茶舍、书斋诗文亦可归纳其为人君的表态，他不像一般文人到此或纯为

品茗解颐，或赏书鉴画，而是借题提醒自己必须常怀益励，应作明君，即如笔者在乾隆皇帝其他茶舍所述，茶舍是乾隆皇帝翰墨诗情的释放所，茶舍品茗不忘民间疾苦，犹望风调雨顺，国泰民安，否则安能愉悦试茗，拈笔只是徒增羞愧而已，文轩、茶舍都是乾隆皇帝试茗自省的场所，也是自我戒慎无逸为箴的静室。

后记

清可轩岩壁上满刻乾隆皇帝的御制诗文，处处充满他对此地的眷恋与喜爱，虽然遭受外敌侵略，房舍毁于一旦，但岩墙上却抹不掉这位一生爱好艺术，堪称艺文皇帝的自律风雅事迹。乾隆时期《钦定日下旧闻考》《皇朝通志》上均载有乾隆十七年清高宗在清可轩壁间御书（石壁镌刻）的史实：臣等谨按清可轩石壁间御题曰"集翠"，曰"诗态"，曰"烟霞润色"，曰"方外游"，曰"苍崖半入云涛堆"（图6-28~6-34），如今清可轩荒废的岩壁上除了这些当时乾隆皇帝为此轩所设计的镌刻诗句点景外，亦刻有乾隆历次来访的诗文，虽然笔者只寻着二十九首，然大半诗文也因暴露遭受风吹雨打而模糊不清，较能辨识的是轩名"清可轩"以及"集翠"（图6-28）、"诗态"（图6-6、6-29）、"寒碧"（图6-30）、"方外游"（图6-31）、"苍崖半入云涛堆"（图6-32）等点景题句，而原本镌刻在岩壁上的"烟霞润色"却不知何时已松落于地（图6-33），字迹受损不清，显然万寿山岩质脆弱，日晒雨淋，相信假以时日现存壁间的乾隆皇帝诗文恐更难辨识。清可轩左转不远处，亦属赅春园区的"留

图6-28　清可轩岩壁上乾隆御书"集翠"行书镌刻　2016年作者摄

图6-29　岩壁上乾隆御书"诗态"行书镌刻　2016年作者摄

图6-30　岩壁上乾隆御书"寒碧"行书镌刻　2012年作者摄

图6-31　岩壁上乾隆御书"方外游"行书镌刻　2012年作者摄

图6-32　岩壁上乾隆御笔"苍崖半入云涛堆"行书镌刻　2016年作者摄

图6-33　岩壁上乾隆御书"烟霞润色"行书镌刻，此刻石原为岩壁一景，但不知何时已掉落于地　2016年作者摄

图 6-34　留云悬阁岩壁上的释迦牟尼佛与十八罗汉雕像　所有法相均毁，然雕工精细均富神态　2016 年作者摄

云"悬阁建筑，原一半嵌入岩腹，一半凌驾悬壁，与清可轩相同亦是屋包山形式，岩壁上雕凿结跏端坐的释迦牟尼佛一尊，周围环刻十八罗汉坐像（图 6-34），这些法相除罗汉一尊还隐约可见其面相外，其余面貌不清，从残留的雕工看来均富神态，应是石雕精品，然与清可轩命运相同，遭到人为破坏。行笔至此笔者由衷盼望这些文化财产，勿任其荒废应受保护，如此可让乾隆皇帝的爱茶事迹又增华一章。

（原载《故宫文物月刊》357 期，2012 年 12 月，部分修订）

注　释

1. 廖宝秀，《乾隆茶舍再探》，《茶韵茗事——故宫茶话》，台北故宫博物院，2010 年，页 153-155。

2. 括号内茶舍名称为笔者所注加，记载内万寿山摆一分，所指应该就是"清可轩"。

3. "将茶具在玉壶冰陈设一分；盘山陈设一分"，《清宫内务府造办处档案总汇》，乾隆十七年十月《记事录》，册 18，页 706。

4. 乾隆皇帝南巡镇江金山寺，耳闻"焦山山里寺，金山寺里山"留下深刻印象，清可轩"屋包山"构思即由此而来，诗文中亦一再提到。刘托，《颐和园》，中国水利水电出版社，2004 年，页 138。

5. 《清宫内务府造办处档案总汇》，册 18，页 416。

6. 前引诗《清可轩》，《御制诗文集》，二集卷三十三。

7. 《清宫内务府造办处档案总汇》，册 19，页 516。

8. 清华大学建筑学院，《颐和园——中国皇家园林建筑的传世绝响》，台北市建筑师公会出版社，1985 年，页 347。

9. 乾隆二十九年正月《清可轩》，《御制诗文集》，三集卷二十八。

10. 乾隆三十九年正月《味闲斋》，《御制诗文集》，四集卷十八。

11. 乾隆五十一年正月《味闲斋》，《御制诗文集》，五集卷二十。

12. 乾隆五十六年正月《清可轩》，《御制诗文集》，五集卷六十三。

13. 乾隆六十年二月仲春《题清可轩》。《御制诗文集》，五集卷九十五。

热河——千尺雪与味甘书屋茶舍

清高宗以宫廷苑囿或行宫内的建筑作为专用茶舍，在乾隆十六年南巡以前，并不明显，然而南巡之后所建构的立意、名称却十分明确。本文借由乾隆御制诗的诗题、内容，以及建筑物内部茶器与茶具摆饰、陈设等文献记载，来探讨热河避暑山庄两处乾隆茶室"千尺雪"及"味甘书屋"成立的事实。茶舍除作为乾隆皇帝个人的品茗休憩之外，乾隆茶器上的御制诗文装饰，反映了乾隆朝御制文物的独特艺术品味与风格，此一现象显示于各项宫廷艺术品上，如绘画、法书、陶瓷玉珍、漆器、竹木牙雕、各式珍玩、文房等等，展现前所未有的乾隆艺术风潮。

引言

本文所述热河千尺雪与味甘书屋，均位于热河避暑山庄，一般从建筑物本身名称上往往无法理解其功用，只有查阅清宫档案或《清高宗御制诗文全集》（以下简称《御制诗文集》）内容，方可得知乾隆皇帝对这些建筑的定位及其功能。

例如"味甘书屋"或西苑的"焙茶坞"，它们的主要用途既不是书斋，也不是焙茶房，[1] 而是专供乾隆皇帝品茗休憩时使用。然而，乾隆朝《钦定日下旧闻考》的《国朝宫室》或《国朝苑囿》并未特别提及这些建筑的用途，仅载地理位置，并择录数则相关御制诗文而已。因此，若欲了解建筑物与功能名实是否相符，必须考证相关的《御制诗文集》内容，或《养心殿各做成作活计清档》（以下简称《活计档》），甚至宫廷或行宫苑囿的相关《陈设档》等档案资料。例如"书屋"在乾隆朝宫室苑囿中不知凡几，一般多作书斋解释，是供乾隆皇帝读书写字之用，然而，同为书屋的"味甘书屋"，则必须细审乾隆诗文，否则并无法得知书屋其实是专作茶舍使用。[2] 御制诗题《味甘书屋》的内容一再提及与茶事相关：

向汲山泉饮而甘，书屋味甘名以此。
竹炉茗碗设妥帖，试而烹斯偶一耳。
乾隆三十九年六月，《御制诗文集》，四集卷二十三。

竹炉到处学江南，书屋因之号味甘。

泉固尚甘茶尚苦，其间调剂义应探。

乾隆四十七年五月《味甘书屋》，《御制诗文集》，四集卷
九十一。

将茶舍取名"味甘"实取自引流的溪泉甘
甜之故。而西苑内"焙茶坞"茶舍的由来，则
是为了纪念南巡到杭州龙井，看到茶农焙茶极
其辛苦，故取名自目睹的景象，以示不忘民间
疾苦。这在多首乾隆咏《焙茶坞》诗文中都一
再提及：

虽曰焙茶岂焙茶^注，北方安得有新芽。
浙中贡茗斯恒至，荷露烹成倍静嘉。

注：凡摘荈芽必焙之而后成，此南方事亦唯南人始能之。
北方无茶树，安得有焙茶事，无过取其名高耳。

乾隆三十四年六月《戏题焙茶坞》，《御制诗文集》，三集
卷八十二。

北地无茶岂借焙，佳名偶取副清陪。
亦看竹鼎烹顾渚，早是南方精制来。

乾隆三十五年正月《焙茶坞》，《御制诗文集》，三集卷
八十五。

有关乾隆茶舍或乾隆个人专属茶室研究，
相关专论极少。[3]笔者较详细讨论过的乾隆茶舍，
计有位于香山碧云寺的"试泉悦性山房"（图2-1、
2-2）、西苑的"焙茶坞"（图4-1）、盘山静寄
山庄的"千尺雪"（图3-17）、清漪园"春风啜
茗台"（图5-7、5-13）及"清可轩"（图6-1、6-5）
等处。[4]其中，"焙茶坞"茶舍实体建筑仍然存在，
其他则多已遭毁；有些则尚见其遗址或象征性的
残骸遗迹，如"试泉悦性山房"的天然门户，一
棵树龄三百余年的曲折老桧木依然伫立于香山碧

云寺旁的茶舍遗址上（图2-7）；盘山静寄山庄
"千尺雪"茶舍除晾甲石上乾隆御题的"贞观遗踪"
及"千尺雪"刻石（图3-8、3-9），以及周围
石壁上乾隆帝历年来访所作的"千尺雪"茶诗外，
已无遗迹可寻。[5]而清漪园"清可轩"则除镌刻
在岩壁上的"清可轩"题匾、历次来访的御制诗、
点景刻石上的御题句以及断垣残壁之外亦空无
建筑（图6-4，页157）。[6]

此外，笔者于茶舍专文内虽未特别论述，
但已于《乾隆茶舍再探》（于本书中更名为《乾
隆茶舍与茶器》）一文内略作介绍的，则有竹炉
山房、竹炉精舍、玉乳泉、碧琳馆、玉壶冰、
露香斋、热河千尺雪、西苑千尺雪以及味甘书
屋等处。这些茶舍分布在紫禁城、圆明园、玉
泉山静明园、香山静宜园、万寿山清漪园，以
及热河避暑山庄、蓟县静寄山庄等行宫御苑。[7]

梳理《御制诗文集》《活计档》及乾隆皇帝
纪实绘画等文献，笔者认为这些茶舍在宫廷或
行宫园囿内景观建筑的取名与设置，大多专为
品茗而设，并兼有读书、题诗、观画、赏景的
功能。近来因有机缘得以亲临热河千尺雪及味
甘书屋遗址，故再做详细论述。

热河千尺雪

热河避暑山庄（图7-1）是清代的夏宫，
也是乾隆皇帝每年夏秋必至之地，而且驻跸则
至少三个多月，约莫从端午至中秋。乾隆皇帝
先后于此建构二处茶舍，[8]一为千尺雪（图7-1、
7-2，《活计档》中多称"热河千尺雪"），一为
味甘书屋（图7-1、1-19）。热河千尺雪与盘山
千尺雪同皆源自苏州寒山千尺雪，乃明万历年

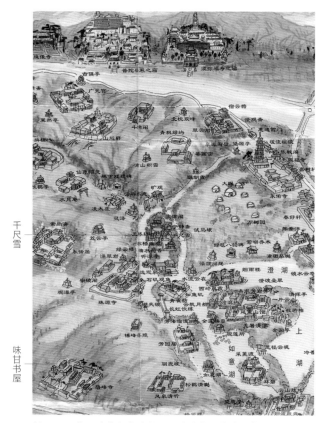

图7-1 热河避暑山庄千尺雪及味甘书屋茶舍示意图
（图采自避暑山庄旅游图局部）

图7-2 热河避暑山庄千尺雪景及茶舍
清和珅．梁国治撰修《钦定热河志》，乾隆四十六年
武英殿本 。台北故宫博物院藏

间名仕赵宦光（1559–1625）所建的寒山别墅
中的一景。赵宦光凿山引泉，泉流沿峭壁而下，
如千尺飞雪，故名"千尺雪"。

　　热河千尺雪始设于乾隆十六年南巡后的秋
天八月，是年八月二十五日便见《活计档·记
事录》内记载："曲水荷香东边殿外檐前挂御笔
'千尺雪'本文一张"所在位于山庄平原区西部，
在康熙避暑山庄三十六景"曲水荷香"的左前方，
再往北行走没多远处，便是乾隆皇帝放置四库
全书之"文津阁"，不过文津阁建立时间是在乾
隆三十九年（1774）。乾隆皇帝于溪畔叠石引流，
并将康熙时期的一组五楹的园林宫殿院落略加
改造成千尺雪景，作为"千尺雪"茶舍使用，内
部陈设竹茶炉及各式茶器具。茶舍改造完成于
当年秋天，乾隆皇帝在山庄度过中秋节，并写
成《热河千尺雪歌》，以颂千尺雪的完成。《热河
千尺雪歌》歌前写道：

　　　　吴中寒山千尺雪，自赵宦光疏剔之后，脍
　　炙人口久矣，然未免借人工。山庄之内，有溪
　　如建瓴，置屋其侧，泠然洒然，喷薄之声隐岩阶；
　　泛潋之光翻月户。盖塞地无亩平，因其势而导之，
　　吸川溅沫之势，有不必以千尺计者，独喜其名，
　　因以名轩，非云慕蔺，聊志因王。[9]

　　所以避暑山庄千尺雪的建构及命名，是在
乾隆皇帝南巡北返后的两、三个月间就定了，
因爱其名、其景，立石造景。

　　由歌文中得知热河千尺雪造景，乾隆皇帝
或认为新造之景不如年代久远的"寒山千尺雪"
之"境野以幽，鸣泉而冷"，亦不及"盘山千尺雪"
之"汇万山之水，而归于一壑"的气势，所以说它：

"盖塞地无亩平，因其势而导之，吸川溅沫之势，有不必以千尺计者，独喜其名"，流泉不长，独爱"千尺雪"这个名称。另在《御制盘山千尺雪记》中亦提及避暑山庄千尺雪：

及秋而驻避暑山庄，乃得飞流漱峡，盈科不已者，作室其侧。天然之趣足矣，然尚未得松石古意。[10]

得见热河千尺雪新建之初，乾隆皇帝并非十分满意，说它有天然之趣，却乏松石古意。再由《热河千尺雪》绘画（图7-3）及近年实地造访其地，造景确如诗文所述（图7-4），溪侧叠石，导流由上而泄，其飞泉瀑布不足丈尺，实难与寒山及盘山的自然景致相比。但数年之后，松树成荫、叠石渐趋格局，松石古意竟成，亦成为乾隆皇帝每至避暑山庄的必游之地。

热河千尺雪与其他地区千尺雪茶舍一样，

乾隆皇帝每回驻跸，旬日内必幸此赏景品茗，亦必有诗，同时也藏一套四卷的各地千尺雪图卷，只要一一展卷阅图，其他三处千尺雪景观—盘山千尺雪、西苑千尺雪（又称瀛台千尺雪）以及寒山千尺雪景观，即如在眼前。

热河千尺雪由于是依据康熙时期的原有宫室改造，[11] 比较其他二楹或三楹的茶舍特别，茶舍为五开间式宫殿建筑，其东墙开有方窗，窗外突出一座长方形半亭，此座开敞的半亭是千尺雪殿的外延空间，可供乾隆皇帝于此品茗赏景。热河千尺雪茶舍的实体建筑样貌可由乾隆十八年（1753）钱维城所绘《热河千尺雪图》册（图7-3）及图卷（图7-5）或《钦定热河志》得其实际形象（图7-2）。另外乾隆二十年（1755）郎世宁（1688-1766）等合绘的乾隆皇帝观《马术图》中亦可见及"千尺雪"茶舍侧景的东墙半亭面貌（图7-6）。除此之外，法国画家王致诚（1702-1768）所绘《乾隆帝射箭油画图》屏上乾隆皇帝

图7-3　清乾隆　钱维城《热河千尺雪图》册　故宫博物院藏

图7-4　热河避暑山庄"千尺雪"茶舍遗址及千尺雪叠石造景空处即千尺雪殿遗址　2013年作者摄

射箭所在地的避暑山庄"试马埭"围场，其背景亦隐约可见邻侧"千尺雪"殿、半亭及叠石造景。（图7-7）

乾隆皇帝一般每年端午过后必至避暑山庄，所以自乾隆十六年以迄嘉庆三年的四十七年间，题咏《热河千尺雪》的品茗诗作及歌赋约有五十一首。以下选列一些乾隆皇帝对热河千尺雪景观及茶舍的品评与感想，乾隆二十六年夏七月晦日于避暑山庄《千尺雪》诗中提道：

筠炉瓷碗伴幽嘉，绿水浮香便试茶。

虽是习劳毖武地，奚妨清供学山家。

《御制诗文集》，三集卷十六。

不嫌落瀑雪微绛，乍喜遥源雨较优[注]

四卷画图一合相，便因结习阅从头。

坐来茗碗刚擎到，熟火沸汤备早闲。

怜彼尚茶忙已甚，肯教消受片时闲。

注：塞山经雨涨水骤至，每挟沙而流色如绛雪。

乾隆三十一年，《御制诗文集》，三集卷五十九。

亦在山边亦水边，山容水态总天全。

讶当六月何来雪，旋悟飞泉解与然。

四处名区一额颜，不忘数典自寒山[注]。

独怜玉塞天开境，说与南人疑信间。

注：爱吴中寒山千尺雪之胜，于西苑、盘山及此，并仿其景，复各为图四，每处合弄之。

乾隆三十七年六月，《御制诗文集》，四集卷七。

擘峡飞流赴野塘，寒山缩地置山庄。

坐来底识千尺雪，披处偏欣六月凉。

飒飒为声朗朗色，喷花六出更何疑。

乘闲四叠长歌韵，心慕东坡偶效之。

图7-5 清乾隆 钱维城《热河千尺雪图》卷（局部）避暑山庄博物馆藏

图7-6　清乾隆　郎世宁等《马术图》轴及局部　故宫博物院藏　局部图上可见热河千尺雪殿屋檐、方形半亭以及千尺雪叠石造景

图7-7　清乾隆　王致诚《乾隆帝射箭油画图》屏及局部　故宫博物院藏　图中射箭者为乾隆皇帝，局部图上可见热河千尺雪殿屋檐、方形半亭以及千尺雪叠石造景

乾隆三十八年，《御制诗文集》，四集卷十六。

向北曾无一里遥，轻舆言至憩松寮。
山庄到已逮廿日，画卷吟方记此朝[注]，
托波已是凉为色，际渚由来静作音。
笑欲两言齐置却，更于何处觅予心。

注：往岁至山庄，旬日内必来此。今年驻跸已几两旬，
因前数日盼晴心不豫，尚未一至，连日开霁似已晴定，
兹来并展阅所弆分绘山庄、西苑、盘山、吴中千尺
雪景四卷，乘兴拈毫意思，方觉闲适耳。

乾隆五十八年六月，《御制诗文集》，五集卷八十三。

———

将寒山之景缩地置山庄，乾隆皇帝每回来此亦必试茶，展阅四卷千尺雪图，趁闲乘兴拈毫赋诗，亦示仰慕苏东坡的诗文豪情。虽然热河千尺雪亦遭战火毁坏，然据前述钱维城所绘《热河千尺雪》图册（图7-3）及图卷（图7-5）、郎世宁《马术图》(图7-6)、王致诚《乾隆帝射箭油画图》屏（图7-7）以及乾隆四十六年《钦定热河志》等所示（图7-2），其景朴雅，流泉飞丈，喷花六出，这里也是备受乾隆喜爱的茗饮茶舍之一。

味甘书屋

热河避暑山庄内除"千尺雪"外，另还有一处专供乾隆帝品茗的地方，那就是位于山庄榛子峪中段山谷盆地"碧峰寺"后的"味甘书屋"（图7-8、1-19），书屋在寺后的小庭院，面东而建，作为茶舍使用，虽曾被提及，但未做较全面介绍，[12] 即使现今遗址整修后的介绍文字，仍旧未说明建筑物之功能，然而此处曾经笔者披露确为乾隆皇帝的御用茶舍。[13] 乾隆皇帝喜于"味甘

书屋"烹泉煮茶、读书，经由乾隆御制诗文提示，以及笔者三次实地考察后，发现味甘书屋也是品茗、赏景及作诗写字的休憩处。虽然建于寺院之后，但景致幽深，也是一处别有洞天的景观，与香山"竹炉精舍"茶舍相同，均位于寺院之后。[14] 尤其傍着书屋左侧还有山溪流泉，环绕整座寺院，溪流上还盖有泉亭"回溪亭"（图7-8）；于此临流汲泉，可供书屋烹茶之用。《钦定热河志》卷七十八"碧峰寺"的后段说明即载明：

寺后有书屋，南向疏泉引流，火试沸瀹茗为宜。颜曰"味甘"。其右偏为"丛碧楼"，飞檐层槛上出木末，前为池作亭临之曰"回溪亭"。

此段文字亦说明了寺后的书屋是作为"南向疏泉引流，火试沸瀹茗为宜。颜曰：味甘"，文中确实提示此处作为乾隆的品茗茶舍。

味甘书屋与碧峰寺同时建构于乾隆二十九年（1764），在此之前未见相关记载。《御制诗文集》题咏《味甘书屋》诗亦始于二十九年：

书屋临清泉，可以安茶铫。
取用乃不竭，奚虑瓶罍诮。
泉甘茶自甘，那系龙团貌。
展书待尔浇，颇复从吾好。
是中亦有甘，谁能味其调。

《御制诗文集》，三集卷四十一。

书屋秋风满意凉，筠炉瓷碗趣偏长。
于茶斯可于言否，善譬犹然忆赵良。

乾隆三十年，《御制诗文集》，三集卷五十一。

碧峰寺

味甘书屋

回溪亭

图7-8 清 和珅、梁国治等撰修《钦定热河志》，乾隆四十六年武英殿本 碧峰寺图（局部） 台北故宫博物院藏
二层建筑为回溪亭，亭前侧屋三间为味甘书屋。

寺后有隙地，可构房三间。
竹炉置其中，乃复学惠山。
石泉甘且洁，就近聊烹煎。
中人熟伺候，到即呈茶盘。
我本无闲人，亦不容我闲。

乾隆三十三年，《御制诗文集》，三集卷七十五。

乾隆二十九年至六十年之间，乾隆共题咏二十六首有关"味甘书屋"的诗文，均与品茗什事相关，因此可以推测这里是一座乾隆皇帝的专属茶舍。《活计档》内虽未见此处茶具发布的具体资料，然有多则乾隆皇帝为此处御书横披及挂屏等记载，[15] 而《御制诗文集》上却屡见乾隆提及味甘书屋内的竹炉、茗碗及陆羽茶仙造像等相关茶器的陈设。如前述诗文"寺后有隙地，可构房三间。竹炉置其中，乃复学惠山""筠炉瓷碗趣偏长""高擎茗碗满来斟。只论泉备不论

俗，陆羽旁观笑弗禁"。乙巳年（乾隆五十年）《味甘书屋戏题》诗注中提及："味甘书屋亦效江南竹炉，每至则内侍先煮茗以俟，盖若辈借以当差，不足语火候也。"[16] 说明书屋内置有竹炉、茗碗、陆羽茶仙像等陈设。据此，亦足以表示味甘书屋是一处专供乾隆皇帝品茶的宫室。这或也是

图7-9 味甘书屋及回溪亭遗址
当时回溪亭尚未复建，草木丛生，只见一对石雕兽。
2001年作者摄

乾隆皇帝在位期间最后完成的一处茶舍，此后未见其再构茗室。

味甘书屋及碧峰寺建筑，已遭战火破坏。笔者2001年曾实地考察遗址（图7-9、7-10），虽寻得大约位置，[17]然草木丛生，无法确认基石。不过，附近确有如御制诗文所说的溪流遗迹，应可供烹茶，一如乾隆诗中所形容：

图7-10　回溪亭前的堆垒石层　2001年作者摄

> 石髓岩边洁且芳，便教竹鼎试烹尝。
> 苦言药也甘言疾，我却因之缅赵良。

乾隆三十二年中元后，《御制诗文集》，三集卷六十七。

> 向汲山泉饮而甘，书屋味甘名以此。
> 竹炉茗碗设妥帖，试而烹斯偶一耳。

乾隆三十九年六月朔日，《御制诗文集》，四集卷二十三。

取名为"味甘书屋"，是因这里的山泉甘洁，烹茶味甘之故。2014年金秋，笔者再次造访避暑山庄，却发现碧峰寺及味甘书屋遗址正在整修中，正巧遇见多位工作人员忙着整理地面、保存遗址，并于地面上插置原建筑名称标示如："山门""钟楼""鼓楼""法华宝殿""宗乘阁""松

图7-11　味甘书屋遗址标示　作者摄于2013年

图 7-12　回溪亭　2004 年复建　一楼下方门洞，溪水可由此流转，环绕全寺　2013 年作者摄

风殿""水月殿""味甘书屋"（图 7-11）、"丛碧楼"等。而 2001 年到访时看到的堆垒石层（图7-10），发现其上现已修复加盖屋顶，恢复了"回溪亭"面貌（图 7-11、7-12），围墙上的简介并说明是于 2004 年整建修复的。"回溪亭"是碧峰寺区域内唯一修复的景观，其余包含"味甘书屋"在内已皆夷为平地。回溪亭在"味甘书屋"的后右方，溪流从亭中底下洞门跨亭而出，并环绕整座寺院，故曰"回溪亭"。乾隆皇帝诗中一再赞赏这里溪泉芳洁味甘，汲泉烹茶仿江南。而词臣于敏中在《恭和御制味甘书屋原韵》亦说道：

煎茶味其甘，寓意事瓯铫。

酌兹石泉腴，藐彼崖蜜诮。

临流可用汲，讵袭瓶缿貌。

书屋清且佳，随宜适真好。

竹炉贮山房，异名乃同调。

《钦定热河志》，卷 113，艺文七。《钦定四库全书》史部

提及书屋原就是置放烹茶竹炉、茶铫、茶瓯的山房，虽异名取为书屋，乃与山房同调。由乾隆御制诗及词臣们的唱和诗文中均确实证明，味甘书屋就是乾隆皇帝专属多座茶舍之一。

茶舍茶器与陈设

根据清宫《活计档》文献，热河千尺雪的茶器订制应略早或与茶舍同步完成，乾隆十六年九月《活计档·记事录》记载：

九月十一日员外郎白世秀来说太监胡世杰传旨：四分茶具做得时圆明园（池上居怡情书史）一

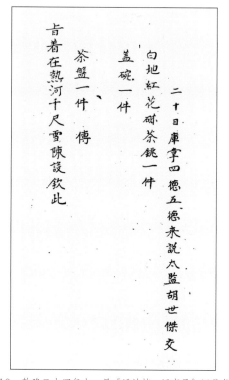

图7-13 乾隆三十四年十一月《活计档·记事录》记载书影

初七日员外郎白世秀来说太监胡世杰传旨：将竹茶具一分安在玉壶冰；将玉壶冰换下茶具一分、再将造办处收贮树根宝座查一分，俱安碧云寺北墙橱柜，安在南墙半元桌，安在西墙。其碧云寺换下茶具，一分安在怡情书史池上居；漆茶具一分安在静宜园静室；紫檀木茶具一分送在热河千池（尺之误）雪安设。（图1-34）

三十四年十一月《活计档·记事录》又载：

十一月二十日库掌四德、五德来说太监胡世杰交白地红花磁茶铫（茶壶）一件、盖碗一件、茶盘一件，传旨着在热河千尺雪陈设。钦此。（图7-13、7-14）

分、万寿山（清可轩）摆一分、静宜园（竹炉精舍）摆一分、热河（千尺雪）摆一分。钦此。

乾隆十七年十一月《活计档·记事录》：

以上数则为乾隆皇帝钦命热河千尺雪的茶器配置的记录，乾隆十六年九月向苏州织造订制的茶具，至十七年十一月才告完工，并将紫檀木茶具发派至热河千尺雪安设。通过《活计档》记载可以得知乾隆皇帝对于茶舍的茶器，均亲

图7-14 清乾隆 描红御制《荷露烹茶》诗茶壶、盖碗、茶盘 故宫博物院

184

图7-15　清乾隆　描红御制《荷露烹茶》诗长方茶盘及底部　故宫博物院藏

图7-16　清乾隆　描红御制《荷露烹茶》诗盖碗一对　故宫博物院藏
此对茶碗所用御制诗为甲申、乾隆二十九年《荷露烹茶》诗，但盖为己卯年

自指定样式下旨制作，而且茶舍陈设，必备的茶器具一般包含有：竹茶炉、宜兴茶壶、茶钟、茶托、茶盘、茶叶罐等主要茶器；至于水盆、银杓、银漏子、银靶圈、火盆、铜火铲子、竹筷子、瓷缸等辅助茶事的备水、滤水或备火之器，亦会随茶具置备齐全。（图1-35）由《活计档》及《陈设档》档案记载亦可得知热河千尺雪的陈设与其他茶舍大致相同。乾隆二十三年二月《活计档·行文》中提及：

二十九日郎中白世秀员外郎金辉来说太监

胡世杰传旨：着苏州织造安宁照先做过茶具再做二分，随水盆、银杓、银漏子、银靶圈二件，宜兴壶、茶叶罐、不灰木炉（竹炉）、铁钳子、铁快子、铜炉、镊子、铲子、竹快子等全分。钦此。

此则记录全分的茶具包含瓷茶碗在内至少有十四项以上，相当讲究，而且大部分的茶舍也都备有这样一套全份的茶器与茶具。

另外有关热河千尺雪内部茶器的陈设档案记录，在避暑山庄《陈设档》档案内则有详细记载：

左设紫檀方机一件，上设紫檀木茶隔具一件，内设红花白地磁诗意茶盘一件（图7-15），盖碗一对（图7-14、7-16）、濡壶一件、宜兴罐两件、宜兴方茶罐两件、紫檀木双圆茶盘一件、内设红花白地磁诗意钟两件、青花白地磁诗意钟四件、宜兴茶吊（茶铫、茶壶）两件、铜火铲子一把、竹水盆一件、铜托板一件、隔板上设紫檀木椅一张、仙人（应指陆羽茶仙像）一件、牙钟一件、笔一枝。

紫檀小琴桌一张，上设紫檀木小笔筒一件，内插牙笔两枝、石砚一方、石盛水一件、童子一件、宜兴火炉一件、宜兴茶吊一件。

右设紫檀木香几一件，上设宜兴竹炉一件，下设紫檀木匣一件，匣盖上设天然沉香壶一件。

窗台上设雕文竹盖盒九件，九江瓷八宝香插一件。[18]

从上述《活计档》及《陈设档》的记载资料可以看出，这些设备与乾隆皇帝其他茶舍大同小异，其中紫檀木香几搭配竹炉，或茶仙像、

宜兴茶壶、茶叶罐、茶具、水盆、火铲等都是乾隆茶舍的制式陈设。而紫檀木香几上置竹茶炉的成套组合，在乾隆御笔《盘山千尺雪图》卷以及《竹炉山房图》亦可见及。（图6-27、6-26）

由《活计档》内的详细记载，可以了解到每处茶舍，甚至于所有宫室内摆设的器物或装饰，完全是由乾隆皇帝主导，有时甚至多备几套，置于一般赏景处或其他堂轩，[19] 茶舍之间的茶器也有相互对调的情况。[20] 而宜兴茶器上的纹饰是一面"乾隆御制诗"，另一面绘画多为与茶事相关的"烹茶图"画，画稿由乾隆皇帝责成宫廷画家丁观鹏及张镐作画，然样稿、木样必须呈览核准后才可制作。

在《陈设档》中称书有御制诗的茶器为"诗意"，如：红花白地磁诗意茶盘一件（图7-15），即指"描红御制诗荷露烹茶诗茶盘"，红花白地磁诗意钟两件则是"描红御制诗荷露烹茶诗茶碗"。宜兴方茶罐造型或指类似雍正朝的宜兴窑竹石图茶罐或《弘历抚琴图》上的方形茶罐（图9-4），而紫檀木双圆茶盘其造型应与北京故宫

图7-17　清仿成化款　青花花鸟纹茶钟一对带紫檀木双圆茶盘及紫檀木钟盖。茶钟口径9.7厘米，9.6厘米　台北故宫博物院藏

图7-18　清雍正　彩漆描金云龙纹双圆茶盘　故宫博物院藏

博物院（图4-18），台北故宫博物院所藏紫檀木双圆茶盘（图7-17、4-18），或雍正时期的彩漆描金双圆茶盘（图7-18）相去不远。

"味甘书屋"的茶器制作或发派在《活计档》中虽然未见详细记载，但如前述乾隆御制诗中已说明有"竹炉置其中""筠炉瓷碗趣偏长""到即呈茶盘"，竹炉、瓷碗、茶盘，可以想见所备茶器亦与其他茶舍茶器相当。而今收藏在两岸故宫的茶器中就有不少是原属热河避暑山庄的藏品。

御制茶诗瓷质茶碗

一般乾隆茶舍使用的品茶用茶碗，以瓷质为多，形制纹饰简单，有少部分使用清宫旧藏明代青花瓷茶碗，[21] 其中最常见者为景德镇御窑厂烧制带御制诗青花及描红（矾红彩）两类茶碗，造型由乾隆命仿自内廷收藏的明嘉靖青花茶碗，[22]茶碗外壁则环绕御制诗文装饰。以乾隆十一年《三清茶》诗（图7-19）制作最多，[23] 其次则有不同时期的御制《荷露烹茶》诗（图7-16、

7-20），以及乾隆五十六年（辛亥1791）作的《烹雨前茶作》诗（图7-21）等。虽然装饰的御制诗内容不同，但基本造型一致。

《三清茶》诗为乾隆皇帝于十一年（1746）秋巡五台山，回程至定兴遇雪，收聚雪花，于毡帐中烹煮三清茶时所作，乾隆皇帝酷爱此诗将其装饰于各种不同材质的茶碗及茶器上。

《荷露烹茶》诗也是茶碗上常见的御制诗文装饰之一，这是乾隆皇帝专为荷露煮茶时使用的品茗用器。乾隆曾写过六首御制《荷露烹茶》诗，时间分别为乾隆十九年、二十四年、二十八年、二十九年、三十二年，其中二十九年七月、八月分别作有二首；地点则有避暑山庄四首、清漪园及圆明园各一首。但使用于茶碗装饰上的多为乾隆二十四年（己卯）与二十九年（甲申）两首。台北故宫博物院所藏多为乾隆二十四年"描红荷露烹茶诗茶壶"及"描红荷露烹茶诗茶碗"（图7-20、7-22），现藏《荷露烹茶》诗茶壶二件与茶碗五件皆属原清宫避暑山庄旧藏。诗文内容为：

图7-19　清乾隆　描红御制《三清茶》诗茶碗
　　　　故宫博物院藏

图7-20　清乾隆　描红御制《荷露烹茶》诗茶碗
　　　　台北故宫博物院藏

图7-21　清乾隆　青花御制《烹雨前茶作》诗茶碗及底部款识　故宫博物院藏

秋荷叶上露珠流，柄柄倾来盘盘收。
白帝精灵青女气，惠山竹鼎越窑瓯。
学仙笑彼金盘妄，宜咏欣兹玉乳浮。
李相若曾经识此，底须置驿远驰求。
乾隆二十四年，《御制诗文集》，二集卷八十八。

诗后并书："荷露烹茶一律，乾隆己卯新秋御制"，钤朱红"比德""朗润"二印。这首《荷露烹茶》虽作于圆明园，然从故宫原典藏编号查询，茶壶与茶碗却是原避暑山庄藏品，[24]而且茶壶上还带有原清室善后委员会所编"热七号"标签，表示其原属热河避暑山庄清宫藏品。这组《荷露烹茶》诗茶壶与茶碗或有可能就是《活计档》三十四年十一月二十日所记载的："库掌四德、五德来说：太监胡世杰交白地红花磁茶桃一件、盖碗一件、茶盘一件，传旨着在热河千尺雪陈设。钦此。"《活计档》《陈设档》上，描红彩均称"白地红花"或"红花白地"；青花则称"白地青花"或"青花白地"。[25]然也有可能是北京故宫所藏

的一组描红《荷露烹茶》茶壶、盖碗与茶盘（图7-14），但北京故宫博物院现藏这组描红茶器却各饰乾隆己卯与甲申不同年份的《荷露烹茶》茶诗（图7-14、7-15、7-16、7-23）。由此可以理解诗作地点与使用地点未必一致，又制作年代与发配陈设的时间也非等同，如前所述，《活计档》所载资料亦时见乾隆皇帝对各茶舍之间，有茶器互调使用或撤出的旨意。然而通过档案记载，毫无疑问地装饰有《荷露烹茶》诗的描红茶器，特别博得乾隆皇帝青睐，大都使用于"热河千尺雪"茶舍。此或许与每年夏天清帝多在避暑山庄驻跸有关，而避暑山庄多荷花，移植至此地的敖汉种"千叶莲"自康熙时期以来即颇为著名，备受康熙帝重视，曾命大学士蒋廷锡绘制多幅画作，画上并有多位词臣的唱和题诗。（图7-24）

乾隆二十九年（甲申，1764）七月上旬作于清漪园的《荷露烹茶》诗，则见装饰于现北京故宫博物院所藏的矾红彩"描红《荷露烹茶》

图 7-22　清乾隆　描红御制《荷露烹茶》诗（己卯年）茶壶、茶碗　台北故宫博物院藏

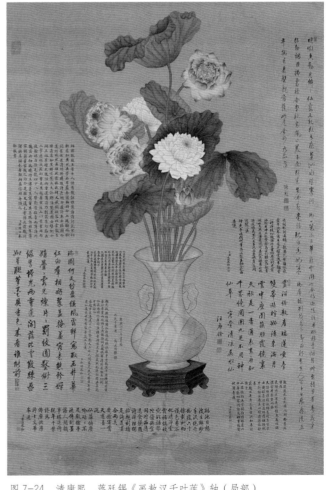

图 7-23　清乾隆　描红御制《荷露烹茶》诗（甲申年）茶壶　故宫博物院藏

图 7-24　清康熙　蒋廷锡《画敫汉千叶莲》轴（局部）　台北故宫博物院藏

189

诗"茶碗及茶壶（图 7-16、7-23）。

> 荷叶擎将沆瀣稠，天然清韵称茶瓯。
> 胜泉且免持符调，似雪无劳拥帚收。
> 气辨浮沉原有自，火详文武恰相投。
> 灶边若供陆鸿渐，欲问曾经一品不。
>
> 《御制诗文集》，三集卷四十。

装饰此茶诗的茶碗，一类与三清茶诗茶碗及乾隆二十四年《荷露烹茶》诗茶碗相同（图 7-19、7-20、7-22），另一类为一组长方形茶盘与盖碗（图 7-14~7-16），此组茶器不论形制或诗文字体均与一般乾隆御制诗茶碗有别。这对茶碗环壁装饰甲申二十九年的《荷露烹茶》诗；但碗盖却采用二十四年《荷露烹茶》诗（图 7-16），而承纳这对茶碗的长方茶盘所用亦为二十四年《荷露烹茶》诗（图 7-15），同一组盖碗却使用不同时期的御制诗，这在清宫成组成套器皿上是较不寻常的。前述几组相同造型茶碗，尽管御制诗内容不同，有《三清茶》诗或《荷露烹茶》诗，甚至于乾隆五十六年的《烹雨前茶作》青花茶碗（图 7-21，图 4-21 茶棚右上格内），但它们无论青花或描红，主要纹饰均与前述《活计档》所载"红如意云口足、红字磁钟四件、青如意云口足、青字磁钟四件。传旨着在茶具用。钦此。"[26]相符，茶碗内外口沿、内底周围一圈，或底边足上，均饰如意云纹三道，造型、纹饰相同。而此组带盖茶钟则为直口、碗壁略深，圈足外撇，外壁口足均饰蝙蝠纹一周，撇足上及盖足上则饰三角菱边锦纹及莲瓣纹一周，与前述完全不同造型、装饰，这也是乾隆皇帝偏爱的御制诗茶碗中较为特殊的一类。

乾隆皇帝喜爱品茗，对瀹茶用水也特别讲究，荷露是他喜爱的水品之一。他曾在《荷露烹茶》诗中称赞荷露："物皆承沆瀣，于荷受独涌。盆盎收有余，瓶罍罄无恐。轻胜第一泉"并在诗注中说道："水以轻为贵，尝制银斗较之。玉泉水斗重一两，唯塞上伊逊水尚可相埒；济南珍珠、扬子中泠皆较重二三厘；惠山、虎跑、平山则更重；轻于玉泉者唯雪水及荷露云。"[27]认为最适合煮茶者为玉泉、雪水及荷露。乾隆皇帝为了比较各地的水质轻重，曾制银斗量之，得出玉泉水重一两，伊逊水尚可与之相等，而世上唯一比玉泉还轻的水，就只有木兰围场的雪水，以及避暑山庄的荷露。玉泉水出自玉泉山，静明园"竹炉山房"就在其侧，而宫廷用水亦使用玉泉水。[28]乾隆皇帝评定玉泉山泉为天下第一泉，于乾隆十六年立碑作记《天下第一泉》碑在玉泉山畔静明园内"竹炉山房"下方，（图 1-4）并且御书《玉泉山天下第一泉记》[29]一卷装纳于紫檀木雕龙长匣内，将其安置于竹炉山房，[30]取代了长久以来，以唐陆羽《茶经》中所主张的庐山康王谷水帘水，或张又新《煎水茶记》中的扬子江南零水。乾隆皇帝于御制诗文中称雪水及荷露为仙浆、仙液，虽然文中也有以雪水瀹茶的诗句，但目前为止，却未见用之于茶器的装饰上。他在乾隆十九年（甲戌）秋天于避暑山庄首次题咏《荷露烹茶》诗云：

> 平湖几里风香荷，荷花叶上露珠多。
> 瓶罍收取供煮茗，山庄韵事真无过。
> 惠山竹炉仿易得，山僧但识寒泉脉。
> 泉生于地露生天，霄壤宁堪较功德。
> 冬有雪水夏露珠，取之不尽仙浆脬。

越瓯吴荚聊浇书，匪慕炼玉烧丹炉。

金茎汉武何为乎。

《御制诗文集》，二集卷四十九。

乾隆二十九年八月又于避暑山庄作《荷露烹茶》诗提道：

花草皆浥露，不如擎以荷。
荷露是处美，美莫山庄过。
塞天蒸沆瀣，颗颗珠光摩。
取之既不尽，用之不竭多。
与茶投气味，煮鼎云成窠。
清华沁心神，安藉金盘他。

《御制诗文集》，三集卷四十一。

诗中乾隆皇帝赞美避暑山庄韵事多，荷花荷叶荷露多，荷露降于天，泉水则生于地，瓶罍收集来的荷露，于竹炉上烹煮，即如仙浆琼汁一般甘腴。御制诗文中乾隆皇帝不仅汲名泉煮茶，且冬有雪水、夏有荷露，这些都是取之不尽的仙浆，并与茶气味相投，因此喜爱荷露烹茶的茶韵情境，一再题咏，然目前为止，这二首《荷露烹茶》诗似未见之于茶器装饰。

采取荷露烹茶的雅事并非始于乾隆皇帝，明代嗜茶文人已有先例。但乾隆皇帝每每采用不同时期的荷露烹茶，由乾隆十九年夏天至三十二年所作的《荷露烹茶》诗中即见有六月至八月等不同时期的荷露烹茶，避暑山庄多美荷甘露，这或就是热河千尺雪茶舍多使用御制《荷露烹茶》诗茶壶、茶碗以及茶盘等茶器的主因之一。

结语

避暑山庄是有清一代的夏宫，自康熙时期开始经营，康熙皇帝、乾隆皇帝皆六下江南南巡，因此为数不少的江南美景、名胜皆被移天缩地至清宫苑囿。苏州"寒山千尺雪"瀑布及"听雪阁"是乾隆皇帝特别偏爱的园林景观及茶舍之一，乾隆十六年南巡回跸之后，即于西苑、热河避暑山庄及盘山静寄山庄修建了三处千尺雪。热河千尺雪及味甘书屋是两处乾隆皇帝在山庄内的主要品茶处，这里所使用的茶器，与其他茶舍一样，有竹茶炉、宜兴茶壶、方茶叶罐、青花及描红御制诗茶碗、紫檀木双圆茶盘，以及陆羽茶仙像等，多为清雅朴素的茶器，也是乾隆茶舍经年不变的形制。乾隆皇帝对于茶舍与茶器的执着与偏好，也展现其对茶事的精通与自信。茶舍使用的茶壶及茶碗多带御制诗文装饰，尤其在避暑山庄使用的几乎以《荷露烹茶》诗茶碗与茶盘为多，不仅符合季节，也顺乎山庄夏天多荷的地利，可见乾隆皇帝识茶、爱茶之心绝非一般。

古代文人品茶尚雅崇幽，晚明文人著书里常提及幽静清雅的茶舍是幽人首务，不可偏废。如屠隆（1542-1605）、文震亨（1585-1645）皆提到"茶寮"："构一斗室，相傍书斋，内设茶具，叫一童专主茶役，以供长日清谈，寒宵兀坐，幽人首务，不可少废者。"[31] 作为一名雄踞天下的君王，霸权在握的皇帝，乾隆皇帝亦将茶舍作为涤虑澄神不可少的品茗休憩处。他摒弃了帝王的繁缛张扬与富贵奢华，转而追慕传统文人的云淡风轻与简朴素雅，与此同时加入了诸多自己的理解和领悟，从而创造出建筑、

图 7-25 清乾隆 玉狩猎图扳指及展开图 台北故宫博物院藏
扳指上有乾隆御制诗一首

图 7-26 汉 绿釉陶壶（后刻御制诗） 台北故宫博物院藏

图 7-27 清乾隆八年 磁胎洋彩三多诗意
（御制诗）轿瓶 台北故宫博物院藏

图 7-28 清乾隆 白玉御制诗茶碗附茶托
故宫博物院藏

景观、意境皆幽美，兼具品茶、悟道、读书、赏画、观景、作诗、小憩等多种用途的茶舍，形成了属于自己风格的茶舍文化。

江南文人丰富的品茗特质及传统对乾隆皇帝影响尤甚，无锡惠山竹炉、江苏宜兴茶器的使用即为显例。[32] 由《活计档》档案及《御制诗文集》显示，乾隆茶舍所用茶器以饰有御制诗的宜兴器茶壶、茶叶罐，以及青花、描红茶碗、茶钟为主；宜兴茶壶与茶叶罐上除御制茶诗及乾隆皇帝指定的贴泥绘画作为装饰外，基本上呈现的是胎泥本色，朴实无华。清宫庆典赐茶、茶宴所用、或茶库所贮茶器，[33] 伴随御窑厂官瓷的发展，以及时代风格的流行，一般常见者多为装饰华丽的茶器，如大量的彩瓷茶壶或茶钟，但这些通常不使用于茶舍，由《活计档》文献

及乾隆皇帝茶具中所贮茶器均可证明此一事实，显见乾隆皇帝对于茶舍品茗与一般饮茶是有严格分别的。由茶舍所在的选择，以至茶器、茶具的装饰，乾隆茶舍的器用反映了乾隆皇帝独特的美学品味，装饰茶器的每首御制诗文，皆蕴含了乾隆皇帝本身的文学教养、审美观在内，是精神与文化层面的交融，故形成了乾隆皇帝独自的品茗特色，这也是乾隆皇帝在避暑山庄《千尺雪》品茶诗中一再提及的"筠炉瓷碗伴幽嘉，绿水浮香便试茶。虽是习劳毖武地，奚妨清供学山家"[34]"泉傍精舍似山家，只取幽闲不取奢"[35]的"雅"与"洁"的美学境界。

热河千尺雪与味甘书屋是乾隆皇帝近二十座茶舍中的两处而已，茶舍是乾隆皇帝涤虑澄神不可少的品茗休憩处，[36]品茗赋诗在他的生活

图7-29 清乾隆六年 象牙雕月曼清游册第二册《开亭对弈》故宫博物院藏

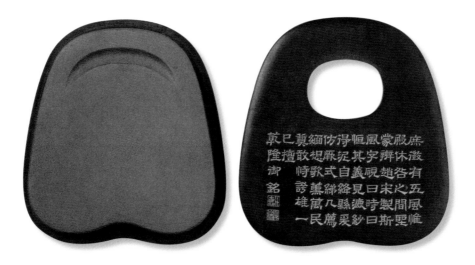

图 7-30　清乾隆　澄泥仿宋天成风字砚　故宫博物院藏
　　　　砚石、砚盒均有乾隆御制诗

图 7-31　清乾隆　汪节庵西湖十景集锦色墨　故宫博物院藏
　　　　墨上有御制诗《御题花港观鱼》

图 7-32　清乾隆 剔红御制诗笔筒　故宫博物院藏

中亦占有重要位置。一如其他艺术品一样，乾隆皇帝每将感想及品鉴心得写成御制诗文，亲自或令他欣赏的书法精妙的大臣誊写诗稿，作为画样，装饰于各类器物上，宫中收藏不分古今，不分器类，如玉器、陶瓷、竹木牙雕等各式各样的造型器物，凡他欣赏者无不书刻御制诗文于上的（图 7-25~7-32）。宫中所藏古今书画名迹大多直接书写御制诗文于上，茶器亦复如此，而且尤具代表性，数首常用于茶器上的诗文，皆与乾隆皇帝自身品茶相关。这种以自己的诗文作为各类藏品或内廷用器的主要装饰纹样，而其种类之多、数量之巨，在中国艺术史上，大概前无古人，后无来者，唯乾隆皇帝独尊而已。

（原载《两岸故宫第四届学术讨论会——乾隆皇帝的艺术品味》，2013 年 11 月，部分修订）

注 释

1. 味甘书屋，在今日的遗址告示牌说明上并未说明其为茶舍，热河千尺雪的说明："宁静斋之前殿五楹，名千尺雪。其旁山石垒垒，高低错落，北来之水从石上奔流下落，其色如雪，其声如瑟，此乃仿吴中寒山千尺雪的意境。"说明的是千尺雪叠石造景，而未述及茶舍建筑。而现今静心斋西苑焙茶坞建筑的说明则更是错误："焙茶坞原指烘烤、焙干新鲜茶叶的作坊。是根据乾隆皇帝下江南游憩时所见想象而建的，是当年为帝后们焙茶的地方。"（详见廖宝秀，《乾隆皇帝与焙茶坞》《乾隆皇帝与春风啜茗台》，《故宫文物月刊》，244、288 期，2003 年 7 月、2007 年 3 月，页 46-57、页 94-108。）

2. 据笔者考证，味甘书屋应构于乾隆二十九年南巡之后，乾隆题诗二十六次，均与茶事相关。味甘书屋与其他书屋不同，专作茶舍使用，乾隆皇帝于多首作于《味甘书屋》诗中均提及书屋内置竹茶炉、茗碗等作为茶室。

3. 王河、真理，《从御制诗文集看乾隆的茶文化活动与鉴水品泉理论》，《农业考古——茶文化》专集，内有简略涉及乾隆茶舍者。《农业考古》，2004 年第 2 期，页 213 ~ 219。另亦有学者对乾隆茶诗作过精辟的研究，但不涉及乾隆茶舍，赖功欧，《论乾隆茶诗的儒释道理趣与艺术格调》，《农业考古》，2001 年第 2 期，页 200 ~ 208。近年即使有"千尺雪"等之研究文章，但大都以探讨园林建筑为主。如朱蕾、王其亨《乾隆帝的"连锁"园林——以"千尺雪"为例》，《新建筑》，2012 年第 6 期，页 113~116。徐卉风主编，《宫廷风圆明园》，《三处皇家园林中的千尺雪》，上海远东出版社，2014 年，页 69~79。

4.1. 廖宝秀，《乾隆皇帝与试泉悦性山房》，《故宫文物月刊》，19 卷第 9 期，2001 年 6 月，页 34 ~ 45。

　2. 前引文，《乾隆皇帝与焙茶坞》，页 46 ~ 57。

　3. 廖宝秀，《清高宗盘山千尺雪茶舍初探》，《辅仁历史学报》，第 14 期，2003 年 6 月，页 53 ~ 120。

　4. 前引文，《乾隆皇帝与春风啜茗台茶舍》，页 94-108。

5. 廖宝秀，《乾隆茶舍再探》，收入廖宝秀《茶韵茗事——故宫茶画》，2010 年 11 月，页 149 ~150。

6. 廖宝秀，《乾隆皇帝与清可轩》，《故宫文物月刊》，357 期，2012 年 12 月，页 4 ~ 17。

7. 前引文，《乾隆茶舍再探》，页 149-160。

8. 除千尺雪与味甘书屋外，《活计档》内曾载乾隆五十七年二月为避暑山庄"秀起堂"置茶具的记载，然仅限此一记载，其他别无数据，因此这里是否为茶舍，本文暂不予列。《活计档》载："二月初四日郎中五德、员外郎大达塞、库长福海舒兴将九江关送到热河秀起堂茶具内青花白地磁茶钟二件持进，交太监鄂鲁里呈览。奉旨：俟有便人带去。钦此。于二月十八日将青花白地茶钟二件交热河千总李殿臣代往讫。"（《活计档》乾隆五十七年二月《记事录》）

9. 《御制诗文集》，二集卷三十，页 9、10。

10. 乾隆十六年秋，《御制诗文集》初集，卷五十一《记》，页 11、12。

11. 前引文，徐卉风主编，《热河千尺雪》，页 71。

12.1. 前引文《清高宗盘山千尺雪茶舍初探》，页 65。
　　2. 前引文《从御制诗文集看乾隆的茶文化活动与鉴水品泉理论》，页 214-215。

13. 笔者曾于《清高宗盘山千尺雪茶舍初探》文内提及，也曾于 2001 年实地考察味甘书屋及热河千尺雪，唯当时遗址未经整理，仍处荒废状态。

14. 香山"竹炉精舍"茶舍位于香山香雾窟静室之后。

15. "味甘书屋紫檀边嵌玉挂对一幅，用如意钉六件……"（乾隆五十年闰八月，《热河随围》《清宫内务府造办处档案总汇》，册 53，页 294。）"……味甘书屋御笔绿笺纸字条一张，高一尺五寸宽一尺。"乾隆五十四年五月，《热河随围》《清宫内务府造办处档案总汇》，册 51，页 571。另还有多则有关御笔横披的记载，大多于乾隆五十四年之后，于此省略。

16. 《御制诗文集》，五集卷十七。

17. 清和珅、梁国治等撰修《钦定热河志》内并无标示味甘书屋位置，然乾隆皇帝咏《味甘书屋口号》诗中却清楚指明其位置所在。"西峪由来此入路，萧然书屋近精蓝。（注：在碧峰寺后）底须汲井试佳茗，即景应知苦作甘。（注：茶之美以苦也）"（乾隆五十一年，《御制诗文集》，

五集卷二十六）。笔者据此告知当时避暑山庄陪同人员，而寻得碧峰寺大约位置遗址。

18. 前引文，《宫廷风圆明园》，《热河千尺雪》，页 71~72。

19. 如乾隆二十三年十月《活计档·行文》内载："紫檀木茶具在泽兰堂（圆明园内）摆，其鸡翅木茶具在焙茶坞摆"，与前述注 8 热河避暑山庄内的秀起堂相同，泽兰堂与秀起堂或都不是专作品茶的茶舍，而是一般轩堂。《清宫内务府造办处档案总汇》，册 23，页 613。

20. 如乾隆十八年二月《活计档·记事录》内载："初四日员外郎白世秀来说太监胡世杰传旨：玉壶冰现设茶具一分，着安在青（应为清）可轩。钦此。"即见乾隆皇帝将建福宫内玉壶冰的陈设茶器移至清漪园内清可轩安设的记录。《清宫内务府造办处档案总汇》，册 19，页 516。

21. 乾隆十六年六月《活计档·木作》："于十一月二十九日七品首领萨木哈来说太监胡世杰交：青花白地茶钟六件内二件嘉窑四件无款、成窑茶钟二件、万窑茶钟二件，传旨：着配盖、双圆茶盘，其玉顶讨用。钦此。"《清宫内务府造办处档案总汇》，册 18，页 268。

22. 乾隆十八年五月《江西》，《清宫内务府造办处档案总汇》，册 19，页 412。

23. 三清茶诗茶碗在早期的发表图书上多以"三友纹"（松竹梅的误认）称之，2002 年笔者策展《也可以清心——茶器·茶事·茶画》订正以往之误称。

24. 台北故宫博物院所藏"乾隆描红御制诗荷露烹茶茶碗"及"乾隆描红御制诗荷露烹茶茶壶"的现典藏统一编号为"中瓷 245"及"中瓷 2976"（图 7-22），二者原为清宫避暑山庄所藏，后属"中央博物院"，故文物迁台后统一编号为"中瓷"，与原紫禁城藏瓷"故瓷"有所区别。茶壶上带有原清室善后委员会所编"热七号"标签，表示其为热河避暑山庄清宫旧藏。

25. 乾隆三十四年十一月《记事录》。《清宫内务府造办处档案总汇》，册 32，页 684。

26. 乾隆二十三年二月《行文》，《清宫内务府造办处档案总汇》，册 23，页 605。

27. 《御制诗文集》，乾隆二十八年六月于避暑山庄，三集卷三十二，页 19。

28. 宫中皇帝、皇太后、后妃、嫔、常在等依据身份，所配

用的玉泉水量不同。

29. 《御制诗文集》，初集卷五《记》，页8。

30. 《活计档》，乾隆十八年十一月《表作》，《清宫内务府造办处档案总汇》，册23，页605。

31. 明屠隆《考槃余事》卷三，《山斋笺》茶寮。收录杨家骆主编，《艺术丛编——观赏汇录上》，世界书局，1988年11月，页198。其他明代如文震亨、高濂等皆有相同主张。

32. 宫中诸多材质的茶器并不使用于茶舍，故常见《活计档》内记载乾隆催促江南苏州织造赶做宜兴器或竹木茶具的行文。"乾隆十七年十月初四日员外郎白世秀达子来说太监胡世杰传旨：着催南边做的茶具并宜兴茶叶罐、茶吊、漆匾对等俱急速赶做送来。钦此。"（乾隆十七年十月《行文》。《清宫内务府造办处档案总汇》，册18，页554）

33. 故宫博物院"致"字典藏号瓷器为原紫禁城茶库所藏器皿，均为康熙、雍正时期的磁胎画珐琅或斗彩等华丽彩瓷茶器或酒器。而"吕"字号为原养心殿或乾清宫使用器或茶器亦多为华丽彩瓷或珐琅器皿。

34. 《御制诗文集》，三集卷十六。

35. 《御制诗文集》，五集卷七十九。

36. 乾隆十六年《玉泉山竹炉山房记》中提道："偶来借以涤虑、澄神亦不可少也。夫精舍竹炉皆可仿，而惠泉则不可仿。今不必仿，而且有非惠泉之所能仿者焉！是不既握茗饮之本，而我竹炉山房之作，庸可少乎！"《御制诗文集》，初集卷五《记》。

祥花優渥麥根萌
餘事園林一賞情畫
幀畫神不數范甯
刀剪水郴滇并生
來草木為銀界望
裏樓臺是玉京別
有書齋勝常雲妝
將仙液煮三清
御製御園雪景一律
臣敬書

第八章

乾隆皇帝的品茶画像与茶器

历代宫廷绘画上描绘帝王品茶的场景，属乾隆皇帝最多，而且在人、事、物上皆可与史实、文献接轨对照。乾隆皇帝的茶舍与茶器为笔者近年来关心的主题，故曾为文数篇介绍，如"试泉悦性山房""焙茶坞""千尺雪"等乾隆皇帝专属的茶舍。乾隆皇帝喜爱品茗作诗，尤其他于各地茶舍中品茶鉴赏书画与古人神交，并以诗文记录场景，形成了其个人特殊的品茗艺术风格，这在历代帝王中是罕见的。

　　乾隆皇帝讲究品茗，大至环境，小至茶器或量水银斗皆亲自设计，并且经过多次改正，才定案制作。通过清宫《内务府养心殿造办处各作成做活计清档》（以下简称《活计档》）的记载和实物对照，即可概知每件茶器的严谨制作过程，以及摆设地点。本文介绍清宫院画中绘有乾隆皇帝品茶的场景，以及书有乾隆茶诗的茶器，来让读者亲自评赏这位艺术皇帝的茗饮世界。

院画上乾隆皇帝的品茶场景

　　由清宫收藏的几幅宫廷绘画及文献可以清楚了解乾隆皇帝嗜茶是从年轻至老年，历经七十多岁月而不变。乾隆皇帝不仅喜爱品茗，更爱作诗，茶诗之多于史上恐无人可与之相比，不仅在《清高宗御制诗文全集》（以下简称《御制诗文集》）中全数收录，更将在各地茶舍品茶所作诗文，亦书写于各地茶舍的茶画中，如于盘山静寄山庄"千尺雪"茶舍所作诗文，即书写于四卷的《千尺雪图》卷内；而于茶舍鉴赏茶画则书于明代唐寅所绘《品茶图》图上。另在香山碧云寺内"试泉悦性山房"茶舍内所作的茶诗也悉数书写于《试泉悦性山房》，以及茶舍墙上所悬挂的张宗苍所绘《画山水》轴上，此二幅茶舍的茶画，现皆收藏于台北故宫博物院。不仅如此，乾隆皇帝于自己所使用的茶器上如茶壶、茶碗、茶盘、茶叶罐上亦将茶诗命工匠照大臣们的书稿写刻其上，如《雨中烹茶泛卧游书室有作》《三清茶》《荷露烹茶》《烹雨前茶有作》等都是乾隆茶器上经常见到的御制茶诗。

　　清代宫廷画家绘有乾隆皇帝画像及茶器的纪实绘画，目前为止，最早的两幅是乾隆元年（1736）、三年（1738）由郎世宁（1688-1766）、

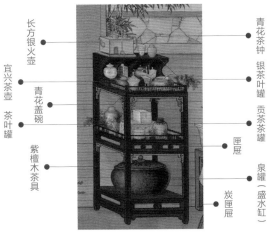

长方银火壶

宜兴茶壶 茶叶罐

青花盖碗

紫檀木茶具

青花茶钟

银茶叶罐

贡茶茶罐

匣屉

泉罐（盛水缸）

炭匣屉

图8-1 清乾隆元年（1736）《弘历岁朝行乐图》及局部
故宫博物院藏

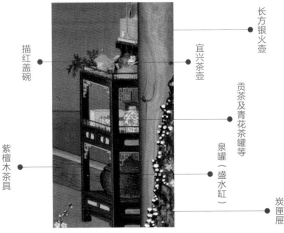

描红盖碗

紫檀木茶具

长方银火壶

宜兴茶壶

贡茶及青花茶罐等

泉罐（盛水缸）

炭匣屉

图8-2 清乾隆三年（1738）唐岱、陈枚、孙祜、丁观鹏、郎世宁、
沈源合绘《弘历雪景行乐图》及局部 故宫博物院藏

唐岱（1673－1752）、陈枚（生卒年不详）、孙祜（生卒年不详）、丁观鹏（1707－1770）、沈源（1736－1795）等人合绘的《弘历岁朝行乐图》及《弘历雪景行乐图》轴（图8-1、8-2），

画中人物、景象大同小异，二画皆描绘登基未久的乾隆皇帝和皇子们正月元旦在宫苑内赏雪行乐的情景。此时正值岁朝，御园内白梅盛开、南天竹、水仙陪衬，松竹长青，一幅"寓意吉言

图 8-3 清《胤禛妃行乐图》之一（局部）故宫博物院藏
雍正妃右侧矮几上置银火壶一式三件组合，其中还有长方形木盆，左前斑竹圆凳上则另置霁蓝盖钟及黑漆描金海棠式茶盘一组。

长方银火壶

图 8-4 清宣统 银长方暖炉 故宫博物院藏

图岁朝，茶梅点缀报春韶"[1]的岁朝丽景中仍不忘穿插茶事。此画最吸引笔者关注的乃为屋檐下摆设的一套写实茶器具，这或是清宫绘画上出现最多茶器的一组。两套茶具大小形式相同，画上紫檀木茶具（茶籯）共分五层，最上层置长方银火壶、银茶叶罐及青花茶钟。长方银火壶形制与《胤禛妃行乐图》（图 8-3）上的形制几乎相同，这类银火壶至清末宫廷仍见使用，或有称暖炉者。[2]（图 8-4）然近年发现故宫博物院所藏康熙时期《琉球全图》《器皿图》中琉球人使用的"火炉"形制却与其相似（图 8-5 及局部），《器皿图》图说曰："水火炉，制用轻省铜面、锡里，一置火，一贮水，架下一层黑漆奁三分藏茗具。"[3]由图说可以了解"火炉"又称"水火炉"，因一壶放水，另一壶下置火炭，虽然图上水火炉上下均被围架及黑漆奁屉包覆，但仍可看出其形与前述宫廷绘画上的火炉相似，说明文清楚记载其为茶具，清宫这类银火壶的形制是否来自琉球国，或为其贡品仍待研究。[4]笔者推测画上的长方火壶极或可能是雍正元年《活计档》上所命作的"银火壶"（晚清或称暖壶）、"银凉茶壶"、"银里木盆"的一式三件组合（图 8-3）。紫檀木茶具的第二、三层则有茶壶、盖碗，以及大、中型茶叶罐、茶勺、贡茶茶匣，以及各地贡茶等。茶具格内带红绫盖套的茶叶罐样式，与现藏北京故宫博物院清晚期的贡茶黄绫盖套雷同（图 8-6、8-7），此或为一般贡茶的包装形式。二层开架格之下有抽屉二格，此格屉扁窄或为收纳茶圆（钟）与茶盘之用，笔者认为此套乾隆早期茶具的部分用器，极可能属雍正时期器物，如洒蓝釉盛水缸目前为止只见雍正朝所制。而且雍正元年十二月十五日《活计档》

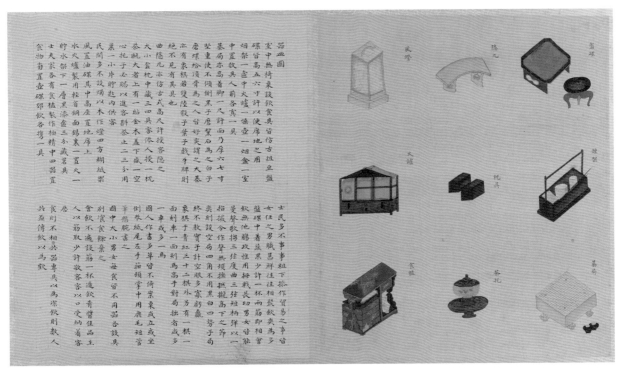

图8-5　清康熙《琉球全图》《器皿图》内"火炉"及其说明　故宫博物院藏

图8-6　清晚期　四川"春茗茶"贡茶及其封签等包装　
故宫博物院藏

图8-7　清晚期　四川蒙顶山"菱角湾茶"贡茶及其封签等包装　
故宫博物院藏

图 8-8　清人绘《弘历观月图》轴及局部茶器示意图
故宫博物院藏

青花盖碗
及朱漆茶盘

宜兴茶壶

青花盖碗

斑竹茶具

炭匣屉

银火壶

小茶罐

贡茶茶罐

贡茶木匣

带盖泉罐
及舀水杓
（盛水缸）

记载，雍正皇帝传旨制作的茶具，曾提及"……茶圆四件，二个在盘子内放着，二个在屉子内收着；腰形茶盘一件，配做泥鳅沿，盘内做双圆套环，双圆内都要托足，往秀气里配合。钦此。"[5] 茶圆四件，二个在盘子内放着，二个在屉子内收着，显然上格屉子或为收纳茶钟及茶盘之用。最下层的抽屉则为放置炭材的匣屉子，其上则置泉罐，是相当完整的一套瀹茶茶具柜。这类茶器柜或茶籯，清宫档案皆称为"茶具"，名称自雍正元年始见《活计档》记载。

另幅《弘历观月图》（图 8-8），图画上描绘年轻俊秀的乾隆皇帝意气风发正坐在桂花树下赏月品茶，此画应属乾隆早中期画像，画像范本来自康熙时期冷枚绘制的《赏月图》轴（图

图8-9　清康熙　冷枚《赏月图》轴　台北故宫博物院藏

图8-10　清乾隆六年（1741）　孙祜、周鲲、丁观鹏《清院本汉宫春晓图》卷（局部）　台北故宫博物院藏
　　图中可见二仕女侍茶，一炉前扇火，旁置茶具格，下层可见钧釉缸（盛水盆），其他还有宜兴壶、茶碗、青铜茶炉以及提梁烧水壶等茶器。

炭，其上的洒蓝釉茶缸旁置水杓（图8-8局部、实物见图6-19），因此可以理解此当为烧水用的茶炉火炭与备水用的盛水缸，因而可推知前述二幅画上的紫檀木茶具最下格阖而未开的屉子亦当为木炭匣屉。如此完整与实用的茶具与茶器组合，放眼当下亦毫不逊色。

　　此外，台北故宫博物院所藏的乾隆六年、七年的院画《汉宫春晓图》卷（图8-10）、《太平春市图》卷（图8-11），图上主角虽然不是乾隆皇帝，但亦属乾隆朝早期清宫院画，所绘背景为宫廷园囿，画中茶器亦当属乾隆朝早期茶器，前者，图内亦绘有一套与前述（图8-1、8-2、8-8）绘画相同的茶具与茶器（图8-10）。

　　《太平春市图》卷（图8-11）为乾隆七年（1742）四月丁观鹏（约1707~1770）奉旨绘制，根据《活计档·如意馆》记载，此画为乾隆六年十一月十四日先令冷枚、丁观鹏、金昆、郎世宁四人各照宋苏汉臣《太平春市图》卷另起图稿，七年三月初二日乾隆皇帝看过图稿后，命丁观鹏以冷枚画稿绘制，于四月完稿。此画

8-9），只是爱茶的乾隆皇帝命将主角换成自己，且于画中多陈设了一套自己喜爱的斑竹茶具。而绘画中的斑竹茶具上亦同样置有银火壶、紫砂壶、螺钿茶盘、青花盖碗、各式大小茶叶罐，以及贡茶茶匣等，斑竹茶具及各项茶器亦与前述两组紫檀木茶具大同小异，不同的是此斑竹茶具最下层的屉子微开，可见屉内黑色薪

图 8-11 清乾隆七年（1742） 丁观鹏《太平春市图》卷（局部） 台北故宫博物院藏

图 8-13 清乾隆 磁胎洋彩番莲纹绿地茶壶
台北故宫博物院藏

图 8-12 明晚期 宜兴窑紫砂球形茶壶 镇江博物馆藏
1965 年江苏省丹徒县新丰山北公社前桃村古井出土

于乾隆七年十一月被传旨配匣刻字入"养心殿头等"书画。[6]画卷全长235.5厘米，内容为描绘太平盛世，欢庆春节的场景，画卷由一童向着携琴僮而来的长辈拱手拜年作揖开始，男女老少沿着河岸展开新春市集上常见的活动，路边摆摊有爆竹、耍猴、算命、售鸟、跑旱船戏团、水果挑摊、卖茶、金鱼、糕点、货郎、掌中戏等等，不一而足，卷后竹院篱墙门，几位妇女与女童立于门内观看外面热闹的市集。本卷介绍重点为松下的品茗聚会（图8-11），苍松后三僮正在备水烹茶，右面座架上绿地画珐琅花卉大壶内装的是供煮的泉水，而左边茶炉上的茶铫正在烧煮开水；树下三文士品茗闲谈，二人手中各执青花茶碗，一置于座前，右边地上朱漆托盘内，另置一组紫砂茶壶与青花茶碗。从六人身份看来应属主仆关系，而不是茶摊卖茶，三人或是偕伴野外品茶。再由青花茶碗以及装泉水的珐琅水罐、茶铫和卖糕点挑夫担上盛放点心的青花、描红龙纹碗、盘看来，这些器皿并不像是民用瓷器，而是清代乾隆时期的宫廷用器；画中人物也不像一般市民，虽经装扮，亦掩盖不了官家气质，因此笔者认为丁观鹏此画描绘的不是一般的市井市集，而是圆明园内仿江南城镇河边上"买卖街"[7]的热闹市集场景。文献记载圆明园及清漪园内均设有宫廷买卖街，沿河两岸商店鳞次栉比，每当皇帝巡游，则商铺开门，由宫人侍仆装扮各式商贾、兵士、驿卒以及各式手艺工人，以让平时不能随便出宫的皇室人员，也有上街买卖的情趣。[8]

丁观鹏人物画，设色明净雅丽，细腻精微，并兼采西洋明暗透视法，故画作呈现立体形象。画中饮茶茶器为较大型的宜兴紫砂圆形茶壶以及青花茶碗（图8-11），是乾隆时期宫廷颇为常见的茶器，茶壶造型是当时所流行的样式，继承晚明以来的形制（图8-12）。绘画与实物皆可与乾隆时期的洋彩茶壶（图8-13）以及青花茶碗等相互印证。同样的茶器在台北故宫博物院所藏清院本《汉宫春晓图》卷上中段的二组备茶场景，也有相同造型的紫檀木茶具、洒蓝釉水缸与紫砂圆壶；洒蓝釉备水缸在前述《弘历岁朝行乐图》《弘历雪景行乐图》以及《弘历观月图》上的紫檀木、斑竹茶具上均可见及（图8-1、8-2、8-8）。清院本《汉宫春晓图》卷笔者在《历代茶器与茶事》内已有提及，于此不再赘述。

清人画《弘历御园赏雪图像》轴与三清茶

三清茶是乾隆皇帝一生中极为喜爱的茶品，常于各种场合品啜，如祈谷斋居、重华宫茶宴廷臣，或山斋闲居、雪夜烹茶，皆见烹瀹三清茶的记录。乾隆皇帝因酷爱三清茶，不仅属文赋诗赞美三清茶，还制作三清茶诗茶壶、三清茶诗茶碗、三清茶诗茶盘，甚至于茶宴结束后，还把三清茶诗茶碗赏给与会的朝臣。所谓三清茶是由梅花、佛手、松子泡瀹而成，有时亦加龙井新茶冲泡，[9]而讲究品茶的乾隆皇帝品饮三清茶时多以雪水冲泡，此于多首茶诗中一再提及。

清人画《弘历御园赏雪图像》轴（图8-14）所描绘的是乾隆皇帝在长春园狮子林[10]以雪水泡瀹三清茶的实景，图上乾隆皇帝正悠闲地坐在长春园正殿"清闷阁"一楼书桌前提笔写诗（图8-15），一旁的侍者，有的忙于铲雪、集雪（图8-16）；有的则扇火煮水，或冲茶，或捧茶，或奉

图8-14　清人画《弘历御园赏雪图像》轴　故宫博物院藏
　　画面左景湖石堆叠处即长春园狮子林

图8-16　清人画《弘历御园赏雪图像》轴（局部）　故宫博物院藏
　　侍者忙于铲雪、集雪、备茶，有的忙于扇火煮水，有
　　的烹茶、捧茶，或奉茶侍墨。侍者茶盘上的盖碗或为
　　"三清茶诗"茶碗。

图8-15　清人画《弘历御园赏雪图像》轴（局部）　故宫博物院藏
　　乾隆皇帝悠闲地坐在长春园正殿"清闷阁"一楼书桌前提笔写诗，一旁侍者茶盘内盛着盖碗装的三清茶，准备奉茶。

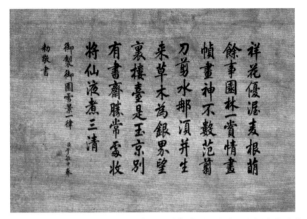

图 8-17　清人画《弘历御园赏雪图像》轴（局部）　故宫博物院藏
于敏中抄录乾隆皇帝御制《御园雪景》诗一首

茶侍墨（图 8-15），一幅众人皆忙，独我啜茗写诗的风雅场景，这是乾隆皇帝将其品茶实况，以最真实的绘画所留下的记录，也是乾隆皇帝六十二岁（乾隆三十七年）时为自己所留下品饮三清茶的写真图像。此画的最上方有于敏中（1714 – 1779）抄录乾隆御制《御园雪景》诗一首（御园一般指圆明园及区内的长春园及畅春园）。诗作于乾隆三十七年十一月望日，诗曰：

祥花优渥麦根萌，余事园林一赏情。
画帧画神不数范[注]，剪刀剪水那须并。
生来草木为银界，望里楼台是玉京。
别有书斋胜常处，收将仙液煮三清。
（图 18-17）

注：《石渠宝笈》藏有范宽《群峰雪霁》册幅。
《御制诗文集》，四集卷八。

诗与画对照，乾隆皇帝于何时、何地、品啜什么茶皆历历在目，一清二楚，乾隆皇帝与茶相关的资料丰富，文献可与实物结合，此亦为研究乾隆皇帝品茶的乐趣与便利之处。

三清茶是乾隆皇帝极为喜爱的茶品之一，曾于御制诗《三清茶》（图 8-18）诗题后特别加注："以雪水沃梅花、松实、佛手啜之，名曰三清。"根据乾隆十四年（1749）御制诗《雪水茶》诗注"丙寅秋巡五台时回程至定兴遇雪，曾于毡帐中有烹三清茶之作"（图 8-19）。故知《三清茶》诗应作于是年秋巡五台之时。这是乾隆皇帝自己在诗中的补充说明（图 8-19）。然而怪异的是《活计档》却记载十一年（1746）丙寅七月乾隆已命江西景德镇御窑厂制作三清茶诗茶碗，时间上有前后倒置之嫌。而完工的"三清茶诗茶碗"上茶诗的落款年号却又是"丙寅小春御题"，又更早于制作时间，按理应先有茶诗，后才能以御制诗制作茶碗。[11] 档案见《活计档》乾隆十一年七月《江西》：

御製詩初集　卷三十六　十七
畯垂蠟燭紅紗
三清茶 以雪水沃梅花松實佛手啜之名曰三清
梅花色不妖佛手香且潔松實味芳腴三品
殊清絶烹以折脚鐺沃之承筐雪火候辨魚
蟹鼎煙迭生滅越甌潑仙乳氈廬適禪悅五
蘊淨大半可悟不可說馥馥兜羅遞活活雲
漿澈偓佺遺可餐林逋賞時別懶舉趙州案
頗笑玉川譎寒宵聽行漏古月看懸玦軟飽
趂幾餘敲吟興無竭

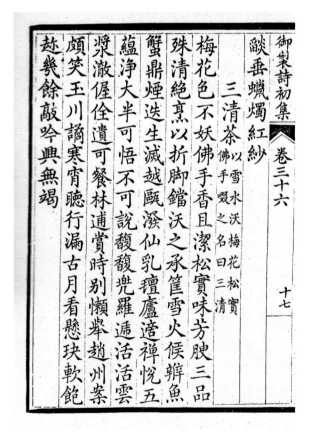

图 8-18　乾隆十一年（1746）孟冬，乾隆御制《三清茶》诗
《清高宗御制诗文全集》初集卷三十六书影

御製詩二集　卷十五　十九

巒霧靄濃七日現身傳古蹟五年来禮續前踪傳言廻蹕行營近風度泠泠隔嶂鐘

雪水茶

山中雪水煮三清大邑瓷甌入手輕水以最輕者為佳此處水較京都玉泉為重惟雪水比玉泉猶輕云屏去董鹽孅襍和拈來風月試閒評遣添今夕燈前趣宛憶當年霽後程丙寅秋巡五臺時迴程至定興遇雪曾於氊帳中有烹三清茶之作只有一端差覺遜三希即景對時晴

雪霽

图 8-19　乾隆十四年（1749）春正月乾隆御制《雪水茶》诗
《清高宗御制诗文全集》二集卷十五书影

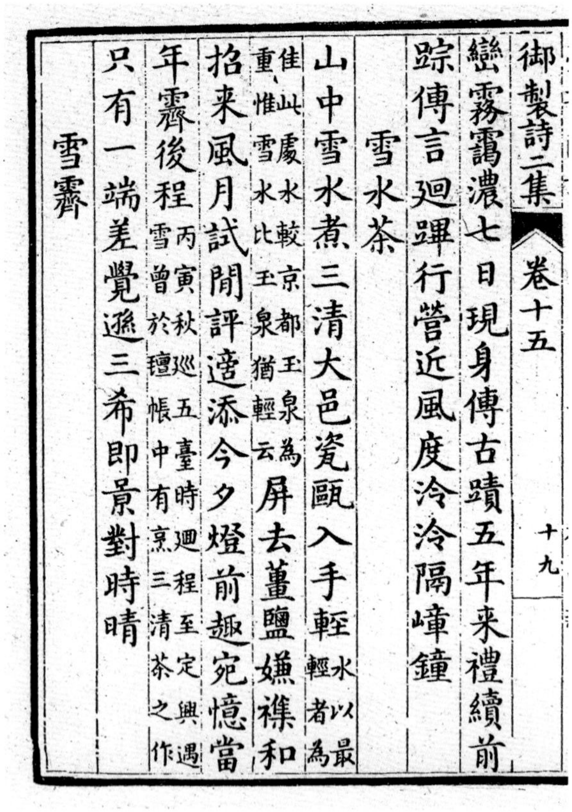

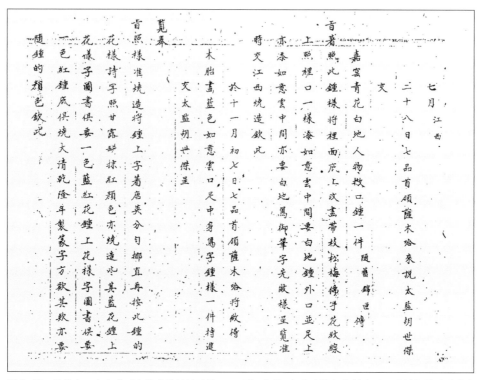

二十八日七品首领萨木哈来说太监胡世杰交嘉窑青花白地人物撇口钟一件随就锦匣，传旨：着照此钟样，将里面底上改画带枝松梅佛手花纹，线上照里口一样添如意云，中间要白地，钟外口足并足上亦添如意云，中间亦要白地写御笔字，先作样呈览，准时交江西烧造。钦此。

于十一月初七日七品首领萨木哈将做得木胎画蓝色如意云，口足中身写字钟样一件持进交太监胡世杰呈览。奉旨：照样准烧造，将钟上字着唐英分匀挪直，再按此钟的花样、诗字照甘露瓶，抹红颜色亦烧造些。其蓝花钟上花样、字、图书俱要一色蓝。红花钟上花样、字、图书俱要一色红，钟底俱烧“大清乾隆年制”篆字方款，其款亦要随钟的颜色。钦此。[12]（图 8-20）

七月　江西

二十八日七品首領薩木哈來說太監胡世傑
交嘉窯青花白地人物撇口鐘一件隨舊錦匣傳
旨着照此鐘樣將裡面底上改畫带枝松梅佛手花紋線
上照裡口一樣添如意雲中間要白地鐘外口並足上
亦添如意雲中間亦要白地寫御筆字先做樣呈覧准
時交江西燒造欽此
於十一月初七日七品首領薩木哈將做得
木胎畫藍色如意雲口足中身寫字鐘樣一件持進
交太監胡世傑呈
覧奉
旨照樣准燒造將鐘上字着唐英分匀挪直再按此鐘的
花樣詩字照甘露缾抹紅顏色亦燒造些其藍花鐘上
花樣字圖書俱要一色藍紅花鐘上花樣字圖書俱要
一色紅鐘底俱燒大清乾隆年製篆字方款其款亦要
隨鐘的顏色欽此

图 8-20　乾隆十一年七月《各作成做活计清档·江西》项下记青花及描红御制诗“三清茶”茶碗的制作

上述记载"嘉窑（嘉靖）青花白地人物撇口钟"，现今亦可从台北故宫博物院所藏"（清初仿）嘉靖款青花人物撇口钟"（图8-21）的造型、尺寸与纹饰作为对比印证，这件清仿嘉靖青花人物撇口钟的口径十厘米为标准茶钟尺寸，只是乾隆皇帝命照样制作的是此件或另有原件则须待原件"嘉靖青花人物白地撇口钟"出现后始能确定。否则此件清初仿件极或可能就是乾隆皇帝拿来作样制作的"三清茶诗茶碗"，以及"荷露烹茶诗茶碗"的范本。而完工后的实物亦与记载完全吻合（图8-21、8-22）。现藏台北故宫博物院各有青花及描红三清诗茶碗十件，总共二十件，原收藏于乾清宫端凝殿的或为十一年所订制的一批，十件一

图8-21　清初（明嘉靖款）青花人物图茶钟及款识　台北故宫博物院藏
　　　　高5.7厘米　口径10厘米　足径4.5厘米
　　　　此器为标准茶钟尺寸，与图8-22几乎相同

图8-22　清乾隆　青花御制《三清茶》诗茶碗　故宫博物院藏　高5.6厘米　口径10.9厘米　足径4.5厘米
　　　　内底梅花、佛手、松树纹饰，内外口足如意云纹，外壁书写御制诗

组各收纳在刻有题名的楠木匣内。一同被收藏于端凝殿内的还有康熙、雍正、乾隆时期的画珐琅及洋彩瓷器等，这些都是清宫相当重视的一批器物，也分别被记载于道光十五年，光绪元年、二十八年等数册的《珐琅玻璃宜兴磁胎陈设档案》上。内载乾隆器物除少数乾隆晚期如法国塞弗尔窑茶器外，乾隆磁胎画珐琅及洋彩器皿多为乾隆早期六年至十二年左右制作，因此笔者认为这二十件青花及描红三清茶诗茶碗或属乾隆十一年制作。档案内名称为：青花白地诗意茶钟拾件、红花白地诗意茶钟拾件。

此外，一般口径十一至十二厘米左右者清宫档案多称"茶碗"；九至十厘米者为"茶钟"，三清茶诗茶碗在《活计档》及《陈设档》中皆称"茶钟"，而《御制诗文集》内则有称"茶碗"或"茶瓯"者，诗中"茶瓯"为古称，自明代以来诗人、茶人常以混用。笔者鉴于尺寸与清宫档案的其他珐琅彩瓷茶碗相当，因此文中均以"三清茶诗茶碗"称之。乾隆四十六年在《咏嘉靖雕漆茶盘》诗注中乾隆皇帝亦说明："尝以雪水烹茶，沃梅花、佛手、松实啜之，名曰三清茶。纪之以诗，并命两江陶工作茶瓯，环系御制诗于瓯外，即以贮茶，致为精雅，不让宣德、成化旧瓷也。"[13] 诗中所形

图 8-23　清乾隆　朱漆描黑御制《三清茶》诗茶碗
　　　　　故宫博物院藏

图 8-24　清乾隆　雕漆御制《三清茶》诗盖碗
　　　　　故宫博物院藏

容的茶瓯的样式亦与前述相同都是"环系御制诗于瓯外"。乾隆五十一年（1786）御制诗《重华宫茶宴廷臣及内廷翰林用五福五代堂联句复得诗二首》中又提道："浮香真不负三清注：重华宫茶宴以梅花、松子、佛手用雪水烹之，即以御制三清诗茶碗并赐。"[14] 这里乾隆皇帝称饰有三清茶诗碗为"三清诗茶碗"，而三清诗茶碗除瓷器（图8-22）外，另有漆制朱漆描黑（图8-23），雕漆（图8-24）、玉制（图8-25、8-26），以及洋彩茶壶（图8-27）、茶盘等多样材质与造型。这些书有三清茶诗的茶器，通常也会在茶壶上、碗或盘内，画上梅花、佛手、松树三株（图8-27、

8-28），来象征三清。而乾隆皇帝之所以如此喜爱三清茶，不唯三清茶诗所提"梅花色不妖，佛手香且洁。松实味芳腴，三品殊清绝"的色、香、味清绝宜人而已，最重要的应该是乾隆皇帝认为三清各为清高节操的道德象征，即如其在乾隆三十三年（1768）《三清茶联句》诗中所言："高节为邻德表贞，喉齿香生嚼松实。心神春满泛梅英，拈花总在兜罗手。注：以松实、梅英、佛手三种烹茶，故谓之三清"[15] 因有这份寓意深远的文人气节情愫在内，故而终其一生，钟情于书有御制《三清茶》诗，口足有如意云纹装饰的御用茶碗。

图 8-25　清乾隆　白玉御制《三清茶》诗盖碗
故宫博物院藏

图 8-26　清乾隆　青玉御制《三清茶》诗盖碗
故宫博物院藏

图 8-27　清乾隆　磁胎洋彩御制《三清茶》诗茶壶及局部　私人藏
　　　　　诗后"乾隆丙寅小春御题"及"乾""隆"朱文双印

图 8-28　清乾隆　描红御制《三清茶》诗茶碗内底及款识　故宫博物院藏

附御制《三清茶》诗：

梅花色不妖，佛手香且洁。

松实味芳腴，三品殊清绝。

烹以折脚铛，沃之承筐雪。

火候辨鱼蟹，鼎烟迭生灭。

越瓯泼仙乳，毡庐适禅悦。

五蕴净大半，可悟不可说。

馥馥兜罗递，活活云浆澈。

偓佺遗可餐，林逋赏时别。

懒举赵州案，颇笑玉川谲。

寒宵听行漏，古月看悬玦。

软饱趁几余，敲吟兴无竭。

乾隆丙寅小春御题。

清乾隆　描红御制《三清茶》诗茶碗　故宫博物院藏

（原载《壶艺》杂志，2006 年第 2 期。部分修订）

注释

1. 语出乾隆四十七年元旦御题《陆治岁朝图》，《御制诗文集》，五集卷四十三。

2.《清心妙契——故宫珍藏茶文物珍品集》上卷，图 61，澳门艺术博物馆，2013 年 12 月，页 143。

3. 李湜，《以图鉴史——有关琉球的清宫画卷》，《紫禁城》总第 129 期，2005 年第 2 期，紫禁城出版社，页 92-115。

4.《器皿图》内几式器具如"棊局""隐几""枕具""茶托"等都是中国自宋代以来既有的造型，因此火壶形制是否来自琉球，仍有待考证。

5.《清宫内务府造办处档案总汇》，册 1，页 85。

6.《清宫内务府造办处档案总汇》，册 10，页 381。

7.（清）姚元之，《竹叶亭杂记》卷一，《笔记小说大观》三十三编 5 册。

8. 廖宝秀，《也可以清心——茶器·茶事·茶画》，图版 124 说明，2002 年 6 月，页 146~147。

9. 前引文，《历代茶器述要》，页 19。乾隆皇帝在四十九年咏《雨前茶》诗中说道："谷雨前之茶，恒为世所珍。……尚茶供三清。"诗注曰："每龙井新茶贡到，内侍即烹试三清以备尝新不忍为沾唇。"（《御制诗文集》，五集卷三）

10. 此画据刘辉《乾隆古装雪景行乐图》考证，场景为长春园的狮子林内，作者为宫廷画家姚文瀚与方琮。《文物》2013 年 8 月，页 88 ~ 94。

11.《御制诗文集》，初集卷三十六。

12.《清宫内务府造办处档案总汇》，册 14，页 442.

13.《御制诗文集》，四集卷七十八。

14.《御制诗文集》，五集卷十九。

15.《御制诗文集》，三集卷七十。

乾隆皇帝与竹茶炉

第九章

引言

"竹炉"（竹茶炉）是乾隆皇帝品茗生涯中至为重视的一项茶器，深具历史与文化意象，本文探究其背景与象征意义，与其对乾隆皇帝茶事意趣的影响。

笔者曾做过多处乾隆茶舍及茶器研究，乾隆皇帝于茶文化的贡献，绝非一般等闲可与比拟，他极好茶事，于京城以及各处行宫建构茶舍，内多设有"竹炉"煮茶，时间大多在乾隆十六年（1751）之后，竹炉煮茶是乾隆皇帝南巡后受到明代江南文人文会传统与品味的影响。从清宫档案及《清高宗御制诗文全集》（以下简称《御制诗文集》）中，可以看出"竹茶炉"是乾隆茶室中不可或缺的茶器。乾隆皇帝在其个人的品茗茶舍内皆安设有全套的品茶用器，如茶壶、茶钟、茶具或其他茶器的质材、款式多样，唯独煮水茶炉，几乎清一色多为竹编的"竹炉"（图 9-1、9-2），由文献或图像资料显示，清宫煮茶茶炉亦有其他的样式及材质，如青铜、白泥茶壶等（图 9-3~9-6），然而乾隆皇帝唯对"竹炉"情有独钟，尤其在乾隆十六年至二十三年间，陆续向苏州及江宁织造订制了二十多件竹炉，并分别设置于各处茶舍。[1] 乾隆皇帝为何如此这般喜爱竹炉，究其原因，实有其历史背景以及象征意义，本文略谈此一意象的根源及其对乾隆皇帝品茗逸趣的影响。

茶舍茶炉

笔者曾在多篇乾隆茶舍文章中，提及乾隆皇帝对他个人用来品茗的茶舍，均有一定的规格布置，如位于行宫园林则多倚岩傍泉，开虚窗、俯流泉，面开三间或二间式的朴素建筑，松涛石籁，景色绝佳；茶室内则布置竹炉、香几、陆羽茶仙造像、茶壶、茗碗、茶具等，并挂饰其喜爱的书画，以便啜茗时赏鉴，如香山"试泉悦性山房""玉乳泉"，静寄山庄、避暑山庄的"千尺雪"茶舍（图 3-15、3-17）等皆是。根据《内务府养心殿造办处各作成做活计清档》（以下简称《活计档》）内乾隆皇帝所命作陆羽茶仙造像的文献，与乾隆皇帝茶诗中"灶边陆

218

图9-1　清乾隆十八年（1753）张宗苍《弘历松荫挥笔图》轴（局部）　全图见图3-37　故宫博物院藏
　　　　地点似圆明园九洲清晏内清晖阁。图上描绘乾隆皇帝着汉装坐于石几前，右手提笔正在构思写诗；一旁侍者正在竹炉前煮泉
　　　　备茗。竹炉样式与图9-2之乾隆皇帝旨意制者形制相同。

图9-2　清乾隆　竹茶炉　故宫博物院藏
　　　　竹茶炉分上下两部分，上圆下方，上为炭炉，内以泥作壁，外包竹丝编织；下为方形火灶并开长方形风口，边框以竹作架，并
　　　　以宽细竹丝编织六角篾纹包裹。铫座（竹炉上方置烧水器口）为铜制并铸有纹饰，圆、方炉上下均有红铜护圈，做工细巧精致。

219

羽笑予差""灶边亦坐陆鸿渐"以及"座中陆氏
应含笑，似笑殷勤效古情。注：唐书载陆羽嗜茶，著
经三篇，言茶之原、之法、之具尤备。时鬻茶者制陶其形，置
炀突间祀为茶神。今山房内亦复效之，未能免俗，应为羽所窃
笑也。"[2] 等记载，可以确知乾隆皇帝于每座茶舍
内的竹炉旁均摆设陆羽茶仙造像（图 1-49）的
事实。

乾隆皇帝的茶舍遍及紫禁城、西苑、圆明
园、清漪园、静明园、静宜园、避暑山庄、静
寄山庄等宫室园囿及行宫共有二十多处；而且
在《御制诗文集》中时常提及的茶舍或啜茗处，
多以茶舍名称作为诗题，赞咏内容亦必与品茗
烹茶相关。乾隆皇帝的品茗活动并不仅限于茶
舍，更广推及于其他书斋或赏景处，其嗜茶程
度不是一般可言。

竹炉

竹炉是乾隆茶舍的必备之器，乾隆十六年
《仿惠山听松庵制竹炉成诗以咏之》曰：

竹炉匪夏鼎，良工率能造。
胡独称惠山，诗禅遗古调。
腾声四百载，摩挲果精妙。
陶土编细筠，规制偶仿效。
水火坎离济，方圆乾坤肖。
讵慕齐其名，聊亦从吾好。
松风水月下，拟一安茶铫。
独苦无多闲，隐被山僧笑。（图 9-8 底部）
《御制诗文集》，二集卷二十六。

图 9-3　清乾隆　丁裕《后天不老》册及局部　台北故宫博物院藏
　　图上可见青铜茶炉与宜兴提梁烧水壶、宜兴茶壶、白瓷茶钟、朱漆茶盘、泉罐等茶器

图 9-4　清　乾隆十八年（1753）张宗苍《弘历抚琴图》（局部）
　　　　故宫博物院藏
　　　　图上以青铜茶炉煮茶（全图见图 1-32）

图 9-5　清人画《弘历御园赏雪图像》轴（局部）
　　　　故宫博物院藏
　　　　备茶场景上使用的是白泥茶炉

图 9-6　明末清初　青铜兽面纹风炉　台北故宫博物院藏
　　　　清宫改装明末清初复古青铜器为茶炉，内面遗有护墙
　　　　泥残迹，应该是爱好品茶的乾隆皇帝的杰作，实际作
　　　　为茶炉使用。

　　说明乾隆皇帝南巡至无锡惠山听松庵竹炉山房（图 9-7）烹茶，喜爱上质朴素雅的竹茶炉，故命人仿制，并且还仿造两处以"竹炉山房""竹炉精舍"为名的茶舍。而且每到这两处茶舍品茗必提及茶室内所用竹炉仿自惠山。例如在玉泉山静明园"竹炉山房"茶舍，以及香山静宜园"竹炉精舍"茶舍诗中即提道：

竹炉是处有山房[注]，茗碗偏欣滋味长。
梅韵松龥重清晓，春风数典那能忘。
注：自辛未到此，爱竹炉之雅，命吴工仿制，玉泉、盘
　　山诸处置之。
乾隆二十七年《竹炉山房》，《御制诗文集》，三集卷
二十。

221

图9-7　清乾隆　钱维城《旧算览江南名胜——惠泉山图册》及局部　竹炉山房（即听松庵）及惠泉等　広雅轩藏

鼻祖由来仿惠山，清烹到处可消闲。
听松庵里明年况[注]，逸兴遄飞想像间。
注：惠山听松庵旧弄竹炉并王绂画卷，每次南巡无不以
　　竹炉烹茶，并题诗书卷中，此间竹炉即仿其制也。
乾隆四十四年《竹炉精舍烹茶》，《御制诗文集》，四集
卷六十。

因爱惠泉编竹炉，仿为佳处置之俱[注]。
香山精舍偶临此，即日无泉泉岂无。
注：辛未南巡过惠山听松庵，爱竹炉之雅，命吴工仿制，
　　因于此构精舍置之。
乾隆五十三年《竹炉精舍烹茶》，《御制诗文集》，五集
卷三十九。

以上诗文显示，带御制诗竹炉在乾隆十六
年第一次南巡结束北返时，就从江南携回置之

茶舍。前述《仿惠山听松庵制竹炉成诗以咏之》
诗，便是竹炉完工之后于江南所作，而这件竹
炉上半部圆炉部分虽已佚失，但下半部方炉部
分及底部刻诗则还保留，现收藏于北京故宫博
物院（图9-8）。

竹炉为何如此受到乾隆皇帝的青睐，当然不
只因其造型古朴雅致，而是还有其背后引人入胜
的理由,而此缘由则与惠山"竹炉文会",以及《竹
炉图卷》《竹炉诗咏》的创制及流传大有关联。

自古名山出名泉，惠山出惠泉，自从唐代
被陆羽、张又新等评定为天下第二泉之后，惠山
就成为文人雅士登临试泉的名胜。而且惠山寺又
多高僧，文人雅士每与寺僧在庵中汲泉烹茶，必
吟诗论道，形成了惠山寺的茶会传统，比如唐代
的皮日休，宋代苏东坡、杨万里，元代倪瓒等都

图9-8　清乾隆十六年　竹茶炉及底部　故宫博物院藏　底部刻乾隆十六年御制诗《仿惠山听松庵制竹炉成诗以咏之》
　　　　此炉上半部圆炉已失，仅留下方炉部分

与惠山寺僧有深厚的交谊，且留下了许多歌咏惠泉诗词文献，[3]苏东坡的"独携天上小团月，来试人间第二泉"（《惠山谒钱道人烹小龙团登绝顶望太湖》）便是传诵千古的名句。明清时代更是惠泉的鼎盛时期，此时文人重视的不止惠泉而已，同时也对与惠泉相关的建筑及器物，给予了极大的关注，惠泉旁的听松庵竹炉山房聚集了江南文人名士，参与品茗文会，不仅歌咏惠泉，也吟哦竹炉山房听松庵内煮泉的竹炉。

竹炉典故、图咏、诗卷

南宋杜耒（？–1225）名诗《寒夜》："寒夜客来茶当酒，竹炉汤沸火初红。寻常一样窗前月，才有梅花便不同。"诗中已谈及以竹炉煮汤点茶，然而竹炉文会的盛行到了明初才在文人间兴起。"竹炉煮茶"文会的典故肇始于洪武年间，惠山听松庵主人性海真人（生卒不详）及明初文人王绂（1362-1416）等人，他们不仅有深厚的友情，而且还共同创制竹炉，同时也是惠山竹炉文会及竹炉图卷的原创人，这段历史可由明清文人王达（1350-1407）《竹茶炉记》、秦夔（1433-1496）《复竹茶炉》、吴宽（1435-1504）《盛舜臣新制竹茶炉》、顾贞观（1637-1714）《竹炉新咏记》、邹炳泰（1741-1820）《纪听松庵竹炉始末》以及乾隆皇帝《御制诗文集》中与惠山听松庵相关的竹炉诗文等记载得到印证。

惠山竹炉的创制始于明初洪武二十五年（1392），王绂是年自山西大同谪戍回到家乡无锡后，即在惠山听松庵寓居疗疾，愈后在庵中"秋涛轩"墙壁绘制庐山图。不久友人潘克诚来看画，此时恰有湖州竹工到访，于是庵主性海真人与王绂及潘克诚共商以古制编制竹茶炉，置于庵内；王绂绘竹炉图赠予性海真人，并附咏竹茶炉诗卷。之后名家陆续和韵赋诗，遂成一卷。十一年后，永乐初年（1403）王绂离开惠山入仕文渊阁，性海真人则转赴苏州虎丘，行前将竹炉留赠潘克诚，此后六十余年间归潘氏家族保存。成化初年诗人杨模曾向潘氏后人求让，成化十二年（1476）无锡秦夔（1433-1496）为惠山寺作《访炉疏》，于杨氏处访得，并归还听松庵，于是竹茶炉失而复得，故作《听松庵复竹茶炉记》《复竹茶炉》诗。明中期成化、弘治年间，盛虞（生卒不详）曾仿制二炉，一赠其伯盛颙（1417-1492），一赠吴宽（1435-1504），并得吴宽、李东阳（1447-1516）等人写诗相赠，明清之间文人仿制竹炉与竹炉诗咏，一直相继不断。至清初康熙年间，听松庵原竹炉既毁，盛制又坏，于是无锡顾贞观（1637-1714）又仿制二炉，并作《竹炉新咏记》，携其一至京师以贻纳兰成德（1655-1685）。

惠山寺听松庵原藏有四卷《竹炉图咏》，第一卷即前述王绂所绘并题诗，第二卷为履斋（生卒不详）所作，第三卷为吴珵（生卒不详）于成化丁酉（1477）所写，第四卷作者佚名。乾隆皇帝第一次南巡于十六年至惠山寺时，第四卷已失，乃命张宗苍补作，并题诗于上。此四卷《竹炉图咏》与竹炉共同经历一段沧桑遭遇：乾隆四十四年（1779）江苏无锡县知县邱涟（活动于18世纪后半叶）为翌年乾隆皇帝第五次南巡做准备，除了下令修整惠山寺、竹炉山房等各寺院外，同时也将听松庵所藏的四卷《竹炉图咏》图卷书画携回县署修裱，不料衙署邻家民宅失火，延至官署，虽然御书墨宝得以抢救，但裱贴于墙上的《竹炉图咏》图卷却不幸全毁于火。乾隆皇帝闻之勃然大怒，四十五年（1780）正月二十七日在江苏巡抚杨魁的奏折《查明竹炉图卷被烧缘由》上御批申斥："御书有何要，朕当另写何难！僧家传世旧迹为可惜，真不知轻重，煞风景之事，可恶之极！"接着又谕："岂有如是胡涂之理，不但不能黄挂并花翎亦莫望，余俟面谕。钦此。"（图9-9），杨魁也因此而丢官。四图既毁，翌年四十五年八月，乾隆乃御笔亲补第一图，命皇六子永瑢（1744-1790）补第二图，都统弘旿（1743-1811）补第三图，工部侍郎董诰（1740-1818）补第四图；并于卷首题跋，于每卷图后补录明人旧题，并以紫檀木插屏及木匣盛装送至竹炉山房安设。4（图9-10）此外又将清宫内府所藏王绂《溪山渔隐

乾隆皇帝御批申斥　　　　乾隆皇帝御批申斥

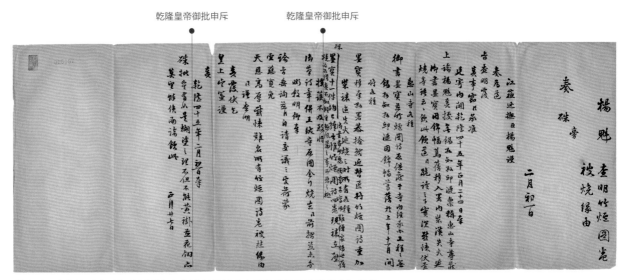

图9-9　清乾隆四十五年（1780）江苏巡抚杨魁《查明竹炉图卷被烧缘由》奏折
　　　　台北故宫博物院藏

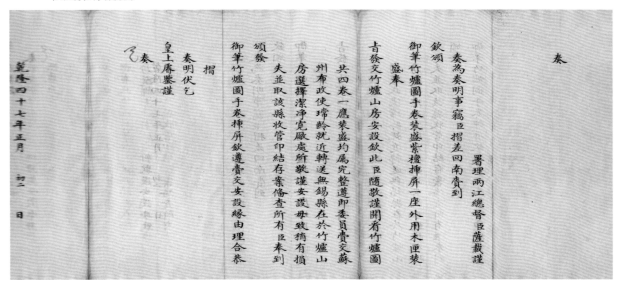

图9-10　清乾隆四十七年（1782）正月初二日，署理两江总督萨载奏《为钦颁御笔竹炉图手卷装盛紫檀插屏一座遵即委员赍交无锡
　　　　县在于竹炉山房敬谨安设事》 台北故宫博物院藏

图》卷赐予听松庵，这也是《纪听松庵竹炉始末》一文的由来。乾隆皇帝之重视惠山竹炉文会传统，可见一斑，而此举亦成传颂艺林的韵事。

绘制千尺雪图卷

乾隆皇帝第一次南巡行经姑苏寒山千尺雪，旋又至无锡惠山听松庵，领略了江南文人丰富的品茗特质，回京后便将苏州寒山"千尺雪"与惠山"听松庵竹炉山房"二地的特色加以结合，构成"千尺雪斋设竹炉"的特有品茶意境。[5] 其实这是乾隆皇帝惯用的借景与转换手法，大量采用江南名园林景及文人典故设置于清宫园囿之内，也是乾隆皇帝南巡后所产生出来的一种特殊文化现象，当然这些园林佳境，正也是乾隆皇帝作诗回忆的好处所，亦为其向往江南文人生活的表现，更可视为乾隆皇帝吸收、吐纳传统文化，终成一种属于自己风格的艺术品位。

听松庵竹炉山房内的《竹炉图》卷及《竹炉诗咏》，前已提到最早是由王绂于洪武二十五年绘制成的，其后明代文人、僧家相继沿袭，并有许多以"竹炉"为主题的绘画、诗文、和韵、联句及《竹茶炉记》等出现。与竹炉及惠泉相关的绘画，除听松庵原藏的四卷《竹炉图卷》外，尚有沈贞吉（1400–1482）的《竹炉山房图》（图9–11）、唐寅（1470–1524）《煮茶图》（图9–12）、文徵明（1470–1559）的《惠山茶会图》（图9–13），盛虞（舜臣）仿制听松庵"竹炉"并绘成《竹炉图》、顾元庆（1487–1565）《茶谱》中"苦节君"竹炉图（见图3–39）、王问（1496–1576）《煮茶图》（1558）中的斑竹茶炉（图9–14）、文嘉（1501–1583）《惠

图9–11–1　明　沈贞吉《竹炉山房图》轴
辽宁省博物馆藏

图 9-11-2　此图或为明代绘画上最早（成化七年，1471）出现的《竹炉山房图》之一，图中未见描绘圆泉——惠泉，山房内见沈贞吉与普照禅师对坐品茗聊天，山房前一僧僮炉前扇火。

山煮茶图》（图 9-15）、钱谷（1508-1578）《惠山煮泉图》（1570）、丁云鹏（1547-1628）《煮茶图》（图 9-16）等。而明清以来题咏竹炉的诗、记，更不胜枚举，如王达（明洪武十八年进士）、顾协、邵宝（1460-1527）、李东阳（1447-1516）、吴宽（1435-1504）、朱彝尊（1629-1709）、王渔洋（1634-1711）、顾贞观、邹一桂（1686-1766）、秦瀛（1743-1821）等名流都曾再三述作，至乾隆年间，竹炉逸事仍然传诵不已。

听松庵所藏四卷竹炉图咏、竹炉诗卷，不仅深得乾隆帝心，也让他依法仿效并转换成自己的特色，不仅在玉泉山及香山各设"竹炉山房"与"竹炉精舍"二处茶舍，也成了乾隆皇帝创作四卷《千尺雪图》卷的泉源。但图卷内所呈现的是属于乾隆皇帝个人逐年累积的文采诗情，并无其他各家的和韵赋诗。乾隆十六、十七年间，清高宗为其三座千尺雪茶舍，及苏州寒山千尺雪绘制了四套共十六卷的《千尺雪图》卷，每套内容分别为盘山千尺雪、热河千尺雪、西苑千尺雪以及寒山千尺雪。《盘山千尺雪图》卷（图 3-31）由乾隆御笔亲绘，其他三卷则令董邦达绘《西苑千尺雪》卷（图 3-14）、钱维城画《热河千尺雪图》卷（图 3-32）、张宗苍画《寒山千尺雪图》卷（图 3-33），每人各画四卷。这四套《千尺雪图》卷内，并书有乾隆十六年至嘉庆二年，乾隆皇帝吟咏各地《千尺雪》茶舍的歌赋诗词，[6] 约共一百五十余首。

再者此四套《千尺雪图》卷，立意虽与《竹炉图咏》相仿，但其所追求的理趣却不尽相同，

图9-12　明　唐寅《煮茶图》卷（局部）　瑞典斯德哥尔摩博物馆藏　煮茶竹炉上圆下方，席上可见插花及香炉。

图9-13　明　文徵明《惠山茶会图》卷（局部）　故宫博物院藏
　　　　图上显示文人们于草亭惠泉一侧品茶，然煮茶风炉则非上圆下方竹茶炉。

图 9-14　明　王问《煮茶图》（局部）　台北故宫博物院藏
图上可见明代文人间盛行的斑竹茶炉

图 9-15　明　文嘉《惠山煮茶图》卷（局部）上海博物馆藏
　　图上可见草亭下惠泉左侧，事茶两僮子面前设有茶壶、茶钟以及上圆下方的竹茶炉，炉上置煮水壶，一旁还有火夹。二文人惠泉前席地对坐，一旁置放书画图卷，另一文人由外漫步而进，一场惠山竹炉文会即将上场，在此品茶、论书、说道，是当时江南常见的文人雅集。此图为文嘉描绘偕友人访惠山听松庵，在惠泉旁以竹炉煮茶的场景。

图 9-16　明　丁云鹏《煮茶图》轴（局部）无锡市博物馆藏　图上卢仝前方置有上圆下方的竹茶炉

乾隆皇帝绘制四套《千尺雪图》卷的主要目的，即如他于盘山《千尺雪》茶舍诗中所云：

飞泉落万山，巨石当其垠。
汇池可半亩，风过生涟沦。
白屋架池上，视听皆绝尘。
名之千尺雪，退心企隐人。
分卷复合藏，在一三来宾[注]。
境佳泉必佳，竹炉亦可陈。
俯清酌甘冽，忘味乃契神。
披图谓彼三，天一何疏亲。

注：寒山、田盘、热河、西苑皆有千尺雪，各绘为四卷合藏，而分贮其所，每坐一处，则三景皆在目中也。
乾隆十八年，盘山《千尺雪》，《御制诗文集》二集卷四十四。

意指每至一处千尺雪茶舍，则其他三处景观亦皆出现眼前，如此乾隆皇帝既可借境入诗，又能临流摘句、品茗得句，可谓达到"泉色泉声两静凝，坐来如对玉壶冰。拈毫摘句浑艰得，都为忘言性与澄。"[7]"卜筑山边复水边，临流摘句亦多年。拈须已是古稀者，耳里清音不异前"[8]的悦性、怡情乐志境界。

竹炉形象

听松庵性海真人与王绂等所创制的竹炉虽早已毁失，但其形制据王达《竹茶炉记》及明人绘画的描绘，皆为上圆下方，外以竹编，内以土填，中以铜铁栅分隔，实际形态则可参考乾隆皇帝仿自听松庵的竹炉实物（图9-2、9-3）及张宗苍画《弘历松荫挥笔图》轴（图9-1），描绘乾隆皇帝在清晖阁写字，以竹炉煮泉啜茗

的场景。而竹炉的制作与其象征意义，在王达应性海真人之请所作的《竹茶炉记》中记载得非常清楚：

性海真人禅师卓锡于惠山之阳，山之泉甘美闻天下，日汲泉试茗以自怡。有竹工进曰：师嗜茗饮，请以竹为茗具可乎？实炉云：炉形不可状，圆方上下，法乾坤之覆载也。周实以土，火炎弗毁烂，虹光之贯穴也。织纹外饰，苍然玉润，铺湘云而翦淇水也。视其中空无所有，冶铁如栅者横其半，勺清泠于器，拾堕樵而烹之，松风细鸣，俨与竹君晤语，信奇玩也。禅师走书东吴，介予友石庵师以记请，夫物之难齐甚矣，尊罍以酒，鼎鬲以烹，此盖适于国家之用；尤可贵者，若研鼎以石，制炉以竹，亦奚足艳称于诗人之口哉。虽然，尊罍鼎鬲，世移物古，见者有感慨无穷之悲。竹炉、石鼎，品高质素，玩者有清绝无穷之趣，贵贱弗论也。且竹无地无之，凌霜傲雪，延蔓于荒蹊空谷之间，不幸伐，而筥、箕、筐、筐之属，过者弗睨也。今工制为炉焉，汲泉试茗，为高人逸士之供，置诸几格，播诸诗咏，比贵重于尊罍鼎鬲，无足怪矣。初禅师未学也，材岂异于人人，及修持刻励，道隆德峻，迥出尘表，为江左禅林之选，亦竹炉之谓也。是为记。岁在乙亥（1395）秋仲望日。

王达与性海真人、王绂都是竹炉及竹炉文会的创始人，这段《竹茶炉记》上的描述具体地呈现了当时他们制作竹炉的理念及意义，而这也正是乾隆皇帝心目中理想的茶炉。

乾隆皇帝的品茗理趣，基本上是建构在传统的儒、释、道合一的基础上，而竹炉所拥有

的特性符合此一要求。竹于儒家思想上象征的最大意义即"君子之德"。且竹有凌霜傲雪的特性，正是文人高风亮节的表征。竹炉所用材料包含金、木、水、火、土在内的"阴阳五行"，炉形上圆下方表达"天圆地方"的哲理，天地运转，呈现了整个宇宙观，亦即道家"法乾坤之覆载也"的思维。竹炉使用于烹瀹，经常烈火燃煮，终就修炼完成，恰似"初禅师未学也，材岂异于人人，及修持刻励，道隆德峻，迥出尘表，为江左禅林之选，亦竹炉之谓也"的禅林境界，一座竹炉正具备了传统中国的儒、释、道三教合一的思想，竹炉品高质素，玩者有清绝无穷的趣味，这也正是乾隆皇帝喜爱竹炉烹茶的主因之一。

结语

茶舍是乾隆皇帝翰墨诗情写作的处所，也是他几暇之余，怡情遣兴、畅抒情怀的雅室，品茗赋诗则是他茶舍生活的特色，他在茶舍诗中不断地抒发自己的感触，吐露人生哲学，而茶舍与竹炉成了他最佳创作空间与作诗的泉源。香山《玉乳泉》茶舍诗中提道：

纵然非色亦非声，会色声都寂以清。
岂必竹炉陈著相，拾松枝便试煎烹。
煎烹恰似雨前茶，解渴浇吟本一家。
忆在西湖龙井上，尔时风月岂其赊。[9]

玉泉山《竹炉山房戏题二绝句》又云：

舍舟碕岸步坳宠，两架山房清且嘉。

早是中涓擎碗至，南方进到雨前茶。
莫笑殷勤差事熟，吃茶得句旋前行。
设教火候待文武，亦误游山四刻程。[10]

第六次南巡于惠山《咏惠山竹炉》则曰：

硕果居然棐几陈，岂无余憾忆前实。
偶因竹鼎参生灭，便拾松枝续火薪。
为尔四图饶舌幻，输伊一概泯心真。
知然而复拈吟者，应是未忘者个人。[11]

再次证明乾隆皇帝在茶舍品茗是与吟诗、得句脱不了关系的，正是："解渴浇吟本一家""吃茶得句""拈吟者"；也是为"暗窦明亭侧，竹炉茗碗陪。吾宁事高逸，偶此浣诗裁"[12]的创作而来的。

乾隆皇帝是一位深具文人气质与艺术教养的皇帝，他一生嗜茶，不断为茶舍装潢，不停为茶事题咏诗文，将其品茶理念与思想留示后人，这在茶文化史上是绝对有贡献的。例如置放无锡竹炉山房的四卷《竹炉图咏》虽在乾隆四十四年毁于祝融，但他于次年随即补上四卷，其中还包含他自己御笔亲绘的《竹炉山房图》卷，可见他对此一文会传统的重视。乾隆皇帝为中国茶史所留下可观的茶舍相关资料，是无价的文化财富，他为茶舍所制的竹炉，并不是即兴式或肤浅的仿造而已，一座茶炉象征一个宇宙，其实代表乾隆皇帝的理念与人生哲学。竹炉是一个表征，也是一部融合了儒、释、道思想观念的形体，这在乾隆皇帝茶诗里随处可见。

竹炉、图咏与诗卷的关系，是乾隆茶舍的

特色之一，虽与听松庵竹炉图卷文会传统有关，但在乾隆图咏、诗卷内反映的已是他个人浓厚的人生哲学观与生活逸趣，较之于明清文人一味地重复竹炉的制作或题跋纪事，意境高远，且有其独特见地。

（原载《故宫文物月刊》367 期，2013 年 10 月，部分修订。）

注释

1. 本文为 2004 年笔者参加台湾艺术大学"吃墨看茶——2004 茶与艺国际学术研讨会"论文，《乾隆茶舍与竹茶炉》，再经修改。

2. 乾隆六十年《竹炉山房》，《御制诗文集》，五集卷九十五。

3. 清裴大中、倪成修、秦湘业纂，《无锡金匮县志》卷三十三至三十八《艺文》，内载唐以来至清代历来文人吟咏与惠山、惠泉相关的诗、词、赋、记。清宣统二年刊本。

4. 乾隆皇帝于四十五年第五次南巡至惠山竹炉山房的多首御制诗《补写惠山寺听松庵竹炉图并成是什纪事》《惜张宗苍补惠泉图被毁因四叠旧韵》中均提及此事（《御制诗文集》，四集卷六十九）。

5. 廖宝秀，《清高宗盘山千尺雪茶舍初探》，《辅仁历史学报》第十四期，2003 年，页 89 - 93。

6. 前引文，《清高宗盘山千尺雪茶舍初探》，笔者曾清楚交代乾隆皇帝所作四处"千尺雪"茶舍诗于十六卷各地《千尺雪图》的书写题咏情形。页 79 - 89。见本书页 102 - 107。

7. 乾隆三十九年，碧云寺《试泉悦性山房》，《御制诗文集》四集卷二十一。

8. 乾隆四十七年，避暑山庄《千尺雪二绝句》，《御制诗文集》，四集卷九十一。

9. 乾隆五十一年，《御制诗文集》，五集卷二十三。

10. 乾隆三十九年，《御制诗文集》，四集卷十九。

11. 乾隆四十五年，《御制诗文集》，四集卷六十九。

12. 乾隆二十六年《暮春玉泉山揽景》，《御制诗文集》，三集卷十二。

南巡后乾隆宫廷的宜兴茶器

第十章

引言

　　乾隆皇帝在宫廷苑囿或行宫建筑内辟作专用茶舍，至少有十五处之多，[1] 而茶舍内用作泡茶或容茶的器皿，从档案和实物以观，宜兴茶器与来自江南无锡的竹茶炉，以及收纳陈设茶器的茶具，显然深受隆皇帝喜爱。这些事例在乾隆十六年（1751）第一次南巡以前，并不明显，然而，南巡之后档案记载却大量出现，十分明确。本文所指南巡主要为乾隆十六年第一次南巡，时间为正月十三日至端午前二日共 108 天三个多月于江南活动的期间。本文借由《清高宗御制诗文全集》（以下简称《御制诗文集》）、《内务府养心殿各作成做活计清档》（以下简称《活计档》）等档案文献，以及茶舍内部茶器与茶具陈设文献记载，来探讨乾隆皇帝于茶舍或休闲品茶时，使用宜兴茶器的事实。再者由北京故宫博物院所藏一批十数件，一面带御制诗文，一面贴泥绘画等风格特征大多相同的宜兴茶壶，与茶叶罐作比对探讨，它们应该就是乾隆十六年第一次南巡江南回跸之后所制作，此一事实在《活计档》内有命作经过的

详细记载。这批茶器意义非凡，它们与平常清宫使用的宜兴或其他华丽用器不同，做工、装饰风格均有别于乾隆朝的其他茶器，显见乾隆皇帝对茶舍品茶与一般饮茶是有所区别的。

清代康雍时期的宜兴茶器

　　清宫经常饮用的贡茶，除云南普洱茶为团茶外，大多为条状散茶，因此作为冲泡饮用的茶壶、茶钟、盖碗，以及保存贮藏茶叶的茶罐，成为清代茶器的一大特色。清代宫廷茶器制作，与时代盛衰、统治者的品味，以及江南文人与知识阶层风尚皆有密切关联。例如，明末清初江苏宜兴窑紫砂器盛行，康熙朝御用茶器中就开发制作了宜兴紫砂胎珐琅彩茶壶、茶钟、盖碗、盖钟等。其制作方式为：器胎在宜兴制坯烧造精选后送至清宫，再由造办处宫廷画师加上珐琅彩绘，二次低温烘烧而成（图 10-1）。这些茶器多带有"康熙御制"黄料或蓝料款识，茶器造型端正大方，与同时代民间紫砂器大为不同，研究者称为"宫廷紫砂器"。[2] 宜兴胎画珐

图 10-1 清康熙 宜兴胎画珐琅花卉茶壶及四季花卉盖碗 台北故宫博物院藏

琅是康熙朝新创多种不同质材胎地画珐琅中的一项，不仅釉色多样，花果纹样装饰亦从传统中创新，别具新意。[3] 画珐琅颜料与技法均来自西洋，康熙皇帝亲自下令于紫禁城内设置"珐琅

作"坊，这是中国工艺美术史上一项崭新的尝试。

从清宫《活计档》资料显示，康熙宜兴胎画珐琅茶器在乾隆六年（1741）整理作匣时仅有二十件，其后咸丰四年（1854），咸丰皇帝赏

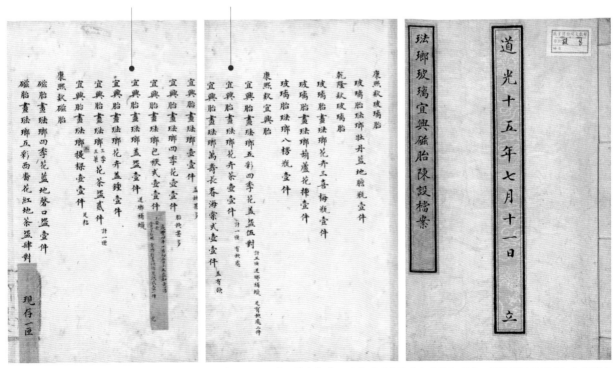

图 10-2 清《道光十五年七月十一日立珐琅玻璃宜兴磁胎陈设档案》封面及内页"康熙款宜兴胎"部分，指标所示为图 10-1 的茶壶与盖碗

给皇后纽钴碌氏"宜兴胎画珐琅包袱壶"一件（图10-2），[4]仅存的十九件，全数藏于台北故宫博物院，这也是现今传世仅有的康熙御制宜兴紫砂胎画珐琅茶器，极其珍贵，可谓"神品至宝"，长久以来受到清宫珍藏，现今亦被列为国宝文物。

康熙朝制作的磁胎（本书名称均依照档案记载，均采磁胎画珐琅）画珐琅及宜兴胎画珐琅茶器，为清宫珐琅彩瓷的发展奠定了基础；雍正朝珐琅彩器无论胎釉、彩绘均更臻绝诣，雍正皇帝不仅亲自点评珐琅彩器质量的优劣，同

时也喜爱造型简洁素雅的宜兴茶器（图10-3、10-4），时常提供宫中收藏的宜兴茶壶作为式样，命令工匠依样烧造或略为修改，[5]加以指点，成就了雍正朝珐琅茶器至于精美绝伦，成为清代珐琅彩之冠（图10-5、10-6）。

举世闻名的雍正珐琅彩瓷中，以茶壶、茶钟及茶碗为多，占约半数以上，主要因为是二次烧造的完成地点是在宫廷或御苑内造办处珐琅作坊的小窑明炉，因宫中不宜设置有如御窑场的较大型明炉烧制，故而康雍乾三朝的宜兴或磁胎画

图10-3　清雍正　宜兴窑紫砂圆壶　故宫博物院藏

图10-4　清雍正　宜兴窑紫砂茶壶　故宫博物院藏

图10-5　清雍正　磁胎画珐琅青山水茶壶　台北故宫博物院藏

图10-6　清雍正　磁胎画珐琅节节双喜茶壶　台北故宫博物院藏

珐琅少见逾二十厘米的器物。[6] 这些珐琅彩瓷器，器胎与宜兴胎一样，均在景德镇御窑场烧成白瓷后，再运至紫禁城或圆明园造办处，由宫廷画匠以珐琅彩绘画图案，二次低温烧成。当时各式花样大多仅烧制一对，弥足珍贵。

　　故宫博物院所藏的雍正磁胎画珐琅茶壶则见与宜兴茶壶相近的造型，显然就是档案中所说的照宜兴茶壶样略做修改的茶壶。然而，雍正时期的珐琅彩瓷虽达清代顶峰，却未见雍正皇帝继续发展宜兴胎画珐琅茶器，此或与雍正皇帝的喜好完美的审美趣味有关，宜兴胎的天然理肌之美虽为清世宗所爱，唯宜兴胎泥内所含砂点颗粒，颇影响珐琅彩呈色却是不争的事实，施彩釉面时有凸起坑凹现象（图10-7），因此《活计档》档案内不复见雍正、乾隆两朝制作宜兴胎画珐琅茶器的记载。雍正时期造器简洁素雅，由北京故宫博物院所藏雍正宜兴茶壶、茶叶罐可见一斑，造型简练大方，与众不同，显见这些宜兴茶器正也是雍正皇帝所倡导的"内廷恭造式样"之品位。

　　雍正朝所制大部分瓷制茶叶罐形制，颇受

图10-7　清康熙　宜兴胎画珐琅四季花卉壶及局部　台北故宫博物院藏　放大处可见宜兴胎泥上所含砂点颗粒，釉面呈现不平整现象

图10-8　清雍正　宜兴窑紫砂"珠兰"铭茶叶罐　故宫博物院藏

图 10-9　清雍正　青花夔龙纹茶叶罐　故宫博物院藏　　　　　图 10-10　清雍正　青花福寿纹茶叶罐　故宫博物院藏

宜兴茶叶罐形制的影响（图 10-8、10-9），器形十分相似，有些在茶叶罐盖上多加盖纽，小作变化（图 10-10）。档案中频见雍正皇帝指正各式茶具、茶器的细微设计，显然雍正皇帝是相当好茶与识茶的，且极具品味。从几首雍亲王时期品茶诗，说明清世宗是喜爱品茗的，如："闲中随展经千页，睡起新烹茶半壶"（《热河闲咏七首之五》）；"巡檐步月敲奇句，坐石烹泉品贡茶"（《步月至泉畔试茶》）；"悠然怡静境，把卷待烹茶"（《夜坐》）呈现雍正皇帝独坐幽园"把卷烹茶""坐石烹茶""睡起烹茶"的悠闲品茶、试新茶的场景。

根据《活计档》记载，从雍正元年开始即见宜兴茶器及收纳各式茶器的茶具制作。[7] 雍正元年十二月十五日雍正皇帝传旨制作的茶具有：

平面桌下中间安盛水缸一口（图 8-1、8-2），缸上添做盖子一件，银水舀子一件。

桌面上配做银茶叶罐四个、银火壶一把、银凉茶壶一把、银里木盆一件、银屉子一件、火夹子一把、银勺一把、银匙一件，再安宜兴壶三把、茶圆四件，二个在盘子内放着，二个在屉子内收着；腰形茶盘一件，配做泥鳅沿、盘内做双圆套环，双圆内都要托足，往秀气里配合。钦此。

一年以后，雍正二年十二月三十日做成茶器：

于二年十二月三十日得平面桌一张，上配得银火壶一把、屉子一件，内随茶圆二件配金盖一件、银盖一件、银茶叶罐四件、银里木盆一件、银凉茶壶一件、银水舀子一件、匙子一件、勺子一件、火夹子一件、纱兜圈子二件，并交小磁缸一口配紫檀木缸盖一件，改做得腰形紫檀木茶盘一件，原交青花白地磁钟二件、宜兴壶三把，总管太监张起麟呈进。[8]

雍正元年开始即注重茶器的制作，尤其是全套茶器的配备，其内茶壶多使用宜兴壶。上述"再安宜兴壶三把"于茶具桌面上，可见泡茶主要以宜兴壶为主。由茶器制作记载与今日所见乾隆元年或乾隆早期绘画上描绘《弘历岁朝行乐图像》（图8-1），或《弘历赏月图》轴（图8-8）内的茶具十分相像，盛水缸也非常具象地呈现出与"雍正洒蓝釉缸"（图6-19）类似，《弘历观月图》轴茶具下方的洒蓝釉水缸或就是前述《活计档》所指的"带紫檀木盖缸"，故笔者以为乾隆早期极有可能使用雍正时期所制器物，[9] 而两画内皆描绘有素宜兴茶壶、银水舀子、银茶叶罐、火夹子、腰圆茶盘、带紫檀木盖缸等。此外，单色釉、青花瓷茶器，以及富有纹理结晶变化的玛瑙茶器也为雍正帝所喜爱，形制简练，做工精细，与其他雍正作器一样，均具"内廷恭造式样""文雅秀气"。

乾隆朝的御制诗宜兴茶器

根据清宫《活计档》文献记载，或宫廷绘画上所描绘的茶器，乾隆早期已见宜兴茶器的使用，绘画如《清院本十二月令图——九月》轴（图10-11），描绘汉装人物在不同月份于

图10-11　清乾隆《清院本十二月令图——九月》轴及局部　台北故宫博物院藏
局部图上可见青铜茶炉、宜兴煮水茶铫（侧把壶）、茶壶及青花茶钟等茶器。

圆明园进行的各种当令活动。此画中圆形门户书斋外一隅可见侍者正使用宜兴紫砂茶壶倒茶，而炉上烧水侧把壶应该也是宜兴紫砂器（图10-11局部），相同形制的煮水壶亦可从张宗苍所绘《弘历抚琴图》（图1-32）或《弘历松荫挥笔图》（图9-1）中见到相同的宜兴侧把煮水壶。

乾隆皇帝对于茶舍内所使用的茶器，均亲自指定样式下旨制作，而且茶舍陈设，一般必备有茶具、竹茶炉、宜兴茶壶、茶钟，以及茶托、茶盘、茶叶罐等主要茶器（图1-35）；至于水盆、银杓、银漏子、银靶圈、竹筷子、瓷缸等辅助茶事的备水、滤水或备火之器，（图10-12）亦会随"茶具"置备齐全。

由《活计档》档案记载得知，乾隆十六年至二十四年为茶舍茶具制作调配的高峰期；所有乾隆茶舍内的陈设布置大多完成于此段期间，

而且茶舍名称亦多来自江南名胜或典籍。茶舍使用的茶器，煮水竹炉皆使用江南无锡所作，[10]亦将南巡于无锡竹炉山房听松庵所做诗文刻于炉底；[11]而茶壶、茶叶罐、与烧水壶则多使用宜兴器，纹饰以御制诗为主。乾隆皇帝第一次南巡北返不久的五、六月间，便见他催促宜兴茶器的制作，乾隆十六年五月《活计档·行文》内记载：

> 二十三日二等侍卫永奉旨：着催图拉现做竹器、宜兴器急速送来。钦此。[12]

此则记载显示乾隆皇帝十六年五月二日才从江南北返不久，五月二十三日便见行文催促竹器与宜兴茶器的制作，这批器物的订制时间应该是在南巡的三或四月期间，直接由江南织造发派制作。另：

图10-12　清乾隆　紫檀木茶具、竹茶炉及各式茶器等其中普洱茶膏为清晚期贡茶。
　　　　故宫博物院藏

初十日员外郎白世秀、催总德魁来说太监胡世杰交：黑漆茶具二分（内一分画竹子随钵盂缸；内一分画金花随有屉缸）、夔龙式银屉水盆一件、水漏子二件、宜兴壶三把、银方圆六方茶罐三件、茶罐三件（大件多镶）、青花白地茶钟二件（随双圆盘一件）、磁缸一件（随藤盖一件、西洋盖布一件）、木靶银钩子一件、木靶铜籤箕一件、竹快子一双、铜方圆火盆二件、铁火镊子一把、快子一双、纱杓子一件。四夔龙式银屉水盆一件、宜兴壶三把、银圆方六方茶罐三件、青龙白地宣窑茶钟一对（随腰圆茶盘一件）、磁缸一件（随藤盖、布盖、银杓子一件、水漏子二件、竹快子一双）、铜方火盆一件、木靶铜籤箕一件、铜镊子一把、解锥一把，传旨：将水盆上面高处去了银里补平，茶具底下空塌挪中。钦此。[13]

上述活计则为北返后的一个月所订。又：

于五月十七日太监胡世杰传旨：将黑漆茶具二分并现做紫檀木茶具二分俱伺候呈览。钦此。

于本日员外郎白世秀将漆茶具二分（内一分随家伙全）、紫檀木茶具二分，并紫檀木双圆茶盘、钟盖八分（内一件商得银丝未完），画得茶具空内纸样五张（计字画十二张），尚少磁缸四件、钟盖上玉顶八件俱持进，交太监胡世杰安在九洲清晏（应为清晖阁或池上居）。呈览奉旨：将已商丝之茶盘不必交如意馆做，着外边雇商丝匠找做一分，其余七分俱拉道填金。画片交张宗苍、董邦达等分画，背后写字俱用旧宣纸，所少磁缸玉顶向刘沧洲要，赶六月内俱各要得。钦此。[14]（乾隆十六年，《活计档·木作》）

此则茶器活计于五月完成后，又下旨为茶钟盖顶配置玉钮，二分黑漆茶具随其他茶器等于六月完成交与员外郎白世秀。

又同年九月《活计档·记事录》记载：

九月十一日员外郎白世秀来说太监胡世杰传旨：四分茶具做得时圆明园（清晖阁）摆一分；万寿山（清可轩）摆一分；静宜园（竹炉精舍）摆一分；热河（千尺雪）摆一分。钦此。

十一月二十九日，员外郎白世秀来说太监胡世杰传旨：着图拉做棕竹茶具二分、班竹茶具二分，每分随香几一件、竹炉一件。钦此。[15]

于本年十一月初五日员外郎白世秀将苏州织造进安宁送到茶具四分随香几、竹炉四件俱持进交太监胡世杰呈进讫。[16]

由以上乾隆十六年五月至十一月间，多次的活计成作及发布情形，可以概见乾隆茶舍茶具制作频繁以及设置的情况。短短半年之间，至少完成了茶具八份，内有黑漆二份、紫檀木二份、棕竹二份及斑竹二份，其中九月十一日订制，十一月二十九日完工的四份茶具中的斑竹茶具，亦立即送往秋天才完工不久的热河避暑山庄千尺雪等四处茶舍安设，并各随香几一件与竹炉一件。以乾隆御笔绘画《竹炉山房》与《盘山千尺雪》乾隆茶舍绘画上所见，实际上竹炉与香几就是成组陈设，竹炉置于香几之上（图6-26、6-27）。

前述记载亦可看出，乾隆所订茶具等器多为"苏州织造"图拉或安宁所承办。承办的茶器项目颇多，有各式材质如竹、漆及紫檀木等茶籝、茶柜茶具，以及宜兴茶壶、茶叶罐、茶钟、木盖、茶盘、香几等等，通常手提茶具亦与竹茶炉、宜兴壶及香几、条几等配套组合。[17] 由《活计档》内的详细命作记载，亦可了解到每处茶舍，甚至于所有茶舍内器物的制作或陈设，完全是由皇帝主导设计，而命制的宜兴茶器有各式茶壶、茶叶罐，它们的主要装饰就是一面“乾隆御制诗”；另一面绘画装饰则以宫廷画家丁观鹏及张镐的画样为稿作画，绘画多为与茶事相关的“烹茶图”，然样稿、木样都必须呈览核准后才可制作。乾隆十六年六月《活计档·木作》中即见详细记载：

于九月二十二日员外郎白世秀将做得木茶吊样二件、锡圆茶叶罐一件、海棠式一件、四方八（此“八”亦有作“入”解释者）角一件、六方一件持进，交太监胡世杰呈览奉旨：茶吊每样准烧做宜兴的八件，一面御制诗、一面画画，着丁观鹏、张镐起稿呈览，准时再做。茶叶罐亦每样烧做宜兴的八件，并茶吊俱要四样颜色共四分，每分随香几一件，样款照同乐园明殿现安圆香几一样做成。每件香几随地壶一件。钦此。

于十月十一日员外郎郎正培将茶吊、茶叶罐上丁观鹏、张镐画得稿，交太监胡世杰呈览奉旨：照样准做，其诗字即着南边写。钦此。[18]（图 10-13）

这是具体的乾隆宫廷宜兴茶壶、茶叶罐的制作记录，档案中同时又令做等高的茶叶罐与茶壶配对：

于本月十一日员外郎白世秀将变得宜兴壶木

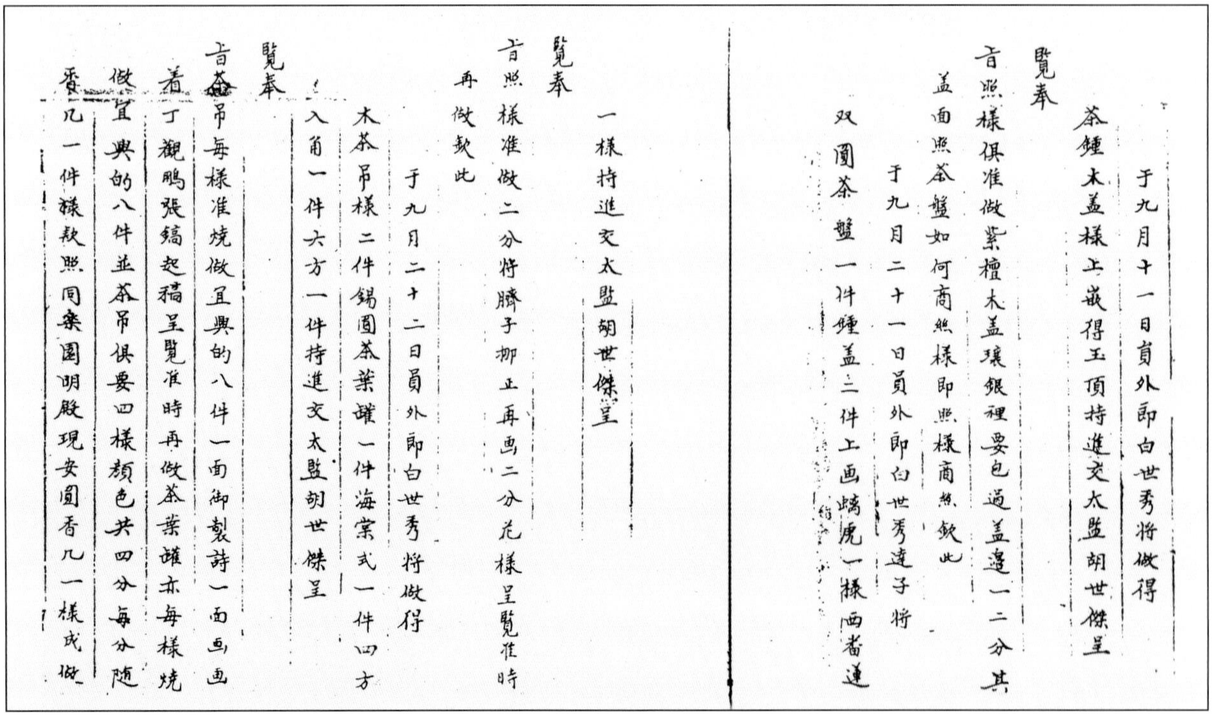
于九月十一日員外郎白世秀将做得
茶鍾木蓋樣上嵌得玉頂持進交太監胡世傑呈
覧奉
旨照樣俱准做紫檀木蓋鑲銀裡要包過蓋邊一二分其
蓋面照茶盤如何商照樣即照樣商照欽此
于九月二十一日員外郎白世秀遵子将
双圓茶盤一件鍾蓋二件上画蟠螭一樣西番蓮
一樣持進交太監胡世傑呈
覧奉
旨照樣准做二分将膝子挪正再画二分花樣呈覧准時
再做欽此
于九月二十二日員外郎白世秀将做得
木茶吊樣二件錫圓茶葉罐一件海棠式一件四方
入角一件六方一件持進交太監胡世傑呈
覧奉
旨茶吊每樣准燒做宜興的八件一面御製詩一面画画
着丁觀鵬張鎬起稿呈覧准時再做茶葉罐亦每樣燒
做宜興的八件並茶吊俱要四樣顏色共四分每分随
香几一件樣款照同樂園明殿現安圓香几一樣成做

图 10-13　乾隆十六年六月《各作成做活计清档·木作》内文为命作宜兴茶壶的行文

样二件持进，交太监胡世杰呈览奉旨：将木样二件俱落堂，一面贴字、一面贴画准交图拉将茶具内宜兴壶与他看，着照宜兴壶身分，照木样款式各做四件，分八样颜色俱要一般高。再将茶具内银茶叶罐亦着木样交图拉照样做宜兴茶叶罐亦要与宜兴壶一般高。钦此。[19]（图 10-14、10-15）

以上二则档案所述，从中可见宫廷造器之严谨，纸本稿样必先呈览皇帝核准后，复旋木样，再经御批奉核后，始得发往江南苏州织造制作。而此批宜兴茶壶及茶叶罐则完成于翌年的十一月初五日：

于十七年十一月初五日，员外郎白世秀将苏州织造安宁送到：宜兴茶吊（同铫、壶之意）十六件、宜兴茶叶罐三十二件俱随原样持进，交太监胡世杰呈进讫。[20]

文中表示这四十八件的宜兴茶壶及茶叶罐，

前后总共花费了近一年的时间完成，可见手工制作茶器并不容易，尤其乾隆订制的这批宜兴茶器不同于一般。这些作品均可见之于今日北京故宫博物院的收藏，由已发表的资料所见，它们的形制、装饰及风格特征大约一致，亦十分鲜明，故笔者认为现今已发表的十数件茶壶与茶叶罐的制作完工时间当为乾隆十六年九月所命作的活计，经过来回多次的纸样、木样呈览，十一月定案，于十七年十一月五日完成，送呈宫廷。

所据理由有五：

一、宜兴茶壶与茶叶罐主要装饰多一面御制诗，一面堆泥绘画。（图 10-14 ～ 10-17）

二、宜兴茶壶与茶叶罐有圆筒形（图 10-14）、四方八角形、六方形（图 10-15）等，并有多色如朱、紫、黄、灰等泥质，与《活计档》所载四样或八样颜色分四份制作相符。

三、各色泥质的茶叶罐与茶壶高度大都相同，与

图 10-14　清乾隆　宜兴窑御制诗烹茶图茶壶及御制诗梅石图茶叶罐　故宫博物院藏
茶壶与茶叶罐等高　茶壶通高 15.8 厘米，茶叶罐高 13 厘米，几乎等同高度，故可同置于手提茶具内。

图 10-15　清乾隆　宜兴窑紫砂御制诗烹茶图六方茶壶及茶叶罐
　　　　　故宫博物院藏　茶壶与茶叶罐等高
　　　　　茶壶通高 15.3 厘米，茶叶罐通高 15.5 厘米，
　　　　　尺寸相近，可同置于手提茶具内。

图 10-16　清乾隆　宜兴窑御制诗烹茶图六方茶壶
　　　　　故宫博物院藏

图 10-17　清乾隆　宜兴窑黄泥御制诗茶叶罐
　　　　　故宫博物院藏

发布订制的"照样做宜兴茶叶罐亦要与宜兴壶一般高"（图 10-14、10-15）条件相吻合。

四、圆形、六角形茶壶、茶叶罐的口沿或圈足均带折边，以及宝珠形盖纽装饰大约一致，呈现同一时期的风格特征，而且是成组成套制作。（图 10-14 ～ 10-17）

五、这些御制诗茶壶与茶叶罐，都是量身定做制作成同等高度，成双成对，方便置于特定的手提茶具内。

由以上特征以观，御制诗及张镐、丁观鹏书画为此批乾隆宜兴茶器的主要装饰。而圈足与盖沿的折边技法也是这一时期乾隆宜兴茶器的主要特色，虽然宫廷宜兴茶器的圈足折边装饰或始见于雍正朝，乾隆朝或为沿用其样，但此一略宽凸的折边技法则少见于民间或名家所制宜兴茶器。即使有类似者，也多为唇边，并无凹槽，与乾隆的向上折边带凹槽方式不尽相同，显然宫廷造器样式与民间所用仍有不同，此或为雍正朝一再提及地注重清宫"内廷恭造之式"官样形式的延伸。

这十数件宜兴茶器造型、装饰殊为特别，不独未见于康雍二朝，亦未出现同时代的乾隆其他材质茶器，更遑论之后各朝。康熙、雍正时期几乎不以御制诗文作为器物的主要装饰，嘉庆、道光之后洋彩或青花茶器，虽偶有仿效前朝，然以当朝御制文作为装饰者，则似乎未见于宜兴茶器上。

茶具提盒与宜兴茶器及竹茶炉

档案记载乾隆皇帝在茶舍内陈设使用的茶器多为成套的茶具组合，其中多种材质的提箱茶具，可谓乾隆皇帝的一大杰作。此类提箱式茶具（图10-18、10-19），笔者认为乾隆皇帝应是参照了当时宫中收藏康熙时期《琉球全图》《器皿图》内的"食楂"图[21]（图10-20、8-5）或日本莳绘小提重改造而成的（图10-

21）。[22] "食楂"为清代称法，日文称"提重"。《器皿图》"食楂"项下解释："（琉球国）士夫家各有食楂，制作极精，中四器置食物，旁置壶碟，郊饮各携一具。"这类提重时常出现于十七、十八世纪江户时期（图10-22），盛行于十九世纪，现由《琉球全图》《器皿图》中显示（图10-20），这类提盒食楂亦盛行于琉球国（图10-23），当时人们外出赏花或赏景时为便于携带，制作内可装纳酒瓶一对、酒杯、膳食盒等饮食器的手提收纳式提箱（图10-22、10-23），提重规格一定，两侧开格窗以便提取器皿。乾隆皇帝不改其制，并量身定做茶器，将原置二酒瓶的格屉，改置同等高度的宜兴茶壶及茶叶罐（图10-14、10-15、10-18、10-19），具体记载即如前述《活计档》："着照宜兴壶身分，照木样款式各做四件，分八样颜色俱要一

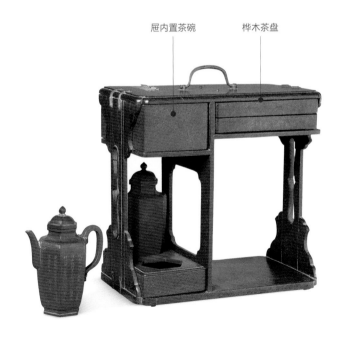

图10-18　清乾隆　桦木手提茶具、等高御制诗茶壶及茶叶罐等　故宫博物院藏

图10-19　清乾隆　紫檀木手提茶具、竹茶炉及御制诗茶壶及茶叶罐等　故宫博物院藏

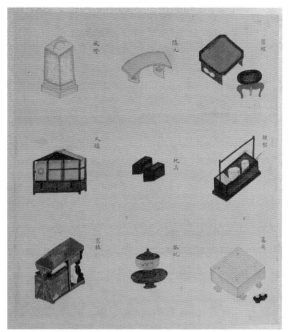

图 10-20 清康熙 《琉球全图》《器皿图》内的莳绘 "食槌" 及其局部 故宫博物院藏

图 10-21 日本 江户时代 莳绘鹤网纹提盒 (提重)
故宫博物院藏

图 10-22 日本 江户时代 莳绘花蝶纹提盒 (提重)
田中本家博物馆藏

般高。再将茶具内银茶叶罐亦着木样交图拉照样做宜兴茶叶罐亦要与宜兴壶一般高。钦此。"[23]从今日北京故宫博物院所藏数件不同木质的手提茶具内，二开孔六方格木屉内所置六方形茶壶与茶叶罐，形制与高度均等（图10-15）的情形看来，即如前述，它们在制作当时，乾隆皇帝就已设计好成组配对，并且量身订制，将其放置于日本人原安设酒具的位置；[24]另侧原置放膳食漆盒的屉格则改置竹炉，其上方大小二屉格，则摆放茶碗与茶盘。乾隆皇帝不仅喜爱这类提盒，而且制作十数件手提茶具，北京故宫博物院现已发表者则有四五组，材质有紫檀木、瘿木、桦木、花梨木等，其他还有较大型的茶具（茶篇），乾隆皇帝尤爱提箱茶具，方便于远游时携带，亦将其陈设于宫廷及茶舍。[25]乾隆御笔亲绘的《竹炉山房》《盘山千尺雪》图茶舍内即绘有他一生的最爱上圆下方的竹茶炉。[26]

"御制诗文"作为茶器的装饰，虽为乾隆十六年以后最常见的宫廷宜兴茶器装饰，但瓷器上则更早已见于乾隆洋彩器上，如乾隆九年、十年（1744、1745）"磁胎洋彩诗意山水四方黄地茶壶"（图10-24）、"红地洋彩莲子磁壶"；[27]另有乾隆十一年（1746）青花或描红彩《三清茶》诗茶碗等，皆见当时的制作档案（图8-20）[28]。之后，亦见之于数首不同时期的《荷露烹茶》御制诗瓷茶壶与茶碗（图7-22、7-23）及茶盘等。唯如此详载乾隆茶舍使用茶器的纪录，则是南巡回跸之后宜兴茶器制作的一大特色。

乾隆皇帝以第一次南巡所作诗文，用作装饰宜兴茶器的有《惠山听松庵用竹炉煎茶因和明人韵即书王绂画卷中》（图10-25）、《观采

图10-23　琉球 19世纪　螺钿山水楼阁提盒（提重）
财团法人冲绳美ら岛财团藏

图10-24　清乾隆　磁胎洋彩诗意山水四方黄地茶壶
故宫博物院藏

图 10-25　清乾隆　宜兴黄泥御制诗烹茶图茶壶及茶壶另面御制诗
《惠山听松庵用竹炉煎茶因和明人韵即书王绂画卷中》故宫博物院藏

图 10-26　清乾隆　宜兴窑黄泥御制诗烹茶图茶壶及另面御制诗拓本　故宫博物院藏

茶作歌》及《仿惠山听松庵制竹炉成诗以咏之》
等数首诗文。其中使用最多的御制诗文便是乾
隆七年（1742）夏天泛游玉泉山静明园遇雨，
于游船上所作《雨中烹茶泛卧游书室有作》诗
（图 10-26），"卧游书室"为乾隆御游船名，茶
诗内容：

溪烟山雨相空蒙，生衣独坐杨柳风。
竹炉茗碗泛清濑，米家书画将无同。
松风泻处生鱼眼，中泠三峡何须辨。
清香仙露沁诗脾，座间不觉芳隄转。[29]
《御制诗文集》，初集卷九。

诗中浮现一幅乾隆皇帝惬意的泛舟煮茶

图 10-27-1　清乾隆　磁胎洋彩御制诗烹茶图粉红地茶壶　故宫博物院藏

图 10-27-2　清乾隆　磁胎洋彩御制诗烹茶图粉红地茶壶（局部）

图 10-28　清乾隆　磁胎洋彩菊花纹粉红地茶壶
　　　　　此壶两面皆绘菊石图　故宫博物院藏

图 10-29　清乾隆　宜兴窑灰泥御制诗烹茶图圆壶及另面　故宫博物院藏

图 10-30　清乾隆　碧玉茶壶　故宫博物院藏

图 10-31　清乾隆　宜兴窑紫砂御制诗松石图茶壶
故宫博物院藏

图，景美、物美、茶香，几乎囊括了茶史大事，举凡茶、泉、人、事物及品茶哲学皆包含在内，难怪乾隆皇帝喜以此诗作为茶器装饰，因诗内蕴含了他的品茶理趣。目前为止，北京故宫博物院已发表的十数件乾隆宜兴茶壶与茶叶罐，大多为《雨中烹茶泛卧游书室有作》诗（图

10-14~10-19、10-26、10-27-1、10-29），显见乾隆皇帝对此诗的偏好。

《雨中烹茶泛卧游书室有作》御制诗亦曾用于"磁胎洋彩御制诗烹茶图粉红地茶壶"（图10-27-1）上，而"磁胎洋彩菊花粉红地茶壶"（图10-28）形制与其相同，因此笔者怀疑与

宫女于狮型风炉前扇火煮茶（图 10-32-2）

宫女于茶具前备茶（图 8-10）

图 10-32-1　清乾隆六年（1741）孙祜、周鲲、丁观鹏　《清院本汉宫春晓图》卷　台北故宫博物院藏　图卷上绘有二组仕女烹茶

此二件洋彩茶壶造型，或就是"灰泥御制诗烹茶图茶壶"（图10-29）的原型。乾隆十六年九月《活计档·苏州织造》上载："初二日员外郎白世秀来说太监胡世杰交：青玉有盖壶一件有透柳、洋彩诗字磁壶一件、铜胎法琅菊瓣壶，法琅有醮磕。传旨：着图拉照样各做宜兴壶一对，再变别花样款式做样呈览，准时亦交图拉成做。钦此。"[30]文中指出以"洋彩诗字磁壶"（乾隆朝《活计档》或《陈设档》中所提"诗字"或"诗意"，一般所指为乾隆御制诗）造型照样作宜兴壶一对，花样纹饰则另作变化。洋彩与宜兴诗意壶虽皆使用乾隆七年所作御制诗，然而洋彩御制诗茶壶的制作年限可能为乾隆七年或略晚，但同样造型的宜兴茶壶则应该是乾隆十六年之后所制。另外，此则记载中亦记录了依照"青玉有盖壶"做宜兴壶一对，笔者认为现藏北京故宫博物院的青玉茶壶（图10-30），以及御制诗松石图茶壶（图10-31）极有可能就是档案中的青玉盖壶以及后来照样成作的宜兴壶的原型。

"磁胎洋彩御制诗烹茶图粉红地茶壶"（图10-27-1）茶壶造型深受乾隆帝喜爱，乾隆二十四年（1759）"荷露烹茶诗茶壶"（图7-22、7-23）亦为同一形制。然而类似造型的圆壶，唯壶把与盖些微不同的圆球形宜兴壶，在乾隆六年（1741）、七年（1742）也见于孙祜等合绘《清院本汉宫春晓图卷》（图10-32-1、图10-32-2局部、图8-10），以及丁观鹏所绘《太平春市》图卷上（图8-11），而台北故宫博物院所藏乾隆"磁胎洋彩番莲纹绿地茶壶"（图8-13）则应是仿宜兴造型而来，显见乾隆朝宫廷茶器与宜兴茶器之间，造型有彼此借用之风。此一现象原就存在各个朝代，只要形制佳者通常作为模本，各类材质亦均有制作，唯宜兴茶器较为特别，档案所见从雍正时期开始就不断以宜兴壶为样作器。

乾隆御制诗文装饰于器物的年代，一般可

图 10-32-2　《清院本汉宫春晓图》卷（局部）　宫女于狮型风炉前扇火煮茶，炉旁置提梁炭笼，一旁花石几上备有方形茶叶罐、球形茶壶、青花茶钟及朱漆茶盘等茶器。

分两类：

一、与御制诗大约同年，即诗成的同时发派制作者。如台北故宫博物院所藏乾隆洋彩三多诗意轿瓶一对[31]或乾隆青花、描红三清诗茶碗，即多与诗作同年或来年烧成。[32]

二、使用早期或皇子时期诗作，应用于后期制作上；但也有乾隆喜爱的诗作，一直沿用并装饰于各种材质上的例子。前者在乾隆洋彩器上尤为常见，如乾隆八年（1743）烧造"磁胎洋彩诗句菊花玉梅瓶一对"、九年（1744）烧造的"磁胎洋彩汝釉碧桃诗意双陆瓶一对"，瓶上即采用皇子时期《乐善堂诗文全集》，雍正十年（1732）、十二年（1734）所作诗文《冒雨寻菊》及《题邹一桂花卉册——碧桃》作为装饰。[33]后者如《雨中烹茶泛卧游书室有作》、《三清茶》诗及《荷露烹茶》诗等乾隆皇帝即位之后《御制诗文集》内的诗文则最少延用至乾隆中晚期。

结语

乾隆茶舍使用的御制诗文宜兴茶器或其他茶具，相较于一般清宫所用彩瓷、珐琅、玉质等茶器，质朴雅洁。乾隆皇帝于各个茶舍的陈设摆设，内容大多相同，由《活计档》内记载以及分配情形观察，可谓绝少使用到一般所认知的华丽珐琅彩瓷、玻璃、玛瑙或玉质等茶器。如前所述，有时反而利用这些釉彩华丽的茶器，仿制成宜兴壶。[34]乾隆早中期与雍正时期相同，喜用官用宜兴壶造型作为宫廷茶器样本，但也有以宫廷收藏明清官窑瓷器、玉器、银器及珐琅器等作为宜兴壶造型。由档案记载及实例，反映了宫廷用器只要形制受到皇帝喜爱，往往一稿多样化，此一现象在宫廷造器量产化的制度下，每一朝代皆可见及。御用宜兴器在乾隆中期之后衰退，少见宜兴茶器之制作，因此乾隆十七年间至二十四年之间的宫廷宜兴造器，尤显珍贵。

乾隆皇帝的茶舍里使用的基本上是带有江南文人风格的素雅茶具，如竹炉、御制诗宜兴器、竹木茶具等皆是。这些茶器虽无明显的宫廷华贵装饰风格，然具有强烈的乾隆皇帝个人风格，与其他艺术品一样，"御制诗文"是乾隆宜兴茶器装饰的主轴。乾隆茶舍所使用的"御制诗宜兴茶器"以茶壶与茶叶罐为主，这二项茶器也是手提茶具内的重要装备，基本上呈现的是胎泥本色，朴实无华，与一般清宫使用的装饰华丽繁复的茶器大异其趣。这也是笔者在乾隆茶舍文章内，一再说明的乾隆皇帝对于茶舍品茗与一般饮茶是有区别的。乾隆三十五年（1770）仲春，乾隆皇帝在"竹炉山房"品茶，写下："趵突春来壮石泉，宜壶越碗洁陈前。鹤林玉露有佳话，便拾松枝竹鼎燃。日饮原为玉泉水，泉傍煎饮觉尤佳。因之悟得人情耳，厌故喜新似此皆。"（《御制诗文集》，三集卷八十七）诗中陈述的几款茶器，宜兴茶壶、越窑茶碗、竹茶炉等都来自江南，乾隆皇帝在茶事中的江南情怀不时跃然纸上。乾隆皇帝六次南巡必访苏州寒山千尺雪、无锡竹炉山房等名迹，感受江南明代以来文人、茶人丰富的品茗文化与传统影响，心向往之，遂效法之，于是无锡惠山竹炉山房、竹茶炉造型，以及江苏宜兴茶器，一一进入清宫、茶舍，成就了乾隆皇帝的茶文化品位。

（原载《紫泥沉香——2015宜兴紫砂学术研讨会论文集》，2017年4月。部分修订）

注释

1. 廖宝秀，《乾隆皇帝与春风啜茗台茶舍》，《故宫文物月刊》，288期，2007年3月，页94-108。

2. 王健华，《试析故宫旧藏宫廷紫砂器》，《故宫博物院院刊》2001年第3期总第95期，页70、71。

3. 宜兴胎画珐琅三果花茶碗乍观花果排列或与西洋油画写实静物相近，然或仅止于组合而已，花果画上并无西洋光点或光影明暗处理，其与传统宋代或明代"花杂果"或"锦灰堆"画法较为接近。廖宝秀，《传统与创新——略论康熙宜兴胎画珐琅茶器》，《2007年国际紫砂研讨会论文集》，故宫博物院编，紫禁城出版社，2009年6月，页 19～20。

4. 道光十五年（1835）七月十一日《珐琅玻璃宜兴胎陈设档》详实记载了十项宜兴胎珐琅彩茶器。其中"宜兴胎画珐琅包袱壶一件"记录文字下黄签墨书小楷字"咸丰四年十月初五日小太监如意传：上要去，赏皇后用宜兴画珐琅包袱壶一件"。

5. 雍正皇帝欣赏素雅宜兴造型茶壶，雍正七年八月《内务府养心殿造办处各作成做活计档》载："初七日据圆明园来帖内称闰七月三十日郎中海望持出素宜兴壶一件，奉旨：此壶靶子大些，嘴子亦小，着做木样改准交给年希尧烧造。钦此"。《清宫内务府造办处档案总汇》，册 3，页 636。

6. 廖宝秀，《雍正皇帝的珐琅彩瓷茶器》，《故宫文物月刊》，358 期，2013 年 1 月，页 18、19。

7. 雍正朝《活计档》内所记载的茶具，专指类似收纳各式茶器的茶器柜或茶籯而言，非指一般茶具。此一名称或来自唐代陆羽《茶经》之"具列"，可以"悉敛诸器物，悉以陈列也。"，而"茶具"之名，乾隆朝亦继续沿用，乾隆朝《活计档》内亦多记载。

8. 《清宫内务府造办处档案总汇》，册 1，雍正元年十二月二十五日，《珐琅作、大器作、镀金作》，页 171。

9. 廖宝秀，《人间相约事春茶——历代茶事巡礼》，《芳茗远播—亚洲茶文化》，2015 年 12 月，页 307-308。

10. 1. 廖宝秀，《乾隆皇帝与竹茶炉》，《故宫文物月刊》，367 期，2013 年 10 月，页 36-50。

   2. 廖宝秀，《乾隆茶舍与竹茶炉》《吃墨看茶——二〇〇四年茶与艺国际研讨会论文集》，台湾艺术大学，2004 年，页 113-121。

   3. 《清宫内务府造办处档案总汇》，册 18，乾隆十六年闰五月《行文》，页 423。

11. 乾隆十六年初春（二月初）南巡，回銮已近端午（四月底），故南巡时间长近三个月。其实在三月底（诗文为三月晦日）南巡至苏州时，乾隆皇帝已订制竹炉，炉成，乾隆皇帝在銮驾行舟中便已作成《仿惠山听松庵制竹炉成诗以咏之》诗，并将其刻于竹茶炉底部。（《御制诗文集》，二集卷二十六）

12. 乾隆十六年闰五月《行文》，《清宫内务府造办处档案总汇》，册 18，页 423。

13. 乾隆十六年六月《木作》，《清宫内务府造办处档案总汇》，册 18，页 265。

14. 乾隆十六年六月《木作》，《清宫内务府造办处档案总汇》，册 18，页 268、269。

15. 《清宫内务府造办处档案总汇》，乾隆十六年九月《记事录》，册 18，页 395、396。茶舍名称为笔者所注。详见廖宝秀，《乾隆茶舍再探》，原载《茶与中国文化》，香港城市大学，2009 年 2 月，收入《茶韵茗事——故宫茶话》，台北故宫博物院，2010 年 11 月，页 160-162。

16. 乾隆十六年十一月《苏州织造》，《清宫内务府造办处档案总汇》，册 18. 页 416。

17. 同前注。

18. 乾隆十六年六月《木作》，《清宫内务府造办处档案总汇》，册 18，页 267、268。

19. 乾隆十六年九月《苏州织造》，《清宫内务府造办处档案总汇》，册 18，页 409。

20. 乾隆十六年六月《木作》，《清宫内务府造办处档案总汇》，册 18，页 269。

21. 《册封琉球图》与《琉球全图》为描绘康熙五十六年（1717）朝廷派遣正使海宝、副使徐葆光的册封团前往琉球册封世子尚敬为王的史实记录，图册由册封使臣绘制，目的为让康熙帝了解册封的主要过程，以及琉球国的民情风俗。李湜，《以图鉴史——有关琉球的清宫画卷》，《紫禁城》总第 129 期，2005 年第 2 期，紫禁城出版社，页 92-115。

22. 虽然《清宫内务府造办处档案总汇》档内也暂无对应资料，但近由北京故宫博物院图书馆张荣馆长告知，北京故宫确实藏有来自日本的莳绘漆器小提箱，形制与乾隆小提茶具相同，时代应在康熙至乾隆之间，此件提盒尚未发表，而内装酒瓶一对则为清宫所制，非原日本酒器。感谢张馆长的提示。

23. 乾隆十六年九月《苏州织造》，《清宫内务府造办处档案总汇》，册 18，页 409。

24. 实际例子如图 10-21，即清宫亦有将提盒照日本锡酒瓶一对，改置清宫配置的锡酒注一对的例证。

25. 廖宝秀，《乾隆皇帝与清可轩》，《故宫文物月刊》，图十九，2012 年 12 月，页 12-13。

26. 前引文,《人间相约事春茶——历代茶事巡礼》,页
    309-310；163-164。

27. "磁胎洋彩诗意山水四方黄地茶壶"为方形黄地锦上添
    花技法制作,四面开光,二面山水人物画,上有御制诗,
    诗是乾隆皇帝皇子时期雍正十一年所作；另二面描绘
    茶梅及月季花卉,据乾隆十年七月《活计档》《乾清宫》
    项下记载"红地洋彩莲子磁壶二件、黄地四方洋彩磁壶
    二件配匣入法琅器皿内",后者黄地四方洋彩磁壶应可
    与之对应。乾隆朝磁胎珐琅彩、洋彩器皿,凡带有乾隆
    御制诗者大都称"诗意",而《活计档》上所记录的名称,
    往往比较通俗简化,然《陈设档》上的品名则是经过御
    批比较正式。

28. 《活计档》,乾隆十一年七月《江西》,内载七月:"二十八
    日,七品首领萨哈木来说,太监胡世杰交嘉窑人物撇口
    钟,随旧锦匣,传旨:照此钟样,将里面底上改带枝松
    梅佛花纹,在线照里口一样添如意云,中间要白地,钟
    外口并足上亦添如意云,中间亦要白地写御笔字。先做
    样呈览,准时交江西唐英烧造。十一月初七日七品首领
    萨哈木将做得木胎画蓝色如意云,口足、中身字钟样一
    件持进交太监胡世杰呈览。奉旨:照样准烧造。将钟上
    字着唐英分匀、挪直。再按此钟的花样、诗字,照甘露
    瓶抹红颜色亦烧造些。其蓝花钟上花样、字、图书,俱

要一色蓝；红花钟上花样、字、图画,俱要一色红。钟
底俱烧"大清乾隆年制"篆字方款,其款字亦随钟颜
色。钦此"(《清宫内务府造办处档案总汇》,册 14,页
442)

29. 《御制诗文集》,二集卷二十六,页 21。

30. 乾隆十六年九月《苏州织造》,《清宫内务府造办处档案
    总汇》,册 18,页 409。

31. 廖宝秀,《华丽彩瓷——乾隆洋彩》,台北故宫博物院,
    2008 年,图版 70,页 202、203。

32. 此各十件的青花、描红三清诗茶碗原藏端凝殿,与康雍
    乾三朝各种胎地画珐琅及乾隆洋彩器自乾隆以来就被珍
    藏收贮于乾清宫端凝殿,而且大多为乾隆早期器,故笔
    者认为故宫所藏应为乾隆十一年所制。三清诗茶碗,直
    至乾隆晚期都有烧造,故宫博物院所藏带盖及盘三件一
    组者,或为之后所制。

33. 前引书,《华丽彩瓷——乾隆洋彩》,图版 56、57,页
    170 ～ 175。

34. "九月初二日员外郎白世秀来说太监胡世杰交:青玉有
    盖壶一件、洋彩诗字磁壶一件、铜胎法琅菊瓣壶一件(法
    琅有磕),传旨:着图拉照样各做宜兴壶一对,再变别
    花样款式做样呈览,准时亦交图拉成做。钦此。"

257

亦足供清陪——乾隆皇帝的赏玩茶器

乾隆皇帝（1711–1799）于宫中品茶活动频繁，所用茶器丰富多样，随着场合，使用不同的茶器。如清宫各种庆典筵宴、祭祀茶礼、赐茶仪式、皇帝用膳的奶茶进呈习俗，或赏赉用的茶器礼物等等，其用器皆有所变化，有华丽，也有素雅，其中有乾隆皇帝茶舍品茶所偏好的御制诗装饰的各式茶壶、茶碗、茶叶罐及竹茶炉等，皆足以彰显其个人特色。

乾隆皇帝不仅懂茶、识器，还会设计制作各种茶器，如下令以宫中收藏明代嘉靖朝的茶钟样式，改制成三清诗茶碗；或将宫廷收藏的新石器时代，甚至宋明时期的玉器改当茶托、茶碗使用（据现今学者的研究多为新石器时代，但乾隆时期并无史前文化遗址的出土相关资料的研究，所以大多定为汉代，御制诗内则亦作汉玉看待）。其个人茶舍的品茶用器，尤其可以反映出乾隆皇帝个人的美学意识，用来装饰茶器的每首御制诗，都包含了乾隆皇帝实际参与制作茶器的事实，乾隆茶器代表的就是他本身实际的品茗体验、深厚的文化教养及审美观，可谓清代极具代表性的茶器文化，也形成了乾隆

皇帝独特的品茗特色。下面介绍数件现收藏于两岸故宫博物院的宋代及明代茶钟，搭配以凸缘玉璧作为茶托的成组茶器，这些茶钟、古玉茶托一般都刻有相同的御制诗，较少实际使用，大多作为陈设观赏。据查现藏于台北故宫博物院的四套明代白瓷及宝石红釉茶钟与茶托的组合，原多属养心殿乾隆皇帝多宝格内或博古架上的赏玩收藏，而由乾隆皇帝赞咏它们的御制诗："其余瓷配之，亦足供清陪"或"净几原堪作珍玩，曾经谁玩亦堪思"等诗句，其用途可见一斑，原多作为清供珍玩使用的。

另外乾隆时期的珐琅彩、洋彩茶器大部分也多作陈设赏玩之用，尤其存放乾清宫端凝殿以及养心殿的珐琅彩器，特别受到乾隆皇帝的重视，乾隆三年开始将之全部配匣入藏，之后每隔一段时间就清点一次，因此留下了道光、光绪等多册陈设档案。而这些原保存于端凝殿、养心殿包括康熙、雍正两朝的珐琅彩器，现今几乎全数典藏于台北故宫博物院没有分散，笔者特别检视这些茶器，大多完美如新，没有使用痕迹，因此可以推测多数珐琅彩茶器亦多作

为观赏之用。以下介绍数组乾隆皇帝选用商代以前的凸缘璧作茶托，并配以清宫收藏的定窑、宣德名瓷；以及数件乾隆珐琅、洋彩瓷茶器。珐琅彩瓷器多为独一无二的作品，通过《内务府养心殿造办处各作成做活计清档》（以下简称《活计档》）以及道光十五年七月十一日立《珐琅玻璃宜兴磁胎陈设档案》（以下简称《陈设档》）资料得知这些珐琅彩瓷当时大多仅做一对或数对，极为珍贵，现今《陈设档》上记载的珐琅彩器全数收藏于台北故宫博物院。

图 11-1　宋　定窑白釉碗　故宫博物院藏
碗高 6.1 厘米　口径 16 厘米　足径 5.4 厘米

宋·定窑白瓷茶碗及商晚期凸缘璧玉茶托

（图 11-1、11-2）　故宫博物院

茶碗敞口，弧壁，圈足。覆烧，口足镶有鎏金铜扣，釉色灰白不匀。碗外壁刻有乾隆五十五年咏《古玉碗托子配以定瓷碗适然成咏》御制诗一首：

谓碗古所无，托子何从来。

谓托后世器，古玉非今材。

又谓碗即盂，大小异等侪[注]。

说文及方言，初无一定哉[注]。

然而内府中，四五见其佳。

玉胥三代上，承碗实所谐。

碗托两未离，只一留吟裁[注]。

其余瓷配之，亦足供清陪。

兹托子古玉，玉碗别久乖。

不可无碗置，定窑选一枚。

碗足托子孔，圜枘合以皆。

有如离而聚，是理难穷推。

五字纪颠末，丰城别寄怀。（图 11-3）

《御制诗文集》五集卷五十八。诗注见图 11-3

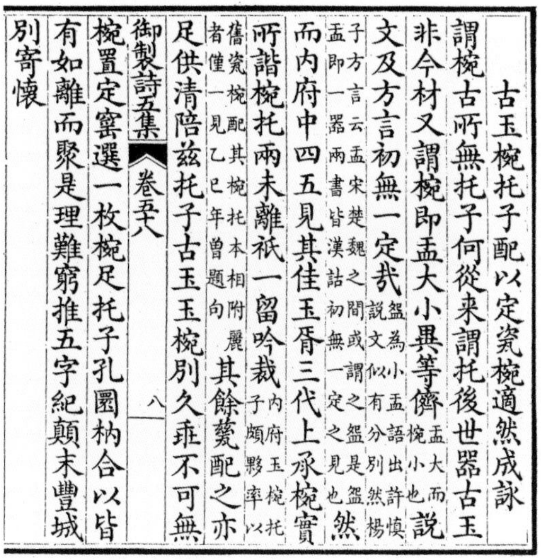

图 11-2　商晚期　凸缘璧　大英博物馆藏
凸缘璧直径 15.5 厘米　孔径约 6 厘米

御製詩五集《卷五十八》

古玉椀托子配以定瓷椀適然成詠

謂椀古所無托子何從來謂托後世器古玉
非今材又謂椀即盂大小異等儕說文
及方言初無一定哉說文為似小有五語出
孟子方言云盂宋楚魏之間謂盂為椀亦
盂盂即椀也宋書盌謂椀其初實無一定謂
者舊瓷椀配其椀托本相附麗晉然楊慎
而內府中四五見其佳玉胥三代上承椀實
所諧椀托兩未離祇一留吟裁內府中玉椀托
足供清陪兹托子古玉玉椀別久乖不可無
椀置定窑選一枚椀足托子孔圜枘合以皆
有如離而聚是理難窮推五字紀顛末豐城
別寄懷

图 11-3　乾隆五十五年（1790）咏《古玉碗托子配以定瓷碗适然成咏》书影

乾隆庚戌春御题。诗句下钤印"会心不远""乃充符"二方章。这件口径十六厘米的大碗，釉色不似一般宋定窑牙白润泽，宋代定窑覆烧碗盘类的圈足通常矮短细小，但此件略为宽高，是否为宋代定窑制品抑或又是清宫的误认，值得商榷。

这件茶碗被乾隆皇帝选上与商代凸缘璧[1]搭配成套，唯碗与托现两分离，凸缘玉璧茶托现藏大英博物馆，其孔径约6厘米，恰好可以容纳足径5.4厘米的大茶碗。诚如乾隆皇帝诗注所题"内府玉碗托子颇鲜，率以旧瓷碗配其碗托"确实清宫内府收藏不少新石器至商代流行

的凸缘璧，有些被乾隆皇帝转作茶托使用，笔者已发表的台北故宫博物院藏品即有四件。它们的共同特性就是茶碗及玉茶托上均镌刻吟咏茶碗或玉茶托的御制诗，其中只有宝石红茶钟或因底部已有"大明宣德年制"款识，并无钤刻御制诗，或因在亮丽的宝石红外壁上镌刻诗印，可能破坏美感而无镌刻外，其他素底如白玉、青玉等茶碗，只要题有御制诗，一般也都会刻上与茶托相同的御制诗（图7-28）。

玉制茶碗、茶托的使用习惯，至少宋代以来已可见及，如宋代的玛瑙茶托（图11-4、11-5）其形与宋代漆制或陶瓷（图11-6）等

图11-4 宋 玛瑙花口茶盏及茶托
台北故宫博物院藏

图11-5 宋 玛瑙花口茶托
故宫博物院藏

图11-6 北宋 汝窑 天青花口茶托
大维德基金会藏品 大英博物馆藏

茶托形制相同，宋代茶托"形如碗带盘，中空，下有足"。乾隆皇帝也在诗中提及："即今玉碗玉托子，乃自古未离其队。"[2] 然而古玉凸缘璧形制与宋代茶托不类，但与宋代茶托一样有凸缘，中空，恰可收容茶盏，其发想是否来自乾隆皇帝则有待考证。

明或越南·白瓷印花菊花鸟纹茶钟附凸缘璧玉茶托（龙山时期至商晚期）（图11-7、11-8）

茶钟撇口，口沿镶扣金边，深弧壁，矮圈足。内壁印饰两组转枝菊花及飞鸟纹，底心印六瓣朵花，胎体薄轻，洁白细腻，印纹清晰，鸟纹勾啄及爪、菊花花叶尤其精致细腻，全器除圈足一圈外均透光，通体施白釉，釉色牙黄，底足一圈无釉。这件口径十厘米左右的茶钟，台北故宫博物院藏有一对，另一件茶钟口沿无釉、无加圈扣，内壁印饰云鹤纹，1925年《故宫物

品点查报告》上或依清宫定名为"定窑暗凤茶钟"。本件藏于多宝格内或无附签，故而《故宫物品点查报告》名为"定磁铜口拱花里碗，附汉玉碗托一个带木座。"显然与乾隆御制诗题所称"永乐脱胎茗盂"不同。类似造型的茶钟虽见于越南升龙皇城遗址、惠安沉船遗物，以及冲绳首里城遗迹，故学者主张其产地为越南[3]，但以形制、纹饰及尺寸而言，仍为典型明代茶钟造型，尤其是圈足高度及造型犹有差异，两者间尚留待解决问题。而清宫典藏同批类似收藏品中，另还有"白瓷印花天禄流云方洗"等多件胎土、釉色相近的琢器类，故笔者认为其或属明代，唯窑口尚属不明。

乾隆皇帝特为此件茶钟配置清宫旧藏墨绿色龙山时期至商晚期凸缘玉璧作其茶托，相当雅致，两者均镌刻乾隆皇帝《咏玉托子永乐脱胎茗盂》诗曰：

图11-7 明或越南 白瓷印花菊花鸟纹茶钟附凸缘玉璧茶托 台北故宫博物院藏
茶钟高5.0厘米 口径10.5厘米 足径4.8厘米

图11-8 龙山时期至商晚期 凸缘璧 台北故宫博物院藏
凸缘璧外径11.3厘米 孔径约6.9厘米 缘高1.6厘米

托子古玉沧桑阅，茗盂永乐传胎脱。
一脆[注1] 一坚[注2] 殊不伦，相资合体诚奇绝。
轻于宋定薄于纸，炙手微嫌茶汤热。
置之托子温须臾，适用酌中品芳洁。
试想卢仝陆羽辈，安能以此领茶悦。
既笑二子或逢斯，掉头弗顾应罢啜。
（图 11-9）

注 1：谓瓷茗盂。

注 2：谓玉托子。

乾隆四十八年，《御制诗文集》，五集卷十三。

乾隆皇帝以自认为永乐脱胎茶钟配上名贵凸缘玉璧充作茶托，难怪他会戏谑陆羽、卢仝辈若见此搭配，非但不能领略茶悦，恐怕会拂袖掉头而去。

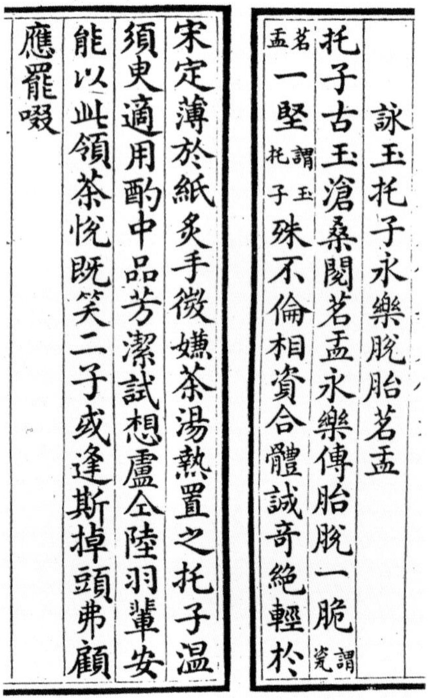

詠玉托子永樂脫胎茗盂
托子古玉滄桑閱茗盂永樂傳胎脫一脆（謂瓷茗盂）一堅（謂玉托子）殊不倫相資合體誠奇絕輕於
宋定薄於紙炙手微嫌茶湯熱置之托子溫
須臾適用酌中品芳潔試想盧仝陸羽輩安
能以此領茶悅既笑二子或逢斯掉頭弗顧
應罷啜

图 11-9　乾隆四十八年（1783）《咏玉托子永乐脱胎茗盂》书影

明宣德·宝石红茶钟附凸缘璧玉茶托（新石器时代龙山文化晚期至商代）（图 11-10）

这是乾隆皇帝御配的茶器组合。宝石红茶钟为典型的撇口茶钟造型，全器除足底为白地外均施红釉，釉色鲜红，橘皮纹棕眼明显，口足均露白边一道，近底足处，白釉泛青。胎骨略厚，细白坚致。外底白地上浅刻“大明宣德年制”六字二行楷款，外加双圈。宣德宝石红釉为世所称，明代王世懋（1536-1588）《窥天外乘》中即称赞宣德窑“以鲜红为宝”。

宝石红茶钟口径十厘米左右（图 11-11），与所谓的明初洪武茶钟，以及后来《江西省大志》上所载嘉靖白瓷暗龙纹茶钟大小、形制相近，显见茶钟样式自明初开始宫廷已规格化，宣德宝石红茶钟至于清代仍为乾隆皇帝喜爱，因此特别为其选配新石器时代的栗黄凸缘玉璧（图 11-12）作为茶托，凸缘璧上刻有乾隆三十四年（己丑，1769）御制诗《咏古玉碗托子》：

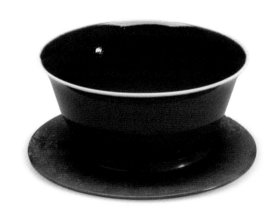

图 11-10　明宣德　宝石红茶钟附凸缘玉璧茶托
台北故宫博物院藏
茶钟高 5.2 厘米　口径 10.2 厘米　足径 4.3 厘米

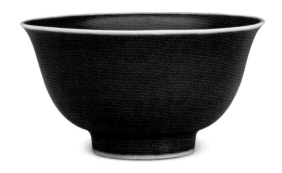

图 11-11 明宣德 宝石红茶钟 台北故宫博物院藏

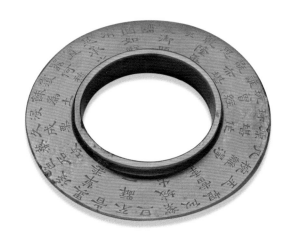

图 11-12 龙山时代至商晚期 凸缘璧 台北故宫博物院藏
外径 11.3 厘米 孔径 6.8 厘米 缘高 1.4 厘米

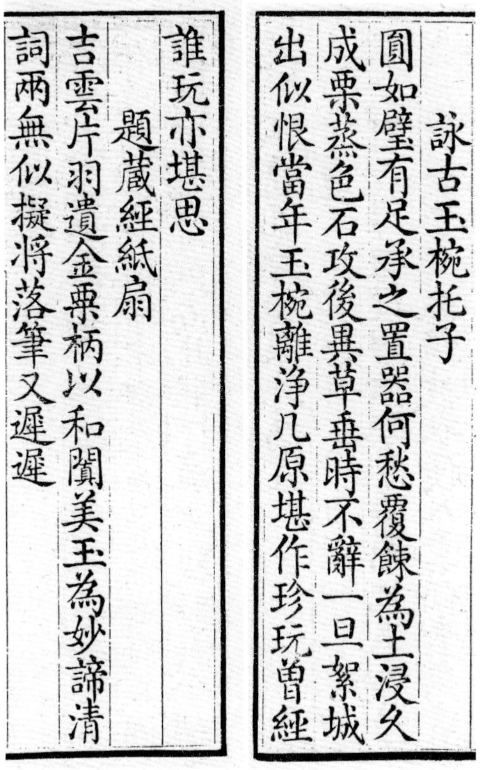

詠古玉椀托子
圓如璧有足承之置器何愁覆餗為土浸久
成栗蒸色石攻後異草垂時不辭一旦絜城
出似恨當年玉椀離淨几原堪作珍玩曾經
誰玩亦堪思
題藏經紙扇
吉雲片羽遺金粟柄以和闐美玉為妙諦清
詞兩無似擬將落筆又遲遲

图 11-13 乾隆三十四年（1769）御制诗《咏古玉碗托子》书影

圆如璧有足承之，置器何愁覆餗为。
土浸久成栗蒸色，石攻后异草垂时。
不辞一旦絜城出，似恨当年玉碗离。
净几原堪作珍玩，曾经谁玩亦堪思。
（图 11-13）

乾隆三十四年，1769，《御制诗文集》，三集卷九十。

乾隆茶器的混搭风格与今日好茶人士一样，援以古物今搭，创意配套。

台北故宫博物院藏有一对配有凸缘璧茶托的宣德宝石红茶钟，器上所咏御制诗时间则一前一后，另件玉茶托上的御制诗为乾隆三十七年（1772）《咏古玉碗托子叠前韵》：

向有古玉碗托子之咏，兹偶得此忆与旧器颇同，取与相比则玉质玉色及规圆中孔分毫不爽，盖本一对而分失耳，慨然有感因叠旧韵咏之。[4]

乾隆皇帝感慨并认为这两件栗黄色玉质、玉色、大小相仿的凸缘璧原本应该是一对的，

分散而又复合，所以也选了一件相同的宣德宝石红茶钟为其配对，并收藏于养心殿的多宝格内，时而赏玩，即如前述诗云："碗托两未离，只一留吟裁。其余瓷配之，亦足供清陪。"或本件茶托所咏："净几原堪作珍玩，曾经谁玩亦堪思。"这些收藏于多宝格的茶器，在乾隆御制诗中已清楚传递是作为清供赏玩的，极少实际使用，而且多为成对成双配套。

清乾隆六年·磁胎画珐琅仕女人物茶壶

（图11-14）

茶壶造型直圆口，短颈，鼓腹，曲流，弓形把，平底，矮圈足，带圆纽拱形盖，纽侧一气孔，把内上方亦留一气孔。全器以红、蓝描绘锦地花，颈周绘波涛纹，壶腹两面开光，一面画一仕女弹琴，一仕女坐观并戏拨琴弦，另二幼童在侧围观；另一面则绘三仕女围坐几前，二人对弈，一人坐观。盖顶画莲瓣纹，盖面加饰五蝠，盖沿、底边饰以卷草、莲瓣纹等吉祥纹饰。胎骨略重，珐琅彩上多杂质斑点。壶底蓝料书"乾隆年制"四字二行仿宋体楷款，外加双方框。

这是台北故宫博物院所藏唯一的一对乾隆珐琅彩瓷茶壶中的一件，这件茶壶描画仕女"琴棋"图；另一件则为仕女"书画"图。两壶开光的另一面均绘有仕女与儿童。不过由其主题而观，珐琅彩茶壶在制作之初，就已设计为两壶一组成对制作，这也是磁胎画珐琅的纹饰特征，成对纹饰题材相同，但纹饰、布局、画样、

图11-14　清乾隆　磁胎画珐琅人物茶壶及另面　台北故宫博物院藏
高13.5厘米　口径7.1厘米　足径7.5厘米

章法却相似而不同。[5] 这对茶壶笔者根据《活计清档》查核，应该是乾隆六年（1741）所制作，名为"磁胎画珐琅美人壶一对"，[6] 然而道光十五年（1835）《陈设档》上所登录的名称为"乾隆年制磁胎画珐琅人物茶壶，一对"。《陈设档》上的乾隆珐琅彩或洋彩瓷器多为乾隆五年至九年之间所制作者。[7] 而珐琅彩瓷茶壶数量极少，弥足珍贵。

清乾隆·磁胎画珐琅彩锦上添花蓝地茶钟
（图 11-15）

茶钟撇口，弧壁，矮圈足。外壁以珐琅蓝彩为地，其余纹饰均以锥剔技法雕花，口、足留白一道。器内底白釉上绘珐琅彩折枝月季花

及绿竹一枝，外壁蓝地上剔划"万"字符号锦花地纹，其上绘折枝花卉四朵，底边一周锥花卷草纹。蓝釉地上满布细碎开片纹，并带乳浊气泡及棕眼。胎质细腻洁白，体薄透光。器底蓝料书"乾隆年制"四字二行仿宋体楷款，外加双框圈。

此碗为《陈设档》中所载的"磁胎画珐琅锦上添花蓝地茶钟一对"，账册内记有两件，现台北故宫博物院所藏亦有一对。清宫收藏陈设档案内有"茶碗"与"茶钟"两种，尺寸不同，然清晚期官窑瓷样上又出现一类直圆口、深腹，口径约八厘米左右的"茶缸"造型（图 11-16），嘉庆洋彩万福连连红地茶钟（图 11-17）与其相同。虽然名称不见于雍正朝、乾隆朝的档案资料，然造型相似者却见于《胤禛妃行乐图》的

图 11-15 清乾隆 磁胎画珐琅锦上添花蓝地茶钟
台北故宫博物院藏
高 5.3 厘米 口径 10.1 厘米 足径 4.2 厘米

图 11-16　清光绪　绿地五彩福寿茶缸及瓷样　　　　　　　　图 11-17　清嘉庆　磁胎洋彩万福连连红地茶钟
　　　　　故宫博物院藏　　　　　　　　　　　　　　　　　　　　　　　台北故宫博物院藏

图 11-18　清乾隆　白玉茶钟带匣，木匣上刻铭"旧用白玉茶钟一对"　台北故宫博物院藏

霁蓝盖钟（图8-3），亦与乾隆时期的白玉茶钟（图11-18）造型相近，但雍正、乾隆两朝仍称此类造型为"茶钟"。此对磁胎画珐琅锦上添花蓝地茶钟，外壁纹饰相同，内底折枝花卉姿态不同，此亦符合笔者一再强调的雍正、乾隆时期的珐琅彩瓷特征，成对纹饰画样相似而不同。

清乾隆六年　磁胎洋彩红地锦上添花茶壶、茶钟一对（图11-19）

茶壶直圆口，短颈，椭圆腹，底微敛，长曲流，弓形把，把内侧上方一通气孔，平底，矮圈足微外撇，带圆纽拱形盖，纽侧两边各有一通气孔。

器内全施湖绿地，器外除颈、圈足外，通体以紫红锥刻卷草纹为地，壶腹绘番莲花叶四朵，壶两面各一朵，另二朵位于长流及把的壶腹上，颈饰螭龙二对，肩为如意纹一周，底边蕉叶纹一周，圈足则饰黄地花卉图案纹一周。盖纽涂金，纽侧一气孔，围绕莲瓣纹一周，盖面画转枝花叶纹四朵。胎薄透光，湖绿壶底蓝料书"乾隆年制"四字二行篆款，外加双方框。

此类紫红地锦上添花纹饰，剔绘工艺精密，不仅壶内外满施彩釉，壶盖内及底部，甚至圈足、盖圈足底部也全施金彩，全器画满，无一露胎。锦上添花纹饰繁复，讲究锥画工艺。此壶为剔彩锦上添花技法，与洋彩红地锦上添花

图11-19　清乾隆　磁胎洋彩红地锦上添花茶壶及茶钟　台北故宫博物院藏
茶壶高16.5厘米　口径5.5厘米　足径5.7厘米　茶钟高5.5厘米　口径9.2厘米　足径3.9厘米

图 11-20　清乾隆　磁胎画珐琅三友白地茶碗（此为《陈设档》上记载名称）
台北故宫博物院藏
正反两面，一面画珐琅松竹梅，一面乾隆御制诗
高 5.6 厘米　口径 11.2 厘米　足径 4 厘米

茶钟外壁装饰极为接近，应该是成对搭配使用的，唯茶钟款识为"大清乾隆年制"六字三行青花篆款。这件茶壶存世仅有一对，未见使用痕迹，皆收藏于台北故宫博物院。

　　茶钟口微敞，深直壁，矮圈足，内底微凸。器内白釉无纹，外壁紫红地上锥划卷草纹，其上加饰彩绘洋花三朵。胎骨略重，底青花书"大清乾隆年制"六字三行篆款。这类较为挺直，深壁，

口径九厘米左右的碗器，形制常于宫廷绘画中出现，是用来啜茗的茶钟，于《活计档》或《陈设档》上均有记录。《活计档》载乾隆六年十二月及七年十一月，各有十件及三十二件的红地锦上添花茶圆配匣入"乾清宫珐琅器皿内"，而台北故宫博物院藏原端凝殿（"列"字典藏编号）藏器正好十件，养心殿（"吕"字典藏编号）现有三十件，故本件端凝殿所藏应为前者乾隆六

年所制。

　　茶钟在清宫档案亦称茶圆，口径一般在九至十厘米左右；而比茶钟口径略大二厘米、约十二厘米左右的则称"茶碗"（图11-20），这类茶钟也是乾隆洋彩器制作数量较多者，乾隆六年共制作三十六件，亦全数收藏于台北故宫博物院，其他极为罕见。同为清宫档案记载，然名称往往稍略不同，如《活计档》上为"洋彩锦上添花红地洋花茶圆"，《陈设档》则记为"洋彩红地锦上添花茶钟"。现故宫博物院所藏均还保留乾隆当时所配置的楠木匣，上刻品名与《陈设档》相同，并贴有民国十四年（1925）清室善后委员会的点查号签"列三三七之1"。

注释

1. "凸缘璧"为一般称法，现今学者亦称为"有领璧"，是古人戴在腕臂上的一种璧形腕饰。邓淑苹《乾隆皇帝的智与昧——御制诗中的帝王古玉观》，第八章《乾隆皇帝心目中古代的"碗托子"》，台北故宫博物院藏，2019年4月。页194。

2. 乾隆五十年《咏古玉碗玉托子》，《御制诗文集》，五集卷十二。

3. 余佩瑾，《得佳趣——乾隆皇帝的陶磁品味》，图版53，台北故宫博物院，2012年1月，页144。

4. 乾隆三十七年，1772，《御制诗文集》，四集卷四。

5. 廖宝秀，《是一是二——雍乾两朝成对的磁胎珐琅彩》，《故宫文物月刊》270期，2006年6月。

6. 廖宝秀，《从档案内品名看乾隆磁胎珐琅彩诸问题》，《故宫博物院八十华诞古陶瓷国际学术研讨会论文集》，故宫博物院古陶瓷研究中心编，紫禁城出版社，2007年3月，页149。

7. 同前注，《从档案内品名看乾隆磁胎珐琅彩诸问题》，页149~158。

清代宫廷饮茶与茶器

明代开始，以芽茶、叶茶冲泡为主要的饮茶方式，相当接近时下一般所见，明人张源《茶录》中称此茶法为"泡茶"。清代继承明代品饮方式，饮茶习尚大致相同。产于江南的高品质雨前贡茶，多数进贡宫廷，宫廷饮茶方式与民间并无多大差异。清盛世康熙、雍正、乾隆三代国势强盛，财力雄厚，景德镇御窑厂官窑瓷器生产繁荣，有较多品类及装饰技法的产生，举凡茶器的造型、各类色釉、绘画技法，以及精致的胎釉，都达历史高峰。而造就清三代茶器之精与茶风之盛，实与三位皇帝的喜好品茗不无关系。

有关康熙皇帝的饮茶资料颇少，但由《康熙朝宫中奏折档》内可知，当时进贡的茶有福建武夷山产的"岩顶新芽"、江西产的"林岕雨前芽茶"，以及云南的"普洱茶"及"女儿茶"等。雍正皇帝亦好品茗，在位虽仅十三年，然由《雍正朝宫中奏折档》(图12-1)中所载贡茶，以及雍正皇帝赏赐给大臣的贡茶种类颇多，有："武彝莲心茶""岕茶""小种茶""郑宅茶""金兰茶""花香茶""六安茶""松萝茶""银针茶"等多种茶品，雍正皇帝嗜茶的情况可见一斑。由其频繁赏赐朝臣贡茶，以及清宫内雍正朝所制茶壶、茶叶罐之多亦可了解其饮茶盛况。乾

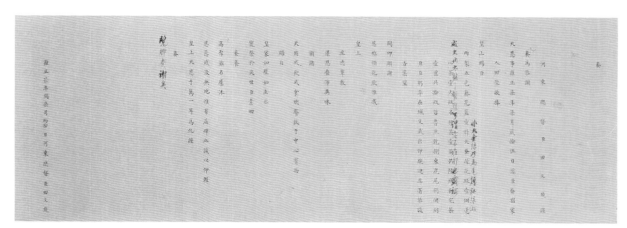

图12-1　清雍正　河东河道总督田文镜奏谢折（局部）　台北故宫博物院藏

274

隆皇帝在位六十年，不仅嗜茶亦雅好文人品茶，自乾隆十六年（1751）第一次南巡后，受到江南人文景观影响，回宫之后，即在各处行宫园囿内设置专为品茗的茶舍，[1] 更创作数量上千的与茶相关的诗文，由《清高宗御制诗文全集》得知乾隆皇帝经常品赏的有"三清茶""雨前龙井茶""顾渚茶""武夷茶""郑宅茶"等等；而且对品茶细节极为讲究，以自封天下第一泉的"玉泉"或"雪水"或采集荷叶上滴滴露水所汇成的"荷露"来烹茶。[2] 另由乾隆朝宫廷用茶或赐礼用的茶叶种类，军机处进拟赏给英国王及特使物件单中的茶有"普洱茶""六安茶""武夷茶""砖茶""女儿茶""茶叶""茶膏"等等，[3] 即可概知当时流行的茶种。

以上所提茶种几乎都是散茶，也就是叶茶，供叶茶冲泡用的茶壶与茶钟，以及保存茶叶的茶罐，遂成清代茶器的一大特色，清代宫廷所藏茶器之精美与华丽，是前所未有的。嘉庆、道光之后，国库渐窘，御制茶器的制作衰退，因此道光之后茶器的品质、造型及数量已难与清三代盛世相比。

宫廷茶器

两岸故宫博物院所藏清代宫廷茶器，与时代的盛衰、统治者的品味，以及江南文人知识阶层的流行网络皆有关联。如明末清初江南盛行使用江苏宜兴窑紫砂、朱泥茶器，康熙朝的御用茶器中就有宜兴胎珐琅彩茶壶、茶碗与盖碗。这些器胎均于宜兴制坯烧制精选后，再送至清宫造办处由宫廷画师加上珐琅彩绘，二次低温烘烧而成。由于宜兴胎茶器上均书有珐琅料"康

熙御制"款识，茶器样式与同时代的民间紫砂器颇为不同，因此有研究者称其为"宫廷紫砂器"。[4] 而对照清道光十五年（1835）七月十一日所立抄本《珐琅玻璃宜兴磁胎陈设档案》及光绪元年（1875）十一月初七日《珐琅玻璃宜兴磁胎陈设档案》（以下简称《陈设档》），[5] 两本账册中有关宜兴胎珐琅彩茶器的详目记载，四十年间仅少了一件咸丰四年（1854）皇帝赏给皇后的"宜兴胎画珐琅包袱壶一件"，[6] 其余账上十九件现均藏于台北故宫博物院，可见这些带有"康熙御制"款识的宜兴紫砂胎茶器，长久以来一直受到清宫历朝的重视珍惜。2002 年笔者策展"也可以清心——茶器·茶事·茶画"特展特别选列出各类型代表，以飨观者。这些《陈设档》账上的器物，从道光期间至清末一直收藏于紫禁城宫内端凝殿左右殿屋内，[7] 台北故宫博物院所藏十件"宜兴紫砂胎珐琅彩四季花卉盖碗"，有八件即端凝殿旧藏，另两件则藏于清堂子。[8] 而"宜兴胎画珐琅五彩四季花卉方壶"（图 12-2）、"宜兴胎画珐琅万寿长春海棠式壶"、"宜兴胎画珐琅花卉盖钟"（图 12-3）、"宜兴胎画珐琅三果花茶碗"（图 12-4）、"宜兴胎画珐琅三季花茶碗"等，记录上则都标明只有一件，也是独一无二的康熙宜兴胎画珐琅茶器。

台北故宫博物院所藏清代茶器主要以茶碗、茶钟为最大宗，其中珐琅彩瓷所占比例颇多，其次为茶叶罐，以及茶壶，特展中所列明清茶器即着重于此四类器上。其中以茶碗、茶钟类，较难辨识，以往不知此类小碗的器用为何？经过此次展览前的资料排比，以及尺寸、品名的确认、清宫绘画图上的实物对照，此类小型碗器作为茶器的使用记载甚为清楚。清宫碗器一般如照《陈设

图 12-2 清康熙 宜兴胎画珐琅五彩四季花卉方壶
台北故宫博物院藏

图 12-3 清康熙 宜兴胎画珐琅花卉盖钟
台北故宫博物院藏

图 12-4 清康熙 宜兴胎画珐琅三果花茶碗 台北故宫博物院藏

器名	口径	高	足径
大碗	约 16.0 厘米	约 7.5 厘米	约 7.0 厘米
宫碗	约 15.0 厘米	约 7.0 厘米	约 6.0 厘米
茶碗	约 12.0 厘米	约 6.0 厘米	约 4.5 厘米
茶钟（茶圆）	约 10.0 厘米	约 5.5 厘米	约 4.0 厘米
酒钟（大酒圆）	约 8.0 厘米	约 4.5 厘米	约 3.0 厘米
酒钟（小酒圆）	约 4.0 厘米	约 3.0 厘米	约 2.0 厘米
三寸碟	约 11.0 厘米	约 2.5 厘米	约 7.0 厘米
四寸碟	约 13.5 厘米	约 3.0 厘米	约 8.0 厘米
五寸碟	约 15.0 厘米	约 3.0 厘米	约 8.5 厘米
六寸盘	约 17.5 厘米	约 4.0 厘米	约 11.0 厘米
洋彩茶钟	约 9.0 厘米	约 5.5 厘米	约 4.0 厘米
洋彩茶碗	约 12.0 厘米	约 5.5 厘米	约 4.5 厘米
洋彩汤碗	约 13.5 厘米	约 5.5 厘米	约 5.5 厘米
洋彩膳碗	约 15.0 厘米	约 6.2 厘米	约 5.5 厘米

图 12-5 清雍正、乾隆朝磁胎画珐琅、洋彩各类器皿尺寸表（作者制，根据《珐琅玻璃宜兴磁胎陈设档案》上所载器物汇整）

档案》或《养心殿各作成做活计清档》上计有：茶钟、茶碗、汤碗、膳碗、饭碗等类（以台北故宫博物院所藏雍正、乾隆珐琅彩瓷与乾隆洋彩锦上添花茶碗及洋彩团花山水膳碗、汤碗为例），口径尺寸大小各有不同，依清宫《陈设档》品名核对实物藏品，不难发现各类碗器的原始名称，如茶钟口径在9至10厘米左右、茶碗约11至12厘米，汤碗约13.5厘米，膳碗则约15厘米（图12-5），高度则无明显差别。台北故宫博物院院藏康熙、雍正、乾隆时期茶叶罐的形制、纹饰与锡制或宜兴样式多有雷同之处。

磁胎画珐琅茶器

经由外国传教士的引介，康熙皇帝颇喜爱西洋珐琅彩器，并进而在宫中成立珐琅作，制作各种珐琅彩器。[9] 由台北故宫博物院藏器作一审视，康熙朝少数的宜兴胎画珐琅彩及磁胎画珐琅器的制作，已为日后珐琅彩瓷的发展奠定了基础。到了雍正朝珐琅彩器无论胎釉、彩绘更臻于绝诣，雍正皇帝不仅亲自评论珐琅彩器品质的优劣，而且还提供宫中所收藏宜兴茶壶作为式样、命人依样烧造或略为修改，加以指导，[10] 故珐琅茶器精美绝伦，堪称为清代珐琅彩瓷之冠。由《宫中档雍正朝朱批奏折》中雍正与朝臣的御批资料显示，雍正皇帝是一位极有品位的帝王，且对有功的朝臣出手极为大方，他时常赏赐朝臣，如河东总督田文镜、云南总督鄂尔泰、大学士嵇曾筠等经常获赐茶叶及珐琅瓷器（图12-1、12-6）。[11] 而他赏赐给大臣贡茶时，是连茶带瓶一起赠送，由奏折记载中可知其中有大小瓷瓶、锡罐等，这也难怪台北故宫博物院藏器中，

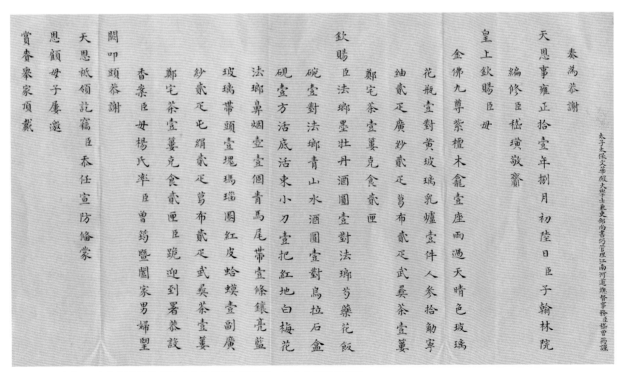

图12-6　清雍正　嵇曾筠谢恩赐雨过天晴玻璃花瓶等物折　台北故宫博物院藏
奏折上可见雍正皇帝赏赐嵇曾筠画珐琅墨牡丹酒圆等器皿及茶叶

图 12-7　清雍正 冬青釉茶叶罐
台北故宫博物院藏

图 12-8　清雍正 青花折枝花果茶叶罐
台北故宫博物院藏

雍正朝的大小茶叶罐收藏颇为丰富（图 12-7、12-8）。作为赐礼包装用的茶叶罐，需要大量的瓷制品，而大部分盖罐形的茶叶罐是受到当时江南宜兴紫砂茶罐形制影响，因此器形十分相似，只不过有些会在罐盖上多加盖纽，或小作变化而已。

　　雍正年间曾命烧制珐琅彩瓷茶壶、茶钟或茶碗，这些珐琅彩器，从康熙时期开始，皆一器二地制作。器胎在景德镇御窑场烧成白瓷后，再运至紫禁城、圆明园造办处由宫廷画匠，以珐琅彩绘画图案，二次低温烧成。当时各式花样大多仅烧制一对，绝少大量生产，因而此类珐琅茶器弥足珍贵。参照《陈设档》账册资料加以核对，如"磁胎画珐琅节节双喜白地茶壶一对"、"磁胎画珐琅时时报喜白地茶壶一件"（图

12-9）、"磁胎画珐琅青山水白地茶壶一件"、"磁胎画珐琅墨梅花白地茶钟一对"、"磁胎画珐琅墨竹白地茶钟一件"（图 12-10）、"磁胎画珐琅玉堂富贵白地茶钟一对"（图 12-11）、"磁胎画珐琅黄菊花白地茶钟一对"、"磁胎画珐琅绿竹长春白地茶碗一对"（图 12-12）、"磁胎画珐琅万寿长春白地茶碗一对"等记载，即可概知这些茶器的稀少性与珍贵性，《珐琅玻璃宜兴磁胎陈设档案》档册上的器物现悉数藏于台北故宫博物院。

　　乾隆朝磁胎珐琅彩茶器的情形亦复如此，《珐琅玻璃宜兴磁胎陈设档案》账册内登录的茶器略多于雍正朝，如："磁胎画珐琅锦上添花红地茶碗一对"、"磁胎画珐琅芝兰祝寿黄地茶碗一对"（图 12-13）、"磁胎画珐琅尧民土

图 12-9　清雍正　磁胎画珐琅时时报喜白地茶壶
台北故宫博物院藏

图 12-10　清雍正　磁胎画珐琅墨竹白地茶钟
台北故宫博物院藏

图 12-11　清雍正十二年　磁胎画珐琅玉堂富贵白地茶钟
台北故宫博物院藏

酿花碗一对"、"磁胎画珐琅山水人物茶钟一对"（图 12-14）、"磁胎画珐琅番花寿字花钟一对"、"磁胎画珐琅三友白地茶碗一对"、"磁胎画珐琅白番团花红地茶钟一对"（图 12-15）、"磁胎画珐琅白番花蓝地茶钟一对"（图 12-16）、"磁胎画珐琅五色番花黑地茶钟一对"（图 12-17）、"磁胎画珐琅红叶八哥白地花钟一对"（图 12-18）等等，这些亦皆可于故宫藏品内找到相应的实物。

图 12-12　清雍正十二年　磁胎画珐琅绿竹长春白地茶碗　台北故宫博物院藏

图 12-13　清乾隆　磁胎画珐琅芝兰祝寿黄地茶碗　台北故宫博物院藏

图 12-14　清乾隆　磁胎画珐琅山水人物茶钟　台北故宫博物院藏

图 12-15　清乾隆　磁胎画珐琅白番花红地茶钟　　　图 12-16　清乾隆　磁胎画珐琅白番花蓝地茶钟
　　　　　台北故宫博物院藏　　　　　　　　　　　　　　　　台北故宫博物院藏

图 12-17　清乾隆　磁胎画珐琅五色番花黑地茶钟
　　　　　台北故宫博物院藏

图 12-18　清乾隆　磁胎画珐琅红叶八哥白地茶钟　台北故宫博物院藏

三清茶与茶器

非属画珐琅茶器，但登载于《珐琅玻璃宜兴磁胎陈设档案》账册内的磁胎茶器还有乾隆皇帝啜饮"三清茶"时必用的"三清茶诗茶碗"，有青花、矾红彩（图12-19）两类，陈设档上登录为"青花白地诗意茶钟十件""红花白地诗意茶钟十件"。[12] 有关三清茶碗的使用，乾隆皇帝曾于三十三年（1768）御制诗《重华宫集廷臣及内廷翰林等三清茶联句复得诗二首》中明白说明："……三清瓯满啜三清。注：向以三清名茶，因制瓷瓯书咏其上，每于雪后烹茶用之"[13] 三清茶诗茶碗除瓷器之外，其他还有藏于北京故宫博物院的玉器、漆器、雕漆等品类，另还有洋彩三清茶诗茶壶，这些器皿上皆书有乾隆皇帝御制"三清茶诗"。"三清茶诗"是乾隆十一年（1746）秋巡五台山时，回程经定兴遇雪，乾隆皇帝于毡帐中以雪水烹煮三清茶所作，[14] 后命景德镇御窑厂督陶官唐英监制作成茶碗，并书御制《三清茶》诗于上。关于三清茶，乾隆皇帝曾多次题咏，如乾隆四十六年（1781）御制《咏嘉靖雕漆茶盘》诗注中加以说明："尝以雪水烹茶，沃梅花、佛手、松实啜之，名曰三清茶。纪之以诗，并命两江陶工作茶瓯，环系御制诗于瓯外，即以贮茶，致为精雅，不让宣德、成化旧瓷也。"[15] 乾隆皇帝正月于重华宫茶宴廷臣及内廷翰林，经常赐饮以雪水烹煮的三清茶，饮罢并赐三清茶碗。这个事实，在乾隆四十五年（1780）《题文徵明茶事图——茶瓯》诗提及："……三清诗画陶成器"下诗注说明："向以松实、梅英、佛手烹茶，因名三清。陶瓷瓯书诗、并图其上，重华宫茶宴，每以赐文臣也。"[16] 复于乾隆五十一年（1786）《重

图12-19　清乾隆　描红、青花三清诗茶碗及宜兴窑紫砂"陈荫千制"款竹节提梁壶　台北故宫博物院藏

华宫茶宴廷臣及内廷翰林用五福五代堂联句复得诗二首》又提及："……茗碗文房颁有例，浮香真不负三清。注：重华宫茶宴，以梅花、松子、佛手用雪水烹之，即以御制三清诗茶碗并赐。"[17] 可见三清诗茶碗制作数量颇多。三清茶除纯以梅花、佛手、松子冲泡之外，另亦有加冲茶叶的，目前为止，笔者所查资料中仅有乾隆四十九年（1784）《清高宗御制诗文全集》中《雨前茶》诗注内提及的："每龙井新茶贡到，内侍即烹试三清以备尝新。"[18] 说明是以龙井茶冲泡三清的。乾隆皇帝雅好品茶，特别制作了多套茶具，供以陈设及贮收茶器，其中亦有专门为三清茶而作的，如北京故宫博物院所藏的一套藤编网罩式茶具，内即收有描红、青花御制诗茶碗、宜兴黄泥茶叶罐、藤编茶托（茶盘）（图 4-21）等等。

其他

至于未登录于《珐琅玻璃宜兴磁胎陈设档案》账册内的茶器，仍有不少，如整组的"荷露烹茶诗"茶壶、茶碗（图 7-22），这是乾隆皇帝专为荷露煮茶时使用的。此套茶器上的《荷露烹茶》诗是作于乾隆二十四年（己卯，1759）秋天，是采集新秋荷叶上的露水烹茶，故诗云："秋荷叶上露珠流，柄柄倾来盘盘收。白帝精灵青女气，惠山竹鼎越窑瓯。学仙笑彼金盘妄，宜咏欣兹玉乳浮。李相若曾经识此，底须置驿远驰求。"[19] 采取荷露烹茶的雅事并不是始于乾隆皇帝，明代嗜茶文人已有先例。

清代自康熙朝开始宫廷即使用宜兴茶器，不过台北故宫博物院所藏康熙御制的宜兴胎茶壶或茶碗，紫砂胎地几乎皆施珐琅彩，纯以宜兴胎

泥不施釉彩或始于雍正朝，然无款识。乾隆朝开始，才出现带有帝王御制诗及年号款识的宜兴茶器。台北故宫博物院所藏唯一一件带宜兴工匠款识"陈荫千制"的宜兴茶壶（图 12-19），壶形较大，内有茶垢，外表亦因长久使用罩上一层温润光泽，留下清宫使用痕迹。另二件宜兴胎雕漆八宝纹茶壶，外表满覆雕漆，壶内洁净，似不作实用器使用。乾隆皇帝喜用宜兴茶壶的具体描述见于乾隆七年《烹雪叠旧作韵》诗，文中曾提："玉壶一片冰心裂，须臾鱼眼沸宜磁。注：宜兴磁壶煮雪水茶尤妙"。[20] 可见乾隆皇帝亦使用宜兴煮水茶壶烹煮雪水，如乾隆早期《清院本十二月令图——九月》则见清宫侍从以青铜茶炉、宜兴紫砂侧把煮水壶烹茶的场景（图 10-11）。宜兴茶壶或茶叶罐的形制，影响清代宫廷茶器颇大，如前述雍正皇帝即曾命人仿照宜兴茶壶作珐琅彩器，而瓷器单色釉或彩瓷茶叶罐、瓶形制都可见到其与宜兴茶叶罐的相似之处。虽然清代宫廷未如民间大量使用宜兴茶器，但官窑茶器受到宜兴茶器的影响却是不争的事实。

清代茶器的制作在嘉庆之后渐走下坡，少见精致作品，嘉庆虽有瓷胎茶盘、茶壶（图 12-20）及茶钟的制作，但严格说来大都是沿袭前代造型。据嘉庆十八年《清可轩陈设清册》载清漪园（光绪修建后改称颐和园）清可轩内陈设布置有紫檀茶具几、紫檀茶具格、竹炉等品茶茶器应属乾隆朝遗留物。[21] 而嘉庆洋彩御制诗茶壶、茶盘的制作，亦见其部分沿袭乾隆旧制。然由清宫旧藏实物来看，无论数量、品质均实难与前代相比。清代晚期一套三件式茶碗带盖、托的盖碗（图 12-21、12-22）倒是一直流行至今。而明代晚期开始在闽粤地区流

图 12-20　清嘉庆　洋彩开光御制诗文绿地茶壶、茶盘　台北故宫博物院藏　清宫这类型茶盘一般上承茶碗或茶钟，不是壶承。

图 12-21　清末民初　青花加彩"静远堂制"款带托盖碗
　　　　　台北故宫博物院藏

图 12-22　清末　青花唐诗带托盖茶杯
　　　　　台北故宫博物院藏

行，以小茶壶、小杯饮茶的风尚并未被清廷所接受。小杯、小壶的所谓工夫茶饮茶方式，流行于闽南漳、泉二州及潮州地区，并未风行北方，此与地理环境及饮用茶种的习惯有关，如江南杭州龙井、江西岕茶等绿茶，晚明起即多以茶碗撮泡，此一泡饮方式，在当时还受到北方嘲笑。[22]

清宫饮茶的实景由多幅的清代院画可以窥知，康熙朝的《耕织图》《养正图》（图12-23），雍正朝的《胤禛耕织图》册、《胤禛行乐图》册中的《泉畔试茶》（图12-24），乾隆朝的《太平春市图》卷（图8-11）、《清院本十二月令

图12-24　清人绘《胤禛行乐图》册之泉畔试茶　故宫博物院藏

图12-23　清　冷枚《养正图》册之六　故宫博物院藏
图中可见青铜茶炉、火夹、炭笼、提梁汤壶、紫砂茶壶、白釉茶钟、漆茶盘等茶器

图12-25　清乾隆　磁胎洋彩泛舟煮茶图瓶及展开图　台北故宫博物院藏

图——二月》轴、《汉宫春晓图》卷（图10-32）、磁胎洋彩泛舟煮茶图瓶（图12-25）、《弘历御园赏雪图像》轴（图8-14～8-16）或《弘历观月图》轴（图8-8）皆可看到皇帝与帝后们于宫苑园囿烹茶品茗的风雅生活，内有多人

的雅集，也有独啜的场景，可见清代宫廷品茶亦富情趣，唯品茶器具比一般华丽高贵。

（原载《故宫文物月刊》233期，2002年8月，部分修订）

1. 廖宝秀，《乾隆皇帝与试泉悦性山房》，《故宫文物月刊》十九卷九期，2001年12月，页44。

2. 乾隆三十三年（1768）于重华宫茶宴廷臣，与大臣们联句，倪承宽的联句诗内诗注提道："上每于荷花开时，取叶上露烹茶，有诗纪其事。"（《清高宗御制诗文全集》，三集卷七十）

3. 叶笃义译，《英使谒见乾隆纪实》；香港：三联书店，1994年，页499~504。

4. 王健华，《试析故宫旧藏宫廷紫砂器》，《故宫博物院院刊》2001年第3期，页70、71。

5. 此档案有二册：一为道光十五年（1835）七月十一日立抄本《珐琅玻璃宜兴磁胎陈设档案》（编号：故宫博物院文献馆，设8）；一为光绪元年（1875）十一月初七日立抄本（编号：故宫博物院文献馆，设322），两册均收藏于北京故宫博物院。笔者亲阅两册，基本内容一致，本书所录资料均采用前者，磁胎画珐琅、磁胎洋彩名称亦照档案，而非"瓷胎"。陈设档内除各式胎质的珐琅彩器外，亦包含磁胎洋彩，以及青花、描红等器。

6. 道光十五年七月十一日《珐琅玻璃宜兴磁胎陈设档案》详实记载了十个项目的宜兴磁胎画珐琅茶器。其中"宜兴胎画珐琅包袱壶一件"记录文字下黄签墨书小楷字："咸丰四年十月初五日小太监如意传：上要去，赏皇后用宜兴画珐琅包袱壶一件"。

7. 民国十三年（1924）清室善后委员会清点清宫千门万户文物，点查每一处所，统以"千字文"中的一字，作为此处的编号，参见庄严《山堂清话》（台北故宫博物院，1980年8月），页73~79；及台北故宫博物院七十星霜编辑委员会，《故宫七十星霜》（1995年），页64。而端凝殿左右各屋则代号编为"列"字号，台北故宫博物院一直沿用至今。

8. "清堂子"所藏文物，清点编号为"子"。

9. 张临生，《试论清宫画珐琅工艺发展史》，《故宫季刊》十七卷三期，1983年春，页26。

10. 《雍正四年各作成做活计清档》《入珐琅作》："（十月）二十日郎中海望持出宜兴壶大小六把。奉旨：此款式甚好，照此款式打银壶几把，珐琅壶几把，其柿形壶的靶子做圆些，嘴子放长。钦此。"（《内务府造办处活计清档》

造字3302号，北京：中国第一历史档案馆藏）

11. 经查《宫中档雍正朝奏折》雍正皇帝于雍正二年至八年止，每年均赏赐田文镜一至三次各地贡茶，如雍正七年七月二十五日赏给田文镜等"莲心茶一大瓶、各种茶一筒共陆瓶、郑宅茶一匣共十瓶"；雍正五年六月七日赏鄂尔泰"贡茶肆瓶"、六年五月二十九日"雨前六安蕊尖贰瓶、雨前梅片贰瓶"；雍正十年六月一日赏嵇曾筠"莲心茶一锡（赏其母）、郑宅茶十瓶"、十一年八月六日赏"武彝茶一篓、郑宅茶一篓。珐琅墨牡丹酒圆一对、珐琅芍药花饭碗一对、珐琅青山水酒圆一对、红地白梅花珐琅鼻烟壶一个"。

12. 《珐琅玻璃宜兴磁胎陈设档案》内登录名称为"茶钟"（文献馆设322），然而乾隆皇帝在御制诗内有时称"茶瓯"、有时又称"茶碗"，可见称谓并无一定规范。

13. 《清高宗御制诗文全集》，三集卷七十。

14. 乾隆十四年春正月乾隆皇帝陪皇太后西巡瞻礼五台山，于清凉寺以雪水煮三清茶，当时作《雪水茶》诗："山中雪水煮三清，……宛忆当年霁后程。诗注：丙寅秋巡五台时，回程至定兴遇雪曾于毡帐中有烹三清茶之作。"由乾隆诗注的附加说明，清楚交代了《三清茶》诗的写作时间与地点。见《清高宗御制诗文全集》，御制诗二集，卷十五。

15. 《清高宗御制诗文全集》，御制诗四集，卷七十八。

16. 《清高宗御制诗文全集》，御制诗四集，卷七十四。

17. 《清高宗御制诗文全集》，御制诗五集，卷十九。

18. 《清高宗御制诗文全集》，御制诗五集，卷三。

19. 《清高宗御制诗文全集》，御制诗二集，卷八十八。

20. 《清高宗御制诗文全集》，御制诗初集，卷十一。

21. 清漪园清可轩为乾隆皇帝偶临品茶休息之所，它虽然不像其他行宫园囿内如西苑"千尺雪"、"焙茶坞"、玉泉山静明园"竹炉山房"、香山静宜园"试泉悦性山房"为其专用来品茗的茶舍，但清可轩内亦设竹炉茗碗偶试茶，此可自乾隆皇帝御制诗文得知，因此清可轩作为品茗之所，并不是始于嘉庆皇帝，故仅能说其为沿袭乾隆旧制。

22. （明）陈师，《茶考》（1593）内载："杭俗烹茶，用细茗置茶瓯，以沸汤点之，名为撮泡。北客多哂之。"（陈祖椝、朱自振编，《中国茶叶历史资料选辑》，北京新华书店发行所，1981年，页139。

编后记

　　台北故宫博物院前研究员、古瓷器专家，廖宝秀女士 2017 年曾在北京出版《历代茶器与茶事》一书，广受读者好评。

　　《乾隆茶舍与茶器》汇集了廖宝秀女士最新的研究内容，并配合故宫博物院高清图片，为读者展现了乾隆皇帝一生的饮茶风尚及茶舍茶器，许多研究成果属首次发表。

　　因为台湾与大陆在书面用语习惯，古诗文释义、句读等方面的不同，为保持原著写作风格，本书采取了保留作者原著语言表达习惯的做法。

　　关于某些学术问题、专业术语的用字、历史断代及一些历史人物生卒年份等，台湾学界均与大陆学界用法不甚相同，为了忠实于作者原著，我们保留了作者的观点、意见。

　　限于编者水平，疏漏难免，还望各位读者谅解。